山西省矿产资源总体规划环境影响评价研究

曹金亮　张建萍　刘　瑾　张永富　等著

中国环境出版集团・北京

图书在版编目（CIP）数据

山西省矿产资源总体规划环境影响评价研究/曹金亮等著.
—北京：中国环境出版集团，2018.4
ISBN 978-7-5111-3587-2

Ⅰ. ①山… Ⅱ. ①曹… Ⅲ. ①矿产资源—综合资源规划—总体规划—环境影响—评价—山西 Ⅳ. ①F426.1

中国版本图书馆 CIP 数据核字（2018）第 064136 号

出 版 人　武德凯
责任编辑　孙　莉
责任校对　任　丽
封面设计　彭　杉

出版发行　中国环境出版集团
（100062　北京市东城区广渠门内大街 16 号）
网　　址：http://www.cesp.com.cn
电子邮箱：bjgl@cesp.com.cn
联系电话：010-67112765（编辑管理部）
发行热线：010-67125803，010-67113405（传真）
印　　刷　北京建宏印刷有限公司
经　　销　各地新华书店
版　　次　2018 年 4 月第 1 版
印　　次　2018 年 4 月第 1 次印刷
开　　本　787×1092　1/16
印　　张　18.75
字　　数　408 千字
定　　价　76.00 元

本书主要作者

曹金亮　张建萍　刘　瑾　张永富

樊　燕　谢卧龙　史慧君　王爱月

前 言

山西省矿产资源丰富，矿业开发已有数百年的历史，尤其是近几十年来，大规模、高强度的资源开发为山西省乃至国家的经济发展提供了重要的能源保障。但与此同时，也造成了严重的环境污染和生态环境破坏。作为典型的资源型省份，矿产资源开发在山西省社会经济中的支柱地位在短时期内无法从根本上改变。《山西省矿产资源总体规划（2016—2020年）》明确指出，“十三五”期间，山西省原煤产量保持稳定，铝土矿、金矿等其他部分矿产资源的开采量可能还有较大幅度的增加，整体上全省矿产资源的开发利用仍保持较大的规模。在加强生态文明建设的新形势下，因矿产资源开发而使区域生态环境不断恶化的态势必须得到遏制，矿产资源勘查开发规划阶段的环境保护介入则是从源头预防矿产资源开发活动中的环境污染和生态破坏的有效手段。因此，按照环境保护部、国土资源部《关于做好矿产资源规划环境影响评价工作的通知》（环发〔2015〕158号）的要求，山西省国土资源厅部署了《山西省矿产资源总体规划（2016—2020年）》（以下简称《规划》）环境影响评价工作。

以山西省地质环境监测中心为主的课题组，通过大量相关资料收集和实地踏勘调研，对《规划》实施涉及的自然环境、经济发展、主要生态环境影响、存在的敏感因素和环境问题等进行了深入的调查和分析；梳理了《规划》目标、规模、布局等规划要素；综合考虑多种因素对《规划》实施的生态环境影响进行了预测分析；在全省资源环境承载力综合评价的基础上，科学评价了主要矿产资源勘查开发总体布局与区域经济社会发展、生态安全格局的协调性、一致性，提出了《规划》化调整建议和减轻不良环境影响的对策措施。

本书是在上述课题成果的基础上编撰而成，主要研究思路是全面了解并掌握

《规划》主要内容，系统分析《规划》与相关法律法规政策等的符合性以及与相关功能区划和敏感目标的协调性，研究矿产资源勘查开发活动的环境影响特征并进行生态环境影响识别，构建《规划》环境影响评价指标体系。在此基础上，对《规划》实施可能造成的生态环境影响进行分析、预测及评价。同时，借助《典型资源型地区资源环境承载力综合评价与区划研究》的成果，利用 GIS 提供的空间分析手段，对不同矿种勘查开采规划区与全省的资源环境承载力评价分区进行叠置计算，求得各矿种勘查开采规划区的资源环境承载力状况，评价勘查开采规划适宜性并提出相应调整建议。最终通过《规划》环境风险识别，对《规划》布局的环境合理性及《规划》生态环境保护措施的有效性等进行综合论证，提出有效的《规划》环境影响减缓措施。其对于相关规划环境影响评价有一定的应用价值，尤其是基于 GIS 的资源环境承载力的应用，具有较广泛的借鉴作用。

课题实施及本书的编撰得到了山西省国土资源厅、山西省环境保护厅、环境保护部环境规划院等相关部门的支持和指导，同时也得到了规划编制单位山西省第三地质工程勘察院的密切配合。山西省地质环境监测中心相关部门和同仁、山西华瑞鑫环保科技有限公司对本项研究工作给予了大力支持和帮助，段丽军、郑丽媛、杨浩、路军、陈美阳、侍玉苗、刘国梁、牛芳、马婷姚、张丽丽、潘盼、杨宁贵、胡艳、张冰、王晶、谢胜、李笑、金洁等同志直接参与了本次研究并做了大量工作，在此一并表示感谢。

由于作者水平有限，书中错误或不当之处，敬请读者批评和指正。

作　者

2018 年 1 月 30 日

目　录

第1章

绪　论

1.1 研究背景及目标

山西省是典型的资源型经济省份，是国家重点建设的能源基地。新中国成立以来，山西省累计生产原煤约 150 亿 t，占全国生产总量的 1/4 以上，为我国的经济社会发展做出了巨大贡献；除煤炭外，煤层气、铝土矿、铁矾土等矿产资源的储量在全国也均排名首位。近 5 年来，采矿业年增加值占工业增加值的比重最高达到 66.1%（2012 年），占山西省 GDP 的比重最高达到 34.2%（2011 年），就业人数长期占工业就业人数的 40%以上，矿产资源采选业在山西省的国民经济体系中也占有举足轻重的地位。

在为我国的社会经济建设做出巨大贡献的同时，矿产资源开采也给山西省的生态环境带来了严重破坏。山西省各类采空区面积近 5 000 km^2，占全省土地面积的 3.2%，且每年新增 80 多 km^2；采矿引发的地面塌陷面积约 3 000 km^2，煤矸石累计堆存量超过 10 亿 t。

“十三五”期间，山西省原煤的产量保持稳定，铝土矿、金矿等其他部分矿产资源的开采量可能还有较大幅度的增加，整体上全省矿产资源仍保持较大的规模。为了使环境保护及早介入山西省的矿产资源开发活动，从源头预防矿产资源开发活动中的环境污染和生态破坏，按照《关于做好矿产资源规划环境影响评价工作的通知》（环发〔2015〕158 号）的要求，山西省国土资源厅部署开展了《山西省矿产资源总体规划（2016—2020 年）》（以下简称《规划》）环境影响评价工作。

通过《规划》环境影响评价，坚持经济、社会、环境相协调的可持续发展战略，制定以环境资源承载力为基础、生态安全为底线、环境质量改善为目标的矿产资源总体规划，形成环境友好、资源节约的矿产资源开采格局。主要评价研究的目标如下：

①以资源环境承载能力为基础，科学评价矿产资源勘查开发总体布局与区域经济社会发展、生态安全格局的协调性、一致性；

②从经济社会可持续发展、矿产资源可持续利用和维护区域生态安全的角度，评价规划定位、目标、任务的环境合理性；

③重点识别规划实施可能影响的自然保护区、风景名胜区、饮用水水源保护区、地质公园、历史文化遗迹等重要环境敏感区及其他资源环境制约因素；

④结合本行政区重要环境保护目标，预测规划实施可能对区域生态系统产生的整体影响、对环境和人群健康产生的长远影响；

⑤提出规划优化调整建议、减轻不良环境影响的环境保护对策、措施以及跟踪评价方案。

1.2 评价原则

（1）全程互动

环境影响评价应尽早介入并贯穿《山西省矿产资源总体规划》编制的全过程，与《规划》编制单位积极互动，并在评价过程中鼓励和动员多方专家和公众的积极参与，从环境保护的角度充分吸纳和综合各方面利益和主张。《规划》环境影响评价与《规划》共同推动生态系统保护和环境质量改善。

（2）保护优先

评价中特别注重对区域自然保护区、风景名胜区、饮用水水源保护区、地质公园、历史文化遗迹等重要环境敏感区等矿产资源开发红线区的保护，明确要求规划开采区避让重要环境敏感区。山西省矿产资源总体规划的环境合理性应以区域生态环境质量不降低为依据。

（3）整体性

评价应统筹考虑各种资源与环境要素及其相互关系，重点分析规划实施对生态系统产生的整体影响和综合效应。

（4）可操作性

选择理论基础完善、实用性强、可行性好、便于应用的环境影响评价方法，使环境保护对策和建议具有可操作性。

1.3 评价范围及重点

1.3.1 评价范围

（1）时间范围

评价基准年为2015年，目标年为2020年。

（2）空间范围

山西省省域范围。

1.3.2 评价重点

（1）重点评价行业

重点评价行业包括煤炭采选、铁矿采选、铝土矿开采、铜矿采选、金矿采选、水泥用灰岩开采、冶镁白云岩开采等行业，这些行业是山西省开采规模较大、不利环境影响相对严重的矿产资源开发行业。

（2）重点评价区块

重点评价区块包括重点勘查区块、重点矿区块、勘查规划区块、开采规划区块。

（3）重点评价内容

①规划的协调性。着重分析规划与其相关的法律法规、环境保护政策和上层位规划的符合性；分析规划与其所依托的环境条件（同层位）规划的一致性与协调性。

②规划实施的资源环境制约因素。回顾矿产资源开采历史及其导致的生态环境问题，辨析限制山西省矿产资源开采的资源环境制约因素。

③规划布局与重要保护目标是否存在冲突。梳理山西全省自然保护区、风景名胜区、森林公园、地质公园、湿地公园、饮用水水源地保护区、重点泉域保护区、文物保护单位以及主体功能区划划定的重点生态功能区等重要生态保护地的范围及分布，叠图分析规划开采区布局与保护目标间是否协调，存在冲突的可提出调整建议。

④规划实施的生态影响。从规划提出的空间布局、总量调控等方面分析规划实施对珍稀保护动植物集中保护区、重要植被类型及其生境、水源地保护等的影响，分析规划实施可能对栖息地、生物多样性、生态景观等的影响范围、程度、性质等。

⑤规划实施对水环境的影响。重点关注涉及水源地、岩溶泉域和生态敏感区大范围、大规模的开采活动对地下水环境的影响。

⑥不良环境影响的减缓措施。针对规划实施可能导致的生态环境问题，从宏观政策层面提出预防和减缓的措施要求，列明环境准入负面清单，制定跟踪评价方案，发挥规划环评参与矿产资源开发行业环境保护顶层设计的作用。

1.4 主要敏感目标

本次研究将主要环境敏感区和重点生态功能区作为环境保护目标，根据《规划环境影响评价技术导则总纲》（HJ 130—2014）中关于环境敏感区和重点生态功能区的说明，结合规划内容的特点，确定本次规划环评的环境保护目标主要为山西省境的自然保护区、国家级风景名胜区、省级及以上森林公园、城镇饮用水水源地一级和二级保护区、泉域重点保护区、地质公园、省级及以上湿地公园、水产种质资源保护区以及水源涵养、生物多样性保护和自然景观保护类型生态功能区等，部分生态环境保护目标名录见表 1-1，分布情况见图 1-1。

表 1-1 部分生态环境保护目标名录

类别	级别	个数	名称
自然保护区	国家级	7	蟒河猕猴国家级自然保护区、历山国家级自然保护区、芦芽山国家级自然保护区、五鹿山国家级自然保护区、庞泉沟国家级自然保护区、黑茶山国家级自然保护区、灵空山国家级自然保护区
	省级	39	天龙山省级自然保护区、绵山省级自然保护区、人祖山省级自然保护区、四县垴省级自然保护区、超山省级自然保护区、八缚岭省级自然保护区、汾河上游省级自然保护区、五台山省级自然保护区、朔州紫金山省级自然保护区、应县南山省级自然保护区、臭冷杉省级自然保护区、云中山省级自然保护区、孟信垴省级自然保护区、铁桥山省级自然保护区、韩信岭省级自然保护区、灵丘黑鹳省级自然保护区、团圆山省级自然保护区、涑水河源头省级自然保护区、太宽河省级自然保护区、尉汾河省级自然保护区、薛公岭省级自然保护区、崦山省级自然保护区、云顶山省级自然保护区、泽州猕猴省级自然保护区、漳河源头省级自然保护区、南方红豆杉省级自然保护区、药林寺冠山省级自然保护区、中央山省级自然保护区、凌井沟省级自然保护区、霍山省级自然保护区、六棱山省级自然保护区、恒山省级自然保护区、贺家山省级自然保护区、管头山省级自然保护区、红泥寺省级自然保护区、翼城翅果油树省级自然保护区、壶流河湿地省级自然保护区、运城湿地省级自然保护区、桑干河省级自然保护区
风景名胜区	国家级	6	五台山风景名胜区、恒山风景名胜区、黄河壶口瀑布风景名胜区、北武当山风景名胜区、五老峰风景名胜区、碛口风景名胜区
地质公园	国家级	8	黄河壶口瀑布国家地质公园、壶关太行山大峡谷国家地质公园、宁武冰洞国家地质公园、五台山国家地质公园、陵川王莽岭国家地质公园、大同火山群国家地质公园、平顺天脊山国家地质公园、永和黄河蛇曲国家地质公园
	省级	8	碛口省级地质公园、榆社古生物化石省级地质公园、泽州丹河蛇曲谷省级地质公园、沁水历山省级地质公园、阳城析城山省级地质公园、灵石石膏山省级地质公园、永济市水峪口省级地质公园、隰县午城黄土省级地质公园
森林公园	国家级	20	五台山国家森林公园、天龙山国家森林公园、关帝山国家森林公园、管涔山国家森林公园、恒山国家森林公园、云冈国家森林公园、龙泉国家森林公园、禹王洞国家森林公园、赵杲观国家森林公园、方山国家森林公园、交城山国家森林公园、太岳山国家森林公园、五老峰国家森林公园、老顶山国家森林公园、乌金山国家森林公园、中条山国家森林公园、太行峡谷国家森林公园、黄崖洞国家森林公园、棋子山国家级森林公园、太行洪谷国家森林公园
	省级	56	马营海省级森林公园、安国寺省级森林公园、介休市省级森林公园、云龙山省级森林公园、药林寺省级森林公园、冠山省级森林公园、诸龙山省级森林公园、柏洼山省级森林公园、大寨省级森林公园、东华山省级森林公园、南壶省级森林公园、白马寺山省级森林公园、狮脑山省级森林公园、吕梁山省级森林公园、太行山省级森林公园、黑茶山省级森林公园、桦林背省级森林公园、蔡家川省级森林公园、安泽省级森林公园、西沟省级森林公园、老爷山省级森林公园、七佛山省级森林公园、馒头山省级森林公园、五峰山省级森林公园、龙城省级森林公园、岚漪省级森林公园、葡峰省级森林公园、孤峰山省级森林公园、珏山省级森林公

类别	级别	个数	名称
森林公园	省级	56	园、三合牡丹省级森林公园、玉华山省级森林公园、和谐园省级森林公园、飞龙山省级森林公园、清水河省级森林公园、洪涛山省级森林公园、杀虎口省级森林公园、金牛省级森林公园、长城山省级森林公园、大泉山省级森林公园、石马寺省级森林公园、鹿泉山省级森林公园、宝峰湖省级森林公园、卢医山省级森林公园、白杨坡省级森林公园、灵通山省级森林公园、华阳山省级森林公园、阳光省级森林公园、红叶岭省级森林公园、九龙山省级森林公园、梅洞沟省级森林公园、金沙滩省级森林公园、灵丘县北泉省级森林公园、平型关省级森林公园、大同县大同火山群省级森林公园、盂县尖山省级森林公园、阳泉市郊区翠枫山省级森林公园
湿地公园	国家级	15	山西垣曲古城国家湿地公园、山西昌源河国家湿地公园、山西千泉湖国家湿地公园、山西双龙湖国家湿地公园、山西文峪河国家湿地公园、山西介休汾河国家湿地公园、山西神溪国家湿地公园、山西沁河源国家湿地公园、山西长子精卫湖国家湿地公园、山西稷山汾河国家湿地公园、山西孝义孝河国家湿地公园、山西静乐汾河川国家湿地公园、山西洪洞汾河国家湿地公园、山西右玉苍头河国家湿地公园、山西大同桑干河国家湿地公园
	省级	35	朔城区恢河省级湿地公园、神池县西海子省级湿地公园、忻府区滹沱河省级湿地公园、方山县南阳沟省级湿地公园、文水县世泰湖省级湿地公园、榆次区田家湾省级湿地公园、平遥县惠济省级湿地公园、盂县梁家湾省级湿地公园、高平市丹河省级湿地公园、尧都区东郭省级湿地公园、安泽县府城省级湿地公园、侯马市香邑湖省级湿地公园、新绛县汾河省级湿地公园、平顺县太行水乡省级湿地公园、屯留县绛河省级湿地公园、中阳县陈家湾省级湿地公园、柳林县三川河省级湿地公园、离石区东川河省级湿地公园、宁武县马营海省级湿地公园、关帝林局梅洞沟省级湿地公园、太岳林局七里峪省级湿地公园、阳泉市桃河省级湿地公园、交城县华鑫湖省级湿地公园、太谷县棋盘山省级湿地公园、曲沃县浍河省级湿地公园、太行林局海眼寺省级湿地公园、大同市文瀛湖省级湿地公园、左云县十里河省级湿地公园、大同县土林省级湿地公园、汾阳市文湖省级湿地公园、山阴县桑干河省级湿地公园、应县镇子梁省级湿地公园、岚县岚河省级湿地公园、尧都区涝洰河省级湿地公园、杨树林局苍头河省级湿地公园
泉域重点保护区		19	娘子关、辛安、延河、三姑、坪上、水神堂、城头会、神头、马圈、雷鸣寺、兰村、晋祠、洪山、郭庄、龙子祠、霍泉、古堆、柳林、天桥
重点生态功能区	国家级	18	神池县、五寨县、岢岚县、河曲县、保德县、偏关县、吉县、乡宁县、蒲县、大宁县、永和县、隰县、汾西县、兴县、临县、柳林县、石楼县、中阳县
	省级	28	娄烦县、灵丘县、左云县、盂县、平顺县、黎城县、壶关县、沁源县、沁水县、阳城县、陵川县、平鲁区、右玉县、左权县、和顺县、灵石县、榆社县、平陆县、垣曲县、五台县、繁峙县、宁武县、静乐县、古县、安泽县、岚县、方山县、交口县

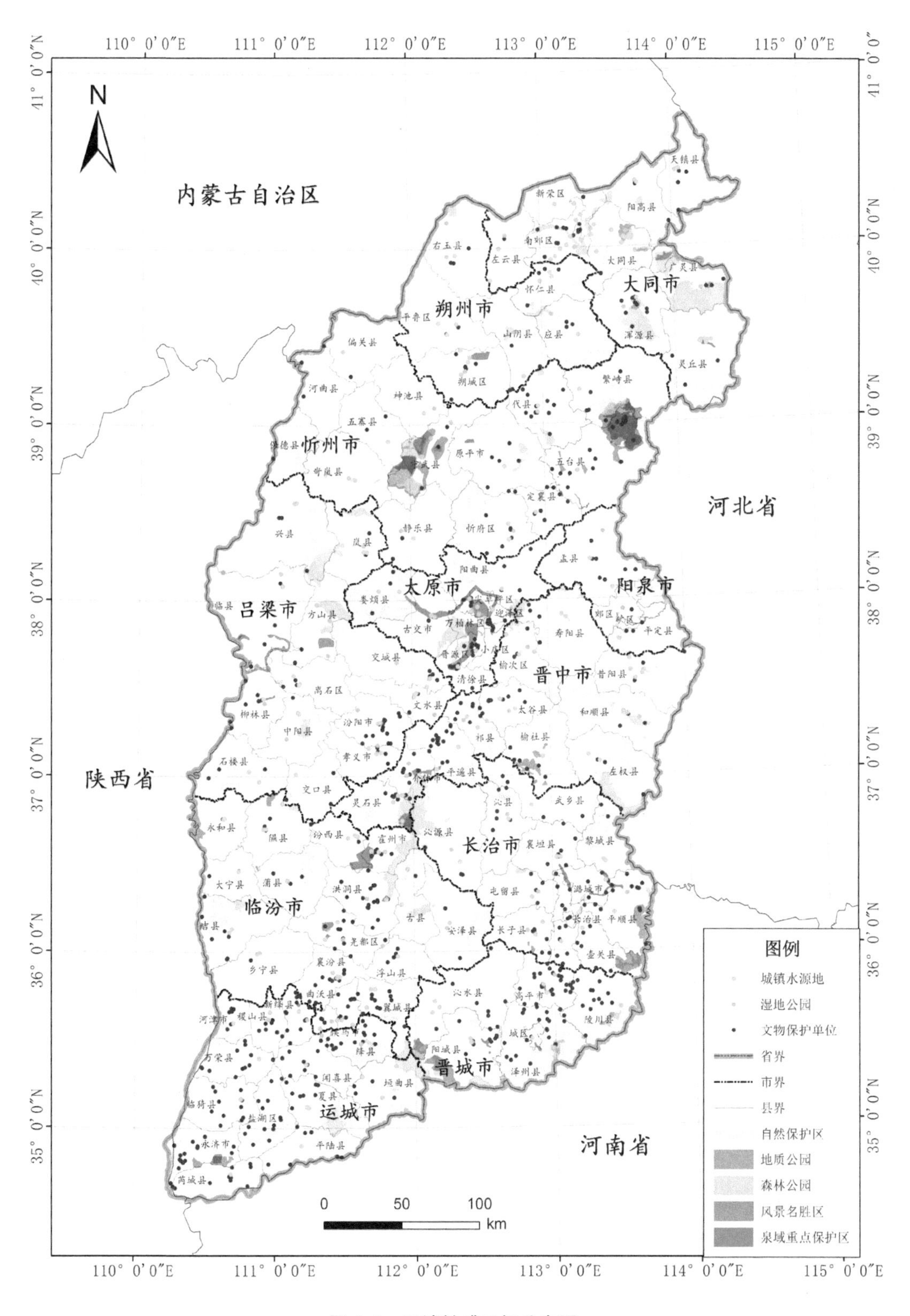

图 1-1 环境敏感目标分布图

第2章

《规划》概述

《山西省矿产资源总体规划（2016—2020年）》（以下简称《规划》）以2015年为基期，2016—2020年为规划期，展望到2025年，适用范围为山西省所辖行政区域。

2.1 《规划》指导思想与原则

2.1.1 指导思想

高举中国特色社会主义伟大旗帜，全面贯彻党的十八大和十八届三中、十八届四中、十八届五中、十八届六中全会精神，以马克思列宁主义、毛泽东思想、邓小平理论、“三个代表”重要思想和科学发展观为指导，深入贯彻习近平总书记系列重要讲话精神，按照“五位一体”总体布局和“四个全面”战略布局，牢固树立和贯彻落实创新、协调、绿色、开放、共享的发展理念，落实节约资源和保护环境的基本国策，坚持尽职尽责保护国土资源、节约集约利用国土资源、尽心尽力维护群众权益，以“塑造山西美好形象、实现山西振兴崛起”为目标，以创新驱动推动资源型地区综合改革试验区建设为统领，以改革创新发展为动力，以转方式、调结构、增效益、提速度为基点，全面推进供给侧结构性改革，有力、有度、有效落实好“三去一降一补”，加快矿业绿色转型升级，推动矿业开放合作，实现资源开发惠民利民，为全面建成小康社会提供可靠的能源资源保障。

2.1.2 《规划》原则

（1）增强动力，创新发展

坚持发展是第一要务，将发展基点放在创新上，全面推进找矿突破战略行动，加快调整勘查开发方向，着力转变矿政管理方式，深入实施创新驱动战略，激发矿业市场新活力，培育矿业发展新动力，拓展矿业发展新空间。

（2）优化布局，协调发展

大力推进矿产资源勘查开发利用结构布局调整，加强供给侧结构性改革，强化规划分区管理，促进矿产资源勘查开发与区域发展、环境保护、资源保护相协调，构建协调有序的矿产勘查开发保护格局。

（3）调整结构，绿色发展

合理调控资源开发利用总量，严格新建矿山准入条件，优化矿山开采规模结构，改善矿产品结构，提高矿产资源节约与综合利用水平，加大矿山地质环境治理与矿区土地复垦力度，推动绿色矿山和绿色矿业发展示范区建设，保障山西省矿业的科学可持续发展。

（4）加大合作，开放发展

创新矿业开放体制环境，全面推进政务公开化、透明化、便利化和规范化。以“一带一路”矿业合作为契机，全面推进与沿线地区交流合作，拓展山西省矿业开放发展新空间。加强以煤会友，完善“走出去”服务支持体系。

（5）资源惠民，共享发展

在坚持矿产资源国家所有，统筹兼顾中央与地方、矿业权人与当地群众利益的基础上，充分发挥区域特色资源优势，按照坚持市场导向，以企业产业扶贫开发为抓手，加大政策支持力度，促进脱贫致富。强化矿产资源宏观管理与公共服务，实现政府、企业、矿区群众共享资源开发收益和发展成果。

2.2 《规划》目标指标

《规划》目标为：到2020年，矿产资源保障程度进一步提高，开发利用布局与结构进一步优化，节约集约和高效利用水平明显提升，绿色矿山建设全面普及，矿山地质环境显著好转，呈现矿产资源勘查开发与环境保护协调发展的新局面，提升矿业发展的质量和效益，重塑矿产资源开发保护与矿业发展新格局。具体目标指标见表2-1。

表2-1 《规划》主要目标指标

<table>
<tr><th colspan="3">指标</th><th colspan="2">2020年</th><th>属性</th></tr>
<tr><td rowspan="12">基础地质调查与矿产勘查</td><td colspan="2">区域地质调查</td><td colspan="2">48 857 km^2</td><td rowspan="5">预期性</td></tr>
<tr><td colspan="2">区域地球物理调查</td><td colspan="2">63 977 km^2</td></tr>
<tr><td colspan="2">区域地球化学调查</td><td colspan="2">23 800 km^2</td></tr>
<tr><td colspan="2">区域水工环地质调查</td><td colspan="2">53 121 km^2</td></tr>
<tr><td colspan="2">晋中城市群综合地质调查</td><td colspan="2">2 535 km^2</td></tr>
<tr><td rowspan="7">新增查明资源储量</td><td>重要矿种</td><td>新增资源储量</td><td>新发现大中型矿产地</td><td rowspan="7">预期性</td></tr>
<tr><td>煤</td><td>60亿t</td><td>5个</td></tr>
<tr><td>铝土矿</td><td>1.2亿t</td><td>9个</td></tr>
<tr><td>铁矿</td><td>2亿t</td><td>3个</td></tr>
<tr><td>铜矿</td><td>3万t</td><td>2个</td></tr>
<tr><td>金矿</td><td>4 t</td><td>2个</td></tr>
<tr><td>石墨</td><td>1 300万t</td><td>4个</td></tr>
<tr><td rowspan="6">矿产资源合理开发利用与保护</td><td rowspan="5">重要矿种年开采总量</td><td>煤</td><td colspan="2">10亿t</td><td rowspan="5">预期性</td></tr>
<tr><td>煤层气</td><td colspan="2">200亿m^3</td></tr>
<tr><td>铝土矿</td><td colspan="2">4 200万t</td></tr>
<tr><td>铁矿</td><td colspan="2">5 000万t</td></tr>
<tr><td>铜矿</td><td colspan="2">600万t</td></tr>
<tr><td>矿产地储备数量</td><td>对主焦煤和无烟煤进行战略储备</td><td colspan="2">战略储备矿产地数量约为8处左右</td><td>预期性</td></tr>
</table>

指标			2020年		属性
矿业转型升级与绿色矿业发展	矿山数量及大中型矿山比例	矿种	矿山数量/座	大中型矿山比例	预期性
		煤炭	900	95%	
		铝土矿	100	50%	
		铁矿	400	20%	
		铜矿	20	20%	
	绿色矿山比例		25%		
	矿山“三率”水平达标率		80%		约束性
矿山地质环境保护与恢复治理	历史遗留矿山地质环境治理恢复面积		550 km^2		
	矿区土地复垦面积		310 km^2		

2.3 空间布局与规划分区

根据《省级矿产资源总体规划技术规程》（国土资厅发〔2015〕9 号），省级矿产资源总体规划的空间布局与规划分区主要分 3 类：一是战略引导性布局；二是重点工作布局；三是管理功能分区。

2.3.1 战略引导性布局

规划期内，落实全国矿产资源总体规划中关于矿产资源产业基地及规划矿区的划定，共划定 5 个能源产业基地，其中三大煤炭产业基地为晋北、晋中、晋东；两大煤层气产业基地为沁水、河东；划定 5 个矿产资源产业基地，其中三大铝土矿基地为晋西、晋中、晋南；铁矿基地为忻州—吕梁；铜矿基地为侯马—垣曲。

（1）煤炭基地建设

建设晋北、晋中、晋东三大煤炭基地，结合区域煤质和煤层赋存特点，优化能源结构，推动煤电产业优化升级，加大一次能源转化力度和电力为主的二次能源输出力度。集约化发展大型坑口电站，扩大晋电外送规模。晋北煤炭基地以同煤、中煤集团为开发主体，依托动力煤优势，重点加快煤电一体化进程，坚持煤基清洁能源和煤基高端石化产业两大发展方向；晋中煤炭基地以焦煤集团为开发主体，加大炼焦煤保护性开采力度，依托炼焦煤优势，利用洗中煤、煤泥、煤矸石等低热值燃料推进低热值煤电厂建设，形成煤电铝材产业链；晋东煤炭基地以阳煤、潞安、晋煤三大集团为开发主体，实施无烟煤保护性开采政策，依托无烟煤、动力煤优势，重点推进以动力煤为主的阳煤、潞安集团煤电一体化。

（2）煤层气基地建设

发挥煤层气资源优势，加快煤层气资源勘探开发，大力推进沁水盆地、河东盆地（鄂尔多斯盆地东缘）两大基地建设，着力打造煤层气大产业链、煤层气装备制造业基地及京津冀后备清洁能源供应基地，形成引领全国的新能源示范基地。

（3）铝土矿基地建设

坚持煤电铝材一体化发展思路，按照集约化、循环化、生态化建设理念，以 10 个铝土矿资源集中区为依托，优化资源配置，发展精深加工，补齐电解铝产业短板，支持自备电厂发展，构建南部、中部和西部三大铝工业产业集群。

（4）铁矿基地建设

围绕铁矿未占用资源情况，结合山西省已建成的大型钢铁公司，从铁矿资源整合和规模开发的角度出发，综合考虑各个钢铁公司的资源分布情况和保障程度，规划忻州—吕梁铁矿基地。

（5）铜矿基地建设

结合铜工业基地的建设和中条山铜矿资源矿集区的开发利用，综合考虑资源分布情况和保障程度，规划侯马—垣曲铜矿基地。

2.3.2 重点工作布局

（1）重点调查评价区

以铁、铝土矿、铜等为重点矿种，围绕重要成矿区带开展矿产资源调查评价，划定右玉—平鲁金多金属调查区、五台山—恒山铁铜金矿找矿远景区、吕梁山铁铜金找矿远景区、晋中铝土矿找矿远景区、左权—黎城铁矿找矿远景区、绛县—永济铜铁金矿远景区 6 个重点调查评价区。

（2）重点勘查区

将地质勘查作为立足国内、提高资源保障程度的重要基础性工作，持续稳定并予以加强。进一步调整勘查重点和优化工作布局，以能源、紧缺及战略性新兴产业矿产为重点，划定 55 个重点勘查区（见表 2-2），引导各类资金投入，加大找矿力度。

表 2-2 规划期间山西省重点勘查区

重要矿种	重点勘查区	个数
煤炭	大同、平朔、朔南、轩岗、河保偏、岚县、西山古交、东山、汾西、霍东、霍州、离柳、乡宁、石隰、晋城、潞安、阳泉、武夏	18
煤层气	沁水—屯留、左权—昔阳、沁源—安泽、古交—交城、保德—兴县、柳林—石楼、乡宁—吉县、晋中、沁源—古县、兴县—临县、石楼—隰县、大同、宁武、霍西	14
铁矿	灵丘、五台—代县、岚县—娄烦、古交、襄汾—翼城、左权—黎城	6
铝土矿	河曲—保德、宁武—原平、兴县、灵石—霍州、阳泉、中阳—临县、汾阳—孝义、交口—汾西、沁源、平陆、昔阳—襄垣	11
铜（金）矿	天镇—阳高、繁峙—灵丘、五台、垣曲、运城	5
石墨	大同新荣区	1

（3）矿山地质环境重点治理区

以历史遗留矿山及国有大型、中型生产矿山为重点，根据矿山地质环境影响程度，山西省划定了12个矿山地质环境重点治理区。

（4）绿色矿业发展示范区

大力推进绿色矿业发展，由点到面、集中连片，整体推动绿色矿业发展，做好试点示范，显著提高区内资源节约利用水平，有效保护矿山环境，提升矿区土地复垦水平，矿业企业与地方和谐发展。山西省绿色矿山发展示范区主要集中在大同、朔州、阳泉、长治、晋城。

2.3.3 管理功能分区

（1）重点矿区

规划期间，山西省共划定重点矿区51个（见表2-3），其中落实国家规划矿区共25个：煤炭18个、煤层气7个；划定省级规划矿区共26个：铝土矿10个、铁矿7个、铜（金）矿2个、煤层气7个。

表2-3 规划期间山西省重点矿区

重要矿种	重点矿区	个数
煤炭	大同、平朔、朔南、轩岗、岚县、河保偏、离柳、石隰、乡宁、西山、东山、汾西、霍州、霍东、阳泉、武夏、潞安、晋城	18
煤层气	沁水—屯留、左权—昔阳、沁源—安泽、古交—交城、保德—兴县、柳林—石楼、乡宁—吉县、晋中、沁源—古县、兴县—临县、石楼—隰县、大同、宁武、霍西	14
铁矿	灵丘、五台—代县（不包括五台山世界文化遗产地范围）、岚县—娄烦、古交、左权—黎城、襄汾—翼城、平顺	7
铝土矿	河曲—保德、宁武—原平、兴县、灵石—霍州、阳泉、中阳—临县、汾阳—孝义、交口—汾西、沁源、平陆	10
铜（金）矿	垣曲、灵丘	2

（2）限制开采区

限制开采区是在规划期内，根据国家产业政策、经济社会发展及资源环境保护的要求或国家特殊需要等，受经济、技术、安全、环境等多种因素的制约，对矿产资源开发利用活动实行一定限制的区域。山西省将太原东山、西山绿化带内的石灰岩区划定为限制开采区。

（3）禁止开采区

禁止在山西省3个世界文化遗产地范围、4个古生物化石产地、46个自然保护区、45个风景名胜区、16个地质公园、3处国家级水产种质资源保护区、19个泉域重点保护区、207个饮用水水源地、46个水利风景区、19处国家级森林公园、56处省级森林公园、57处县级森林公园、50处省级以上湿地公园、939处省级以上文物保护单位的保护范围及建设控制地带、带压开采突水危险区、水库、河道下部及补水区域、汾河上中游干流及岚河等九大支流两侧、城镇规划区范围内新设矿业权。严禁在Ⅰ级保护林地、国家一级公益林、山西省永久性生态公益林非法露天采煤、采矿。

禁止在铁路、高速公路、重要旅游线路、石油天然气管道中心线两侧一定范围内露天采矿（其范围由有关部门确定），采矿过程中相关主管部门应加强监督管理，坚决制止和打击越界等非法开采行为。

勘查开采规划区块分为探矿权设置区划和采矿权设置区划。

（1）探矿权设置区划

规划设置探矿权勘查规划区块499个，均为空白区新设。按矿种分为煤炭128个、煤层气25个、铁矿111个、铝土矿132个、金矿40个、铜矿24个、多金属10个、锰矿2个、铬铁矿1个、钼矿1个、铌钽矿1个、铅矿5个、钛矿1个、银矿6个、水泥用石灰岩2个、石英岩1个、石英砂岩2个、含钾页岩1个、硫铁矿1个、冶金用白云岩3个、白云岩2个。

（2）采矿权设置区划

规划设置开采规划区块118个，其中空白区新设开采规划区块99个、探转采新设开采规划区块10个，已设采矿权调整9个。按矿种分煤炭26个、煤层气33个、铝土矿27个、铁矿26个、铜矿1个、金矿2个、化肥用白云岩1个、水泥用石灰岩2个。

2.4 开发利用总量调控

依据国家产业政策，结合山西省经济社会发展对矿产资源的需求、资源环境承载力，合理确定资源开采总量。对于煤炭等产能过剩类资源，严格实行开采总量控制；提高重要矿产资源的供应能力，限定保护特定矿种、优势矿产，鼓励开采国内、省内急缺的矿产，保持矿产资源开采总量与经济发展相适应。严格行业准入，提高规模化与集约化水平。主要资源开采总量调控原则及调控指标值见表2-4。

表 2-4 规划资源开发利用总量调控原则及调控指标值

资源类别		开采总量确定原则	2020 年开采总量指标	单位	指标属性
能源矿产	煤炭	限制开采高硫煤、高灰煤、低发热量煤等矿产，对稀缺煤种进行保护性开采。继续推进煤炭资源整合，加大煤炭供给侧结构性改革	10	亿 t/a	预期性
	煤层气	以稳产高产和增储扩能为目标，积极扶持煤层气资源的开发利用，加强煤矿生产矿山煤层气的抽取利用，提高煤层气利用率	200	亿 m^3/a	预期性
	地热	优化地热资源开发利用结构，缓解开采层位和开采区位过于集中现象，推进综合利用、采灌并举，提高地热资源开发利用水平和效益	3 100	万 m^3/a	预期性
金属矿产	铝土矿		4 200	万 t/a	预期性
	铁矿	鼓励开展以骨干矿山为主导的资源整合、兼并重组并有序开采	5 000	万 t/a	预期性
	铜矿	综合考虑资源分布情况和保障程度，加大侯马—垣曲铜矿基地建设	600（矿石）	万 t/a	预期性
	金矿		600	万 t/a	预期性
非金属矿产	水泥用灰岩	有序开采	2 500	万 t/a	预期性
	耐火黏土矿	进一步推动耐火材料行业的技术创新、产品结构调整和应用技术提升	100	万 t/a	预期性
	芒硝	加大元明粉和无水芒硝出口力度	120	万 t/a	预期性
	硫铁矿	有序开采	140	万 t/a	预期性
	冶镁白云岩	严格控制开采总量，以满足省内需求为主	375	万 t/a	预期性
水气矿产	矿泉水	合理开发利用和保护好天然矿泉水资源，有序开发			

2.5 开发利用结构调整

2.5.1 严格矿产开发准入条件

新建矿山要严格执行矿山开采最低规模要求，煤炭不得低于 120 万 t/a、铝土矿重点矿区 10 万 t/a、铁矿 5 万 t/a、金矿 3 万 t/a、水泥用灰岩 30 万 t/a、冶镁白云岩 10 万 t/a；新建矿山应当符合国家和省生态保护相关的法律法规要求；执行开采规划区划设置的准入条件，严禁大矿小开、一证多矿（井），严禁将完整矿床（体）肢解为零星小矿开采，杜绝私挖滥采。

新建矿山开采规模原则上应与矿床规模相匹配。地质勘查程度应满足相应矿山建设的要求。建材矿产、水泥用灰岩、铝土矿等露天开采应提倡集中连片的规模化开采。对于共伴生多种重要矿种的矿产地，要进行开采设置主矿种的论证，根据国家产业政策、开采条件以及矿种的重要程度确定开采时序。

2.5.2 严格执行“三率”标准

依据国土资源部公告的各矿种开发利用“三率”指标要求，强化矿山“三率”监测考核，加强对矿山实际“三率”指标进行审核并向社会公告审查结果。矿山企业要如实编报“三率”指标执行情况，说明矿山实际“三率”指标的核算依据、过程和结果。

2.5.3 优化矿山开采规模结构

大力调整和优化矿山规模结构，“坚持节约化、基地化”发展，以大型煤炭企业为主体，继续推进煤炭资源整合和煤矿企业兼并重组，进一步减少山西省煤炭矿井个数。优化产能结构，形成大企业集团为主体的产业格局（见表2-5）。

表2-5 规划矿山（井）个数控制

类别	2020年矿井（山）个数	大中型矿山比例
煤炭矿井	≤900	
铝土矿山	≤100	大中型矿山比例数由2015年的15%力争提高到50%
铁矿山	≤400	大中型矿山比例数由2015年的10.9%力争提高到20%
铜矿山	达到20	大中型矿山比例数由2015年的16.67%力争提高到20%

2.5.4 改善矿产资源产品结构

积极推进能源清洁生产和先进、适用的采、选、冶新技术、新工艺、新设备及晶质石墨、高纯石英、硫铁矿等非金属矿产精深加工，淘汰落后的设备、技术和工艺。发展矿产品后续加工能力，大力提高深、精、细加工等高科技含量矿产品的比重，使之成为新的矿业经济增长点。到2020年山西省燃煤发电机组就地转化原煤2亿t。加快燃煤电厂超低排放改造，加大煤炭洗选比重，加大煤矸石、矿井水等资源综合利用力度，逐步实现煤炭利用近零排放。

2.6 资源综合利用与生态环境保护

2.6.1 强化资源节约综合利用

（1）加强低品位、难选冶、共伴生矿产资源的综合利用

开展难选冶、低品位矿、共伴生矿的选矿与深加工关键技术研究，重点支持对临县含钾岩石的应用、袁家村铁矿贫矿选冶技术、低品位铝土矿选矿、特厚煤层和薄煤层开采技术攻关。

对铝土矿的共伴生矿产耐火黏土矿、山西式铁矿以及镓、稀有稀土、稀散元素等，要综合勘查、综合评价、综合开发利用；通过科技攻关，对赤泥中的稀有稀土和稀散元素进行综合回收利用，鼓励已有煤炭或铝土矿矿业权人申请办理共伴生资源，加强对煤炭及铝土矿共伴生资源地综合勘查、综合开采研究及实践。

鼓励选冶企业对铜、金、银及其共生、伴生矿产的综合利用技术进行研究创新，使有用元素在选矿、冶炼过程中得到回收，鼓励煤炭企业对煤炭中锂等伴生有益元素进行回收利用，提高资源节约集约及综合利用水平。

（2）加强尾矿、废石等废弃物的综合利用

加强尾矿资源综合调查评价，通过调查评价和开发应用新的选矿技术，不断拓展矿山废弃物的综合利用领域，扩大利用规模，大力推进尾矿伴生有用组分高效分离提取和高附加值利用。充分利用废石和尾矿进行矿山采矿区回填、土地复垦回填，加强矿区生态环境恢复治理，避免水土流失。

煤矿：重点推进煤矸石发电，研发从粉煤灰中综合提取铝、镓、锂、白炭黑的技术，开展煤矿采空区煤层气资源调查评价工作。

金属矿山：重点开展氧化铝生产过程的赤泥中稀土、稀有、稀散元素提取，铜尾矿中有用组分高效分离提取，金尾矿中有价组分提取。

（3）完善矿产资源节约与综合利用激励约束机制

实行矿产资源利用绩效与奖惩挂钩制度。对于资源高效利用的矿山企业，依法优先配置矿产资源，优先保障矿业用地。对资源节约、开发利用高效的矿山企业进行奖励，进一步激励矿山生产企业，采用先进适用技术、先进工艺设备、不断提高矿产资源开发利用水平。对于矿产资源利用成效突出的县（市），优先推荐参评国土资源集约模范县（市）。

按照国土资源部《矿业权人勘查开采信息公示办法（试行）》要求，矿业权人必须及时在国土资源部或省级国土资源主管部门门户网站公示勘查开采信息，主动接受监督，形成企业公示、部门监督、社会监督的机制。省级国土资源管理部门按公示信息以不低于 5%

的比例随机抽查，并根据需要增加对重点勘查项目和矿山的抽查，或者结合矿业秩序等开展专项抽查，设置“黑名单”（即异常名录和严重违法名单）。建立矿业权人信用约束和惩处机制，对列入异常名录和严重违法名单的矿业权人，通过依法曝光、警告或惩戒，逐步使矿产资源节约或综合利用成为矿业权人的自觉行为。

2.6.2 加快发展绿色矿山建设

加快绿色矿山建设步伐。着力推进技术、产业、管理模式创新，引领传统矿业转型升级。建立完善的绿色矿山标准体系和管理体制，研究形成配套绿色矿山建设的激励政策。到 2020 年，山西省绿色矿山格局基本形成，新建大中型矿山基本达到绿色矿山标准，小型矿山企业按照绿色矿山条件严格规范管理，绿色矿山数量力争达到 25%以上。

各级国土资源管理部门要指导矿山企业按照绿色矿山建设的要求和条件，因地制宜编制规划，从提高资源利用水平、节能减排、保护耕地和矿山生态环境、创建和谐矿区等角度出发，明确具体工作任务、进度和措施，按照规划积极推进各项工作，实现绿色矿山建设目标。

积极推进绿色矿业发展示范区。按照“政府主导、部门协作、企业主体、公众参与、共同推进”的原则，大力推进绿色矿业发展，由点到面、集中连片，整体推动绿色矿业发展，做好试点示范，显著提高区内资源集约节约利用水平，有效保护矿山环境，提升矿区土地复垦水平，矿山企业与地方和谐发展。规划期间，设置大同、朔州、阳泉、长治、晋城绿色矿山发展示范区。

绿色矿山建设优惠政策。加大财政专项资金的支持力度，加大危机矿山接替资源勘查、矿山地质环境恢复治理、矿产资源节约与综合利用等财政专项资金向绿色矿山企业的倾斜，鼓励和支持矿山企业开展做好资源合理利用、环境保护等相关工作，不断提高发展水平。探索在资源配置和矿业用地等方面向达到绿色矿山条件的企业实行政策倾斜，依法优先配置资源和提供用地，鼓励企业做大做强。逐步完善税费等政策，加强技术政策引导。

2.6.3 资源型城市可持续发展

充分挖掘本地资源潜力，努力延伸循环经济产业链。完善资源性产品价格形成机制，鼓励外来投资发展接续替代产业，全面推动煤炭等关联产业新型化进程，努力扩大新兴产业规模，着力解决资源型城市就业等社会问题，深入推进采煤沉陷区治理和棚户区改造工程。结合山西省政府采煤沉陷区搬迁治理工程，到 2017 年，完成 1 352 个村庄的避让搬迁工作，涉及人口 65 万人，投入资金 263 亿元，基本解决因采矿而破坏村庄的农民群众安居问题。

2.6.4 加快地质环境恢复治理

（1）矿山地质环境保护

严格矿山开发的环境保护准入管理。加大矿山开发过程中的地质环境保护力度，最大限度减少或避免因矿产开发引发的矿山地质环境问题。严格落实新建（整合、扩建）矿山地质环境影响评价制度，矿山开发必须编制矿山地质环境保护与恢复治理方案。

重点区域矿山地质环境调查。开展重点区域 1∶5 万矿山地质环境调查 6 711 km^2，重点查明区域内矿山地质环境问题类型、特征、分布、规模、危害程度。分析矿山地质环境问题的诱发因素、形成机理以及区域地质环境背景对矿业活动的敏感性和制约作用，评价矿山地质环境质量，预测其发展趋势。为矿山地质环境重点保护区和重点治理区的分区监督管理、实施保护与恢复治理工作提供数据基础和依据，并提出矿山地质环境保护与综合整治措施。

建立矿山地质环境动态监测制度。市、县（区）级国土资源行政主管部门应当建立本行政区域内的矿山地质环境动态监测工作体系，指导、监督采矿权人开展矿山地质环境监测。采矿权人应当定期向市、县（区）级国土资源主管部门报告矿山地质环境情况，如实提交监测资料。省级监测机构应采取遥感动态监测体系，以 2016 年为基准年，争取每两年监测一次，采用较高分辨率遥感影像如 SPOT5 2.5 m 影像、IKONOS 1 m 影像数据，通过遥感解译进行矿山地质环境动态监测。

建立并实施矿山地质环境恢复治理成效监督检查制度。省、市、县（区）级矿山地质环境监测机构应在国土资源主管部门指导下，定期或不定期组织开展检查活动，监督检查各矿山企业对《矿山地质环境保护与恢复治理方案》中的恢复治理工程、监测工程的执行情况和矿山地质环境治理工程的质量及效果等。

探索矿山地质环境影响评估及采矿损益评估制度。按照统一的程序和规范，对矿山建设、生产和闭坑全过程进行矿山地质环境影响评估，为合理编制矿山地质环境保护与恢复治理方案、核定矿山地质环境恢复治理保证金数额提供依据。

（2）矿山地质环境恢复治理

突出重点，明确责任，创新机制，强化监管，加快推进矿山地质环境问题的综合治理。

治理工作重点。根据现状矿山地质环境影响程度分区结果，确定山西省矿山地质环境重点治理区，以此为重点并统筹考虑严重影响到人居环境、工农业生产、城市发展、国家重大工程实施、矿山公园建设的重大矿山地质环境问题，部署开展矿山地质环境治理工程，加大闭坑矿山、废弃矿山（矿井）、政策性关闭矿山和国有老矿山历史遗留地质环境问题的治理力度，将矿山地质环境恢复治理与矿山公园建设、生态建设相结合，集中解决重大矿山地质环境问题，到 2020 年，历史遗留矿山地质环境恢复治理率达到 45%。

规划期间，落实全国规划中山西省27个重点治理区，山西省共合并划定12个矿山地质环境重点治理区（见表2-6）。

表2-6 山西省矿山地质环境重点治理区

序号	治理区名称	所在行政区	主要治理内容	编号
1	大同地裂缝、地面塌陷治理区	大同市南郊区、左云、怀仁	地裂缝、地面塌陷、煤矸石堆放	Zz01
2	平朔废弃物堆放、地面塌陷治理区	朔州市平鲁区和朔城区	地裂缝、地面塌陷、煤矸石堆放	Zz02
3	轩岗地裂缝、地面塌陷治理区	忻州市宁武县、原平市	地裂缝、地面塌陷、煤矸石堆放	Zz03
4	河保偏地裂缝治理区	忻州市河曲县、保德县、偏关县	地裂缝、地面塌陷、煤矸石堆放	Zz04
5	五台—定襄地裂缝治理区	忻州市五台县、定襄县	地裂缝、地面塌陷、废石堆放	Zz05
6	太原西山地裂缝、地面塌陷治理区	太原市尖草坪区、万柏林区和古交市	地裂缝、地面塌陷、煤矸石堆放	Zz06
7	离柳地裂缝、滑坡治理区	吕梁市离市区、柳林县和中阳县	地裂缝、滑坡、煤矸石堆放	Zz07
8	阳泉地裂缝治理区	阳泉市平定县、盂县、晋中市和顺县、寿阳县和昔阳县	地裂缝、地面塌陷、煤矸石堆放	Zz08
9	汾西—乡宁地裂缝、滑坡治理区	吕梁市孝义市、汾阳市、晋中市介休市、灵石县、临汾市霍州市、汾西县、乡宁县	地裂缝、地面塌陷、煤矸石堆放、滑坡	Zz09
10	霍东地裂缝治理区	长治市沁源县	地裂缝、地面塌陷、煤矸石堆放	Zz10
11	长治地面塌陷治理区	长治市郊区、长子县、襄垣县、屯留县、长治县和潞城市	地裂缝、地面塌陷、煤矸石堆放	Zz11
12	晋城地裂缝、地面塌陷治理区	晋城市高平市、阳城县、泽州县	地裂缝、地面塌陷、煤矸石堆放	Zz12

治理责任划分。新建（整合、扩建）矿山所产生的地质环境问题，按照“谁破坏，谁治理”，“边开采、边治理”的原则，由矿山企业负责治理。对于生产运营矿山，2014年以前形成的历史遗留的矿山地质环境问题，各级政府为治理责任主体，其恢复治理工程由政府组织实施；2014年以后，新的采矿活动引发的矿山地质环境问题，由矿山企业负责治理。无主矿山主要由政府承担矿山地质环境治理责任，鼓励和引导社会等多渠道资金投入治理

工作，构建多元化的资金投入机制。

强化监督管理。山西省、市人民政府要加强矿山地质环境治理工作的监督和管理，从源头上预防和控制采矿活动对矿山地质环境的破坏，避免先破坏后治理。同时加强政策引导，加大矿山地质环境治理经费投入，建立矿山地质环境治理的激励机制，调动多方面的积极性，多渠道筹集资金，使历史遗留的矿山地质环境问题尽快得到治理。已投入资金开展的矿山地质环境治理项目，要做好组织实施，加强施工质量、施工进度、竣工验收和经费使用情况的监督检查，保障治理工程达到预期目标。

按照“谁开发、谁保护，谁破坏、谁治理，谁恢复、谁受益”的原则及绿色矿山建设要求，建成26处矿山地质环境综合治理示范矿山。

（3）矿区土地复垦

积极开展矿区废弃土地复垦。坚持“谁破坏、谁复垦”，依法落实土地复垦责任，持续推进矿区土地复垦费用征收管理制度。加强土地复垦权属管理，明确复垦土地使用权。对历史遗留矿山废弃土地，逐步建立以政府资金为引导的“谁投资、谁受益”的土地复垦多元化投融资渠道，鼓励各方力量开展矿区土地复垦，确保土地复垦不欠新账，快还旧账。新建、在建矿山开采造成破坏的土地要全面得到复垦利用，土地复垦义务人灭失的矿山废弃地利用程度应不断提高，到2020年矿区土地复垦面积达到310 km^2。

第3章

《规划》初步分析

3.1 《规划》协调性分析

《规划》方案符合性分析涉及的主要法律、法规、政策和规划等见表 3-1。《规划》方案与各法律、法规、政策和规划等的协调性内容分析见附表 1。

表 3-1 《规划》方案符合性分析涉及的主要法律、法规、政策和规划

序号	相关法律、法规、政策和规划
1	《中华人民共和国矿产资源法》
2	《中华人民共和国固体废物污染环境防治法》
3	《中华人民共和国清洁生产促进法》
4	《中华人民共和国循环经济促进法》
5	《能源发展战略行动计划（2014—2020 年）》
6	《产业结构调整指导目录（2011 年本）》（修正）
7	《土壤污染防治行动计划》
8	《全国土地利用总体规划纲要（2006—2020 年）》调整方案
9	《国家环境保护“十三五”规划》
10	《全国矿产资源规划（2016—2020 年）》
11	《中华人民共和国国民经济和社会发展第十三个五年规划纲要》
12	《山西省环境保护条例》
13	《山西省国民经济和社会发展第十三个五年规划纲要》
14	《山西省矿产资源管理条例》
15	《山西省水污染防治工作方案》
16	《山西省循环经济促进条例》
17	《山西省土地利用总体规划（2006—2020 年）》
18	《山西省“十三五”环境保护规划》
19	《山西省泉域管理条例》
20	《山西省生态保护与建设规划（2014—2020 年）》
21	《山西省煤炭供给侧结构性改革实施意见》
22	《全国生态保护“十三五”规划纲要》
23	《山西省“十三五”循环经济发展规划》
24	《国务院关于煤炭行业化解过剩产能实现脱困发展的意见》

从《规划》目标定位来看，《规划》总体目标强调布局和结构优化、资源节约、绿色矿山建设，强调矿产资源勘查开发与环境保护协调发展，要符合相关法律法规以及《中华人民共和国国民经济和社会发展第十三个五年规划纲要》中“强化矿产资源规划管控，严格分区管理、总量控制和开采准入制度，加强复合矿区开发的统筹协调。支持矿山企业技术和工艺改造，引导小型矿山兼并重组，关闭技术落后、破坏环境的矿山。大力推进绿色

矿山和绿色矿业发展示范区建设，实施矿产资源节约与综合利用示范工程、矿产资源保护和储备工程，提高矿产资源开采率、选矿回收率和综合利用率”的要求。

从《规划》开采规模来看，《规划》目前设定的重点矿种的开采总量调控指标均为预期性指标，指标设置充分考虑了下游产业的发展需求，与《全国矿产资源规划（2016—2020年）》也未显示冲突。

从开发利用结构来看，《规划》提出进一步减少山西省煤炭矿井个数，并对新建矿山提出了最低开采规模要求。新建矿山的最低开采规模要求基本符合《产业结构调整指导目录》（2011年本）等相关产业政策的准入要求。

从开发利用布局来看，《规划》明确提出在自然保护区、风景名胜区、森林公园、饮用水水源地保护区等敏感区域采矿，要基本符合《矿产资源法》的开采规定以及《自然保护区条例》《风景名胜区条例》等保护区管理条例的要求。

从资源节约与综合利用要求来看，《规划》提出了加强低品位、难选冶、共伴生矿产资源的综合利用，加强尾矿、废石等废弃物的综合利用，完善矿产资源节约与综合利用激励约束机制和发展矿业循环经济的原则性要求，体现了相关法律法规政策中“提高矿产资源开采回采率、选矿回收率和综合利用率。加强中低品位矿、共伴生矿、尾矿的开发和合理利用”的要求。

从生态环境保护要求来看，《规划》围绕国土部门目前开展的绿色矿山建设、地质环境恢复治理以及矿区土地复垦三方面工作提出了原则性要求，符合《关于加强矿山地质环境恢复和综合治理的指导意见》（国土资发〔2016〕63号）和《全国矿产资源规划（2016—2020年）》的规定。

3.2 《规划》布局与相关区划及敏感区的协调性分析

3.2.1 与主体功能区划的协调性

（1）全国主体功能区规划布局

根据全国主体功能区规划，山西省属于全国重点建设能源基地，要合理开发煤炭资源，积极发展坑口电站，加快煤层气开发，继续发挥保障全国能源安全的功能。同时山西省属于矿产资源开发重点布局的中部地区，要合理开发利用山西铝土矿，促进山西吕梁太行铁矿的开发利用。

（2）山西省主体功能区规划布局

山西省主体功能区规划以优化空间结构、控制开发强度、严守耕地红线、节约利用资源、保护生态环境、统筹协调开发为原则，力争到2020年，全省国土空间的主体功能更加突出，实现生产空间高效、生活空间舒适、生态空间宜人、能矿空间集约，基本形成以重点开发区域、限制开发的农产品主产区、限制开发的重点生态功能区、禁止开发区域为主要类型的主体功能区格局。主要目标包括耕地保有量 4 万 km^2、基本农田 3.39 万 km^2、林地面积 5.8 万 km^2、森林覆盖率 26%、开发强度 6.3%。主要空间布局为，构建“一核一圈三群”为主体的城镇化战略格局、构建以六大河谷盆地为主体的农业发展战略格局、构建以“一带三屏”为主体的生态安全战略格局、构建“点状开发”的生态友好型能矿资源开发格局。

（3）《规划》布局协调性

对规划的重点勘查开发区、勘查规划区及开采规划区与主体功能区规划进行叠置分析（见图 3-1），分析规划空间布局与主体功能区布局的协调性及其对主体功能的影响。叠置分析结果显示，重点勘察开发区、勘查规划区范围涉及国家级和省级的农产品主产区、重点生态功能区、重点开发区以及禁止开发区。而开采规划区数量、面积相对较小，约占山西省面积的 0.7%，涉及的主体功能区较重点勘查开发区和勘查规划区少。

《规划》范围大部分位于限制开发区内。在不计算禁止开发区的情况下，重点勘查开发区、开采规划区、勘查规划区仅有分别 15%、16.1%、13.6%位于重点开发区，其余 85%、83.9%、86.4%在农产品主产区和重点生态功能区等限制开发区域。重点勘查开采区、勘查规划区相比开采规划区规模较大，但是对环境的影响较小。重点勘查开发区、勘查规划区以矿产资源调查为主且以点状为主，在执行生态保护措施的情况下，不会影响区域农产品供给和生态功能等主体功能。勘查阶段，也以点状的勘测为主，较少涉及耕地、林地、草地的占用，不影响区域主体功能。

开采规划区涉及的限制开发区在山西省虽仅占很小的比重（见表 3-2），但限制开发区尤其是重点生态功能区，是区域生态保护的重点区域，《规划》应将重点生态功能区作为限制开采区，尽量减少开发利用对其影响。《规划》开采阶段，按照国家相关法律法规做好水保工作、避开重要生态功能区域，合理调控资源开发利用总量，加大矿山地质环境治理和矿区土地复垦力度，推动绿色矿山和绿色矿业示范区建设，可以实现开发与保护的协调。

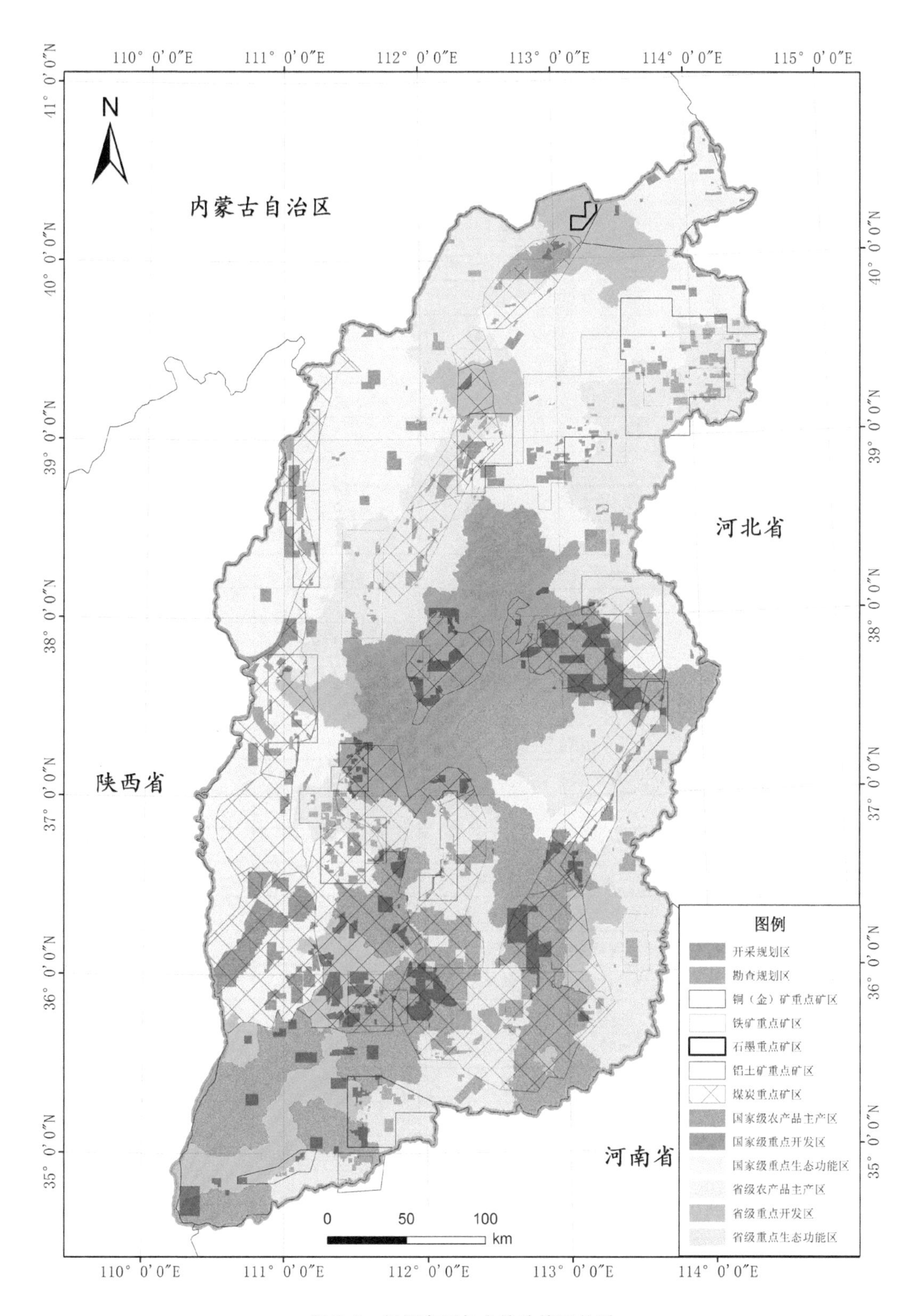

图 3-1 规划布局与主体功能区关系

表 3-2 主体功能区统计

规划类型	矿区类型	主体功能区划	覆盖矿区数量/个	覆盖矿区面积/km^2
重点勘查开发区	煤炭	国家级农产品主产区	7	11 315.55
		国家级重点开发区	5	4 527.77
		国家级重点生态功能区	5	14 176.56
		省级农产品主产区	4	1 815.04
		省级重点开发区	8	5 459.55
		省级重点生态功能区	13	15 384.08
	铁矿	国家级农产品主产区	1	670.78
		国家级重点开发区	3	310.71
		国家级重点生态功能区	1	32.12
		省级农产品主产区	2	4 630.74
		省级重点开发区	3	421.09
		省级重点生态功能区	5	5 994.64
	铝土矿	国家级农产品主产区	4	1 062.02
		国家级重点开发区	3	530.24
		国家级重点生态功能区	5	3 587.76
		省级农产品主产区	3	1 868.16
		省级重点开发区	3	1 067.93
		省级重点生态功能区	9	5 203.83
	铜金矿	国家级农产品主产区	2	393.49
		省级农产品主产区	2	1 893.99
		省级重点开发区	2	521.79
		省级重点生态功能区	4	4 483.17
开采规划区	煤炭	国家级农产品主产区	3	70.83
		国家级重点生态功能区	13	399.23
		省级农产品主产区	3	17.47
		省级重点开发区	9	262.22
		省级重点生态功能区	16	664.22
	铁矿	国家级农产品主产区	6	3.13
		国家级重点开发区	8	9.77
		国家级重点生态功能区	1	0.90
		省级农产品主产区	3	2.16
		省级重点开发区	4	7.57
		省级重点生态功能区	9	94.42
	铝土矿	国家级农产品主产区	3	49.87
		国家级重点生态功能区	12	99
		省级农产品主产区	4	13.59

规划类型	矿区类型	主体功能区划	覆盖矿区数量/个	覆盖矿区面积/km^2
开采规划区	铝土矿	省级重点开发区	8	26.61
		省级重点生态功能区	5	163.63
	非金属	省级农产品主产区	2	10.94
		省级重点生态功能区	1	6.13
勘查规划区	煤炭	国家级农产品主产区	86	28.34
		国家级重点开发区	15	503.15
		国家级重点生态功能区	52	2 605.86
		省级农产品主产区	7	237.50
		省级重点开发区	20	527.03
		省级重点生态功能区	116	3 526.63
	铁矿	国家级农产品主产区	31	494.35
		国家级重点开发区	1	4.99
		国家级重点生态功能区	6	86.22
		省级农产品主产区	48	588.08
		省级重点开发区	13	284.59
		省级重点生态功能区	63	869.50
	铝土矿	国家级农产品主产区	14	233.58
		国家级重点开发区	25	360.16
		国家级重点生态功能区	45	849.61
		省级农产品主产区	13	117.82
		省级重点开发区	16	154.00
		省级重点生态功能区	83	955.42
	其他金属矿	国家级农产品主产区	35	201.89
		国家级重点开发区	2	1.06
		国家级重点生态功能区	7	319.39
		省级农产品主产区	19	339.45
		省级重点开发区	20	182.98
		省级重点生态功能区	77	1 363.50
	非金属矿	国家级农产品主产区	1	3.03
		国家级重点开发区	2	18.04
		国家级重点生态功能区	5	65.21
		省级农产品主产区	2	21.75
		省级重点生态功能区	6	81.63

3.2.2 与生态环境功能区划的协调性

（1）全国生态功能区划布局

根据《全国生态功能区规划（修订版）》，规划区涉及太行山区水源涵养与土壤保持重要区和黄土高原土壤保持重要区 2 个国家级重要生态功能区。太行山区水源涵养与土壤保持重要区、行政区主要涉及山西省的大同、忻州、阳泉、晋中、运城、长治、晋城。要求要加大退化生态系统恢复与重建的力度；有效实施坡耕地退耕还林还草措施；加强自然资源开发监管，严格控制和合理规划开山采石，控制矿产资源开发对生态的影响和破坏；发展生态林果业、旅游业及相关特色产业。黄土高原土壤保持重要区、行政区主要涉及山西省的吕梁、忻州、太原、临汾。要求要加大资源开发的监管，控制地下水过度利用，防止地下水污染。

（2）山西省生态功能区的要求

山西省生态功能区分 5 个一级生态功能区，15 个二级生态功能区，44 个三级生态功能区。依据区域主导生态功能，44 个生态功能区可归属为 6 类生态功能区。其中，水土保持和风沙控制类型生态功能区 8 个，煤炭、有色金属开发与生态系统恢复类型生态功能区 8 个，山地丘陵水源涵养、生物多样性保护和自然景观保护类型生态功能区 8 个，农牧业生产类型为主的生态功能区 13 个，水库调蓄与水土保持类型生态功能区 1 个，城市发展与城郊、盆地农业类型生态功能区 6 个。

实施分区保护。资源开发利用项目应当符合生态功能区的保护目标，不得造成生态功能的改变；禁止在生态功能区内建设与生态功能区定位不一致的工程和项目，对全部或部分不符合生态功能区划的新建项目，应对项目重新选址、重新进行环境影响评价；对已建成的与功能区定位不一致的工程和项目，应逐步改造或搬迁。

（3）规划与生态功能区定位与布局的协调性

部分规划区与太行山区水源涵养与土壤保持重要区和黄土高原土壤保持重要区有较大重叠，同时根据山西省生态功能区定位，除煤炭、有色金属开发与生态系统恢复类型生态功能区和城市发展与城郊、盆地农业类型生态功能区外，其余主导生态功能区均为生态保护修复与农业发展区。矿产资源开发必然会导致植被的破坏，影响水源涵养、水土保持、风沙控制等功能，因此《规划》提出合理调控资源开发利用总量，加大矿山地质环境治理和矿区土地复垦力度，推动绿色矿山和绿色矿业示范区建设，为保护维护生态功能提供了基础条件。

《规划》布局总体上与生态功能区没有较大的冲突（见图 3-2），但局部的勘查规划区、开采规划区设置仍然会对生态保护产生影响，《规划》应将重点生态功能区纳入限制开采区，强化矿产资源开发利用过程中的生态保护与修复，确保不影响区域主导生态功能。

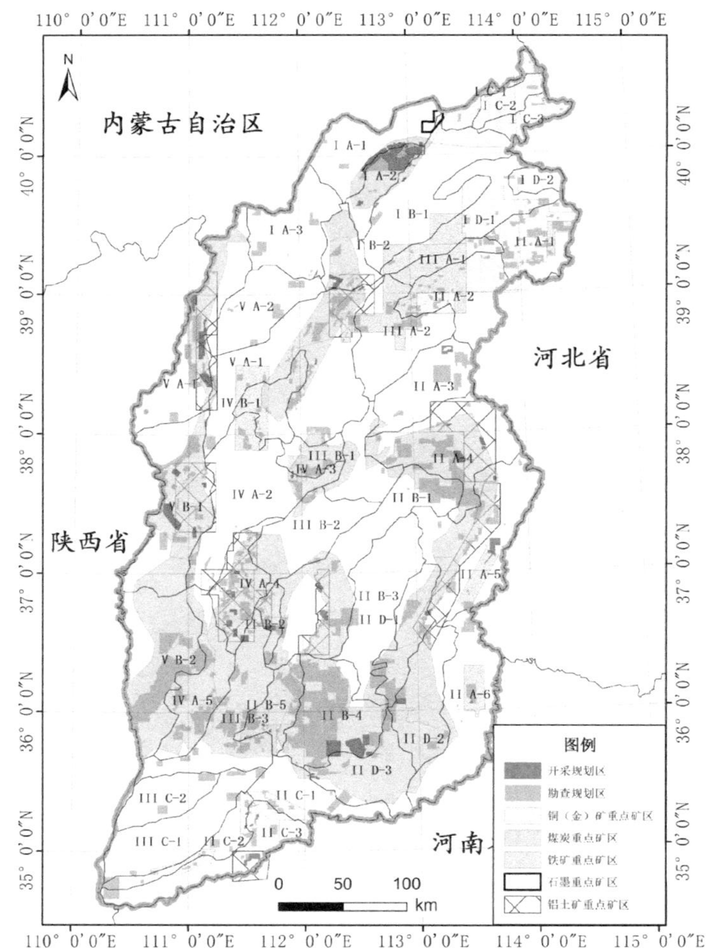

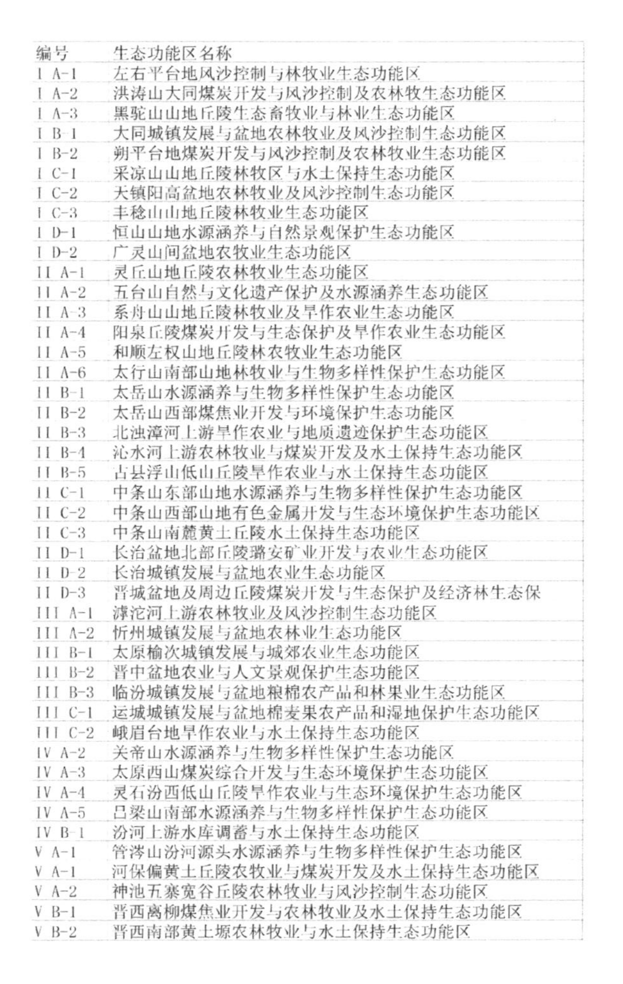

编号	生态功能区名称
I A-1	左右平台地风沙控制与林牧业生态功能区
I A-2	洪涛山大同煤炭开发与风沙控制及农林牧生态功能区
I A-3	黑驼山山地丘陵生态畜牧业与林业生态功能区
I B-1	大同城镇发展与盆地农林牧业及风沙控制生态功能区
I B-2	朔平台地煤炭开发与风沙控制及农林牧业生态功能区
I C-1	采凉山山地丘陵林牧区与水土保持生态功能区
I C-2	天镇阳高盆地农林牧业及风沙控制生态功能区
I C-3	丰稔山山地丘陵林牧业生态功能区
I D-1	恒山山地水源涵养与自然景观保护生态功能区
I D-2	广灵山间盆地农牧业生态功能区
II A-1	灵丘山地丘陵农林牧业生态功能区
II A-2	五台山自然与文化遗产保护及水源涵养生态功能区
II A-3	系舟山山地丘陵林牧业及旱作农业生态功能区
II A-4	阳泉丘陵煤炭开发与生态保护及旱作农业生态功能区
II A-5	和顺左权山地丘陵林农牧业生态功能区
II A-6	太行山南部山地林牧业与生物多样性保护生态功能区
II B-1	太岳山水源涵养与生物多样性保护生态功能区
II B-2	太岳山西部煤焦业开发与环境保护生态功能区
II B-3	北浊漳河上游旱作农业与地质遗迹保护生态功能区
II B-4	沁水河上游农林牧业与煤炭开发及水土保持生态功能区
II B-5	古县浮山低山丘陵旱作农业与水土保持生态功能区
II C-1	中条山东部山地水源涵养与生物多样性保护生态功能区
II C-2	中条山西部山地有色金属开发与生态环境保护生态功能区
II C-3	中条山南麓黄土丘陵水土保持生态功能区
II D-1	长治盆地北部丘陵潞安矿业开发与农业生态功能区
II D-2	长治城镇发展与盆地农业生态功能区
II D-3	晋城盆地及周边丘陵煤炭开发与生态保护及经济林生态保
III A-1	滹沱河上游农林牧业及风沙控制生态功能区
III A-2	忻州城镇发展与盆地农林业生态功能区
III B-1	太原榆次城镇发展与城郊农业生态功能区
III B-2	晋中盆地农业与人文景观保护生态功能区
III B-3	临汾城镇发展与盆地粮棉农产品和林果业生态功能区
III C-1	运城城镇发展与盆地棉麦果农产品和湿地保护生态功能区
III C-2	峨眉台地旱作农业与水土保持生态功能区
IV A-2	关帝山水源涵养与生物多样性保护生态功能区
IV A-3	太原西山煤炭综合开发与生态环境保护生态功能区
IV A-4	灵石汾西低山丘陵旱作农业与生态环境保护生态功能区
IV A-5	吕梁山南部水源涵养与生物多样性保护生态功能区
IV B-1	汾河上游水库调蓄与水土保持生态功能区
V A-1	管涔山汾河源头水源涵养与生物多样性保护生态功能区
V A-1	河保偏黄土丘陵农牧业与煤炭开发及水土保持生态功能区
V A-2	神池五寨宽谷丘陵农林牧业与风沙控制生态功能区
V B-1	晋西离柳煤焦业开发与农林牧业及水土保持生态功能区
V B-2	晋西南部黄土塬农林牧业与水土保持生态功能区

图 3-2 规划布局与生态功能区关系

3.2.3 与敏感目标的协调性

（1）全国生物多样性保护优先行动计划

根据全国生物多样性保护优先行动计划，规划区涉及太行山生物多样性保护优先区域。根据《关于发布〈中国生物多样性保护优先区域范围〉的公告》，涉及的区域包括山西省太原市、大同市、阳泉市、晋城市、朔州市、运城市、忻州市、临汾市、吕梁市9个地市，共62个县。保护重点为白皮松林、华山松林、辽东栎林等原生暖温带落叶阔叶林生态系统以及华北落叶松、青杄、白杄、褐马鸡、猕猴等重要物种及其栖息地。

《规划》与国家确定的太行山生物多样性保护优先区域存在空间重叠（见图3-3），故应对规划布局进行优化调整并落实有关生物多样性保护优先区有关政策，加强生物多样性优先区保护修复，使《规划》能够与全国生物多样性优先行动计划协调。

（2）山西省生物多样性保护优先行动计划（2011—2030年）

综合考虑生态系统类型的代表性、特有程度、特殊生态功能，以及物种的丰富程度、珍稀濒危程度、受威胁因素、地区代表性、经济用途、科学研究价值、分布数据的可获得性等因素，山西省划定了28个生物多样性保护优先区域，包括中条山山地丘陵区、太岳山山地丘陵区、汾河流域湿地区、沿黄湿地区等。《规划》与生物多样性保护优先区域存在空间重叠，因此应对规划布局进行优化调整并落实有关生物多样性保护优先区有关政策，加强生物多样性优先区保护修复，使《规划》能够与生物多样性优先行动计划协调。

（3）保护区、森林公园、水源地等敏感目标

《规划》与自然保护区、森林公园、水源地、风景名胜区、人文自然遗产等敏感目标存在一定的空间重叠（见附表6、附表7和图集）。故应对空间布局进行必要的调整和修改，使《规划》能够实现与敏感目标保护的协调。

（4）生态保护红线与耕地红线

划定并严守生态保护红线是《中华人民共和国环境保护法》及党中央、国务院关于生态文明建设的重要内容，目前山西省虽尚未划定生态保护红线，但根据国家要求“十三五”期间将会完成划定工作。《规划》应根据国家要求，将生态保护红线纳入《规划》禁止开发区，并明确区域探矿权、采矿权与其有冲突的必须要调出，维护区域生态安全。

严格耕地红线保护是国家基本国策，叠置分析结果表明，规划区域与基本农田存在较大范围的重叠。《山西省高标准农田建设总体规划（2014—2020年）》要求新建成的高标准农田要全部纳入永久性基本农田，实行最严格的保护制度。《规划》除在做好现有基本农田保护衔接外，需做好高标准农田的规划衔接，在对空间布局进行修改调整后可以与之协调。

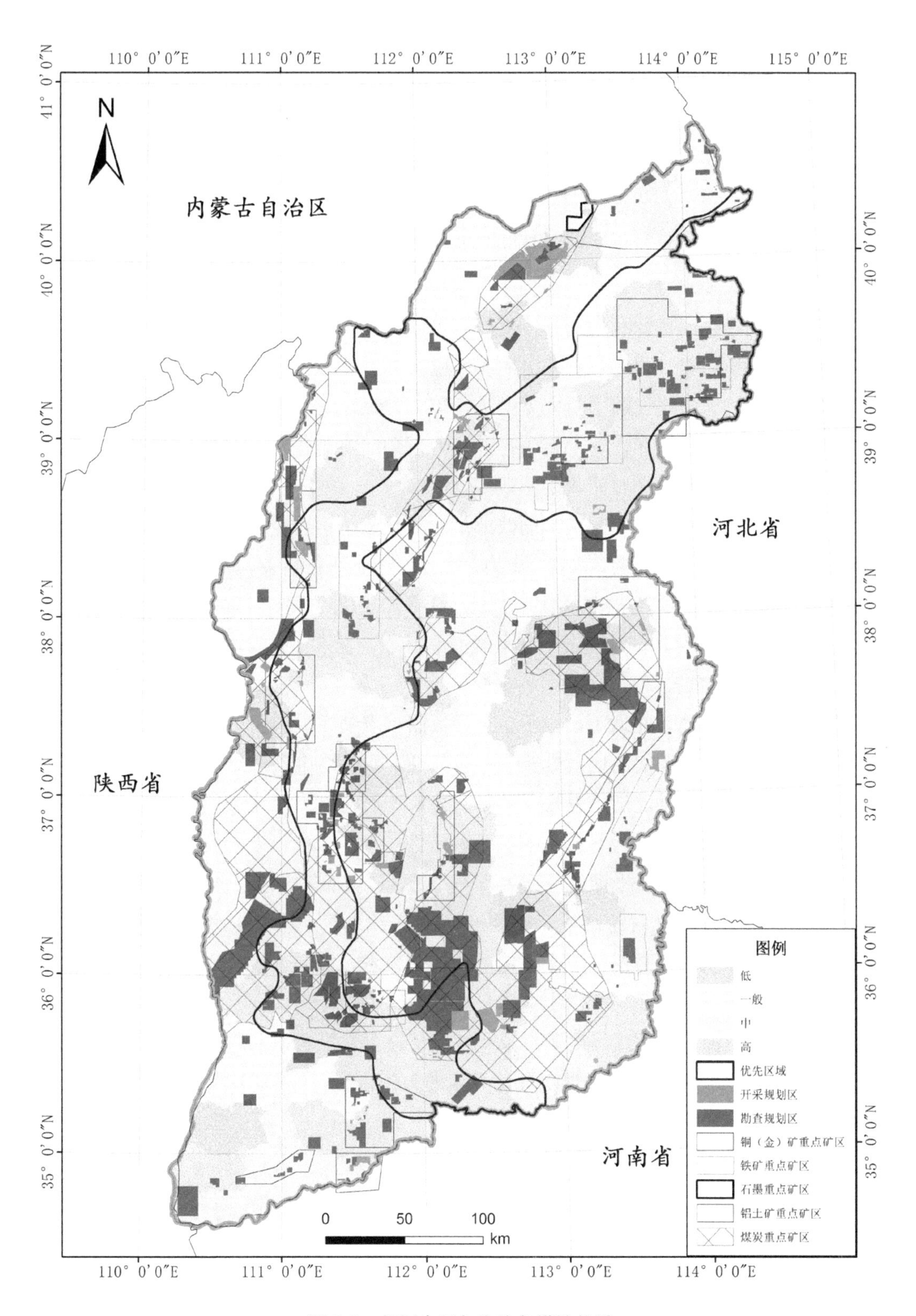

图 3-3 规划布局与生物多样性关系

3.3 《规划》不确定性分析

3.3.1 《规划》基础条件的不确定性分析

（1）绿色矿山建设推进带来的不确定性

绿色矿山建设要求提高矿产资源开采回收率、选矿回收率，加强低品位、共伴生矿产资源的综合利用，提高资源利用效率，提高矿山固体废物、尾矿资源和废水利用效率，减少能源消耗和环境污染。同时，对矿山地质环境恢复治理和矿区土地复垦等方面也提出新的要求。随着绿色矿山建设的不断大力推进，矿产资源开发过程中对资源利用和环境保护等方面的要求也在不断提高，这都将为矿产资源规划的实施带来一定的不确定性。

（2）相关规划及政策调整带来的不确定性

本《规划》实施期间，国家供给侧改革带来的矿业结构调整、转型升级、去产能、产能置换等要求以及山西省煤炭、钢铁、电力、冶金等行业产业政策调整和准入条件提高等，都会为《规划》实施带来较大的不确定性，随着相关规划陆续发布或产业政策调整，目前符合相关规划和产业政策的内容未来有可能出现不协调现象。

（3）矿产资源储量、种类等的不确定性

矿产资源大部分隐伏在地下，不可能全面揭露，控制成矿的地质条件极为复杂而且互不相同，所以不管多么详细的地质勘查工作也只能得到相对准确的结果，不可能确切地知道何时、何地、何种矿种能够被发现，这都将为矿产资源开发的未来趋势带来不确定性。

（4）技术、工艺、设备等科技进步的不确定性

根据国家政策要求，积极推进清洁生产和先进、适用的采、选、冶及精深加工新技术、新工艺、新设备，淘汰落后的设备、技术和工艺。《规划》指出，推广使用煤矸石充填开采和减沉开采等绿色开采技术、煤炭就地洗选加工技术、煤炭分级分质梯级利用技术、煤层气地面抽采技术、塌陷充填矿山生态恢复技术等，以提升煤炭资源规模化、集约化开发和清洁水平。发展深井、无废及尾矿充填高效采矿技术，探索铝土矿井下开采技术和煤铝兼采技术。随着开采技术进步和煤炭绿色开采的大力推进，《规划》实施也会随之进行相应调整，存在一定的不确定性。

3.3.2 《规划》具体方案的不确定性分析

（1）规划开采规模的不确定性

《规划》给出的重要矿种的地质勘查目标和开采总量调控目标均为2020年预期性指标，不具有约束性。对主要矿种矿山仅提出了最低开采规模的限制，在开采规模方面存在较大

的不确定性。

（2）矿产资源开发时序的不确定性

《规划》提出对于共伴生多种重要矿种的矿产地，要进行开采主矿种论证，根据国家政策、开采条件以及矿种的重要程度确定开采顺序。因此，“十三五”期间何处的资源得到开采，何时进行开采均存在较大的不确定性。

对于规划开采总量，《规划》仅提出2020年总量目标，如何分步实施并未给出，这可能导致规划产业链不协调，继而影响到一定时期内“三废”综合利用，下游产业也可能受到原料的严重制约。

（3）环境影响预测的不确定性

现有的技术、工艺、设备水平因自然环境、矿石品质、赋存条件、开采规模等的不同，采选时会选用不同的工艺技术，无法确定各矿区采用何种工艺流程，难以准确核算用水量、排污量、生态破坏面积等与生产工艺相关性较大的环境影响。

此外，《规划》提出鼓励矿山企业开展系统节能，减少矿山企业电耗、水耗和介质消耗，加强工序能耗管理，淘汰老旧设备和采选工艺，鼓励使用节能采选装备、“三废”资源化与无害化处置装备、选冶中间物料资源化与无害化处置设备。在《规划》实施过程中，矿业企业节能减排水平不断提高，也给矿产资源开发环境影响预测带来不确定性。

3.3.3 《规划》不确定性的应对分析

对相关规划及政策调整带来的不确定性，《规划》在实施过程中应严格按照新的产业政策、相关规划对本《规划》涉及的重点项目进行核准，必要时调整《规划》方案，同时进行《规划》环境影响评价。

对于规划开采规模的不确定性，如若《规划》方案中的开采规模发生重大变化，应按有关规定编制新的《规划》环境影响评价报告。

对于矿产资源开发时序的不确定性，环评要求《规划》方案实施前应以产业链条畅通、“三废”综合利用为主线，统筹安排各个矿产资源开发的时序，确保各项环保措施发挥效益，实现可持续发展。

对于采选工艺的不确定性以及由于技术工艺进步所带来的环境影响预测不确定性，在分析《规划》带来的污染物排放量时应参考相关矿产开发行业清洁生产水平、排放标准，并参考大量工艺及污染物控制水平较先进的同类项目的可行性研究及环评资料，在一定程度上减缓对评价结果不确定性的影响。

3.4 区域矿产资源开发利用现状及上一轮《规划》实施情况回顾

3.4.1 区域矿产资源分布

截至2015年年底，山西省共发现118种矿产（以亚种计），有查明资源储量的矿产61种。全省查明资源储量的矿产地1 482处，其中大型558个、中型309个、小型615个，已开发利用的有818个。保有资源储量列全国第一位的矿产有煤层气、铝土矿、耐火黏土、冶镁白云岩、冶金用白云岩5种，其中煤层气为2 315.2亿 m^3，约占全国的90%；铝土矿15.27亿t，占全国的32.44%；耐火黏土6.94亿t，占全国的27.10%。保有资源储量列全国第二位的矿产有金红石、蛭石、珍珠岩、芒硝（液体），其中金红石426.40万t，占全国的26.50%。煤炭保有资源储量2 709.00亿t，约占全国的17.30%，居第三位；铁矿保有资源储量39.37亿t，占全国的4.63%，居第七位。

山西省煤、铝土矿、耐火黏土、石灰岩、白云岩等沉积矿产分布较为广泛，全省含煤面积达6.2万 km^2（见图3-4），占全省总面积的39.57%；铝土矿埋深400 m以浅含矿的面积约1.7万 km^2；寒武、奥陶系石灰岩、白云岩出露面积达2.34万 km^2（见图3-5）。

许多资源的分布又较为集中。山西省已查明的资源储量中90%的铁矿分布在五台山区和吕梁山区、95%的铜矿集中在中条山区、90%的煤层气分布在沁水和河东煤田、75%的铝土矿分布在吕梁和忻州市；芒硝、镁盐、盐矿集中在运城盐湖。

3.4.2 矿产资源开发利用现状

截至2015年年底，山西省开发利用矿产65种，其中主要开发矿产为煤、铁矿、铝土矿、铜矿、金矿、水泥用灰岩、芒硝等。目前省级发证矿山共有1 692座，按矿种划分：煤矿1 055座、铁矿413座、铝土矿60座、铜矿18座、金矿25座、煤层气8座、锰矿2座、耐火黏土9座、冶金用白云岩1座，其他109座。

2015年，山西省原煤产量9.7亿t，铁矿石产量3 808万t，铝土矿产量450万t，铜矿产量551万t，水泥用灰岩产量1 305万t；煤层气产量39.8亿 m^3（见表3-3）。

根据《山西省统计年鉴》，山西省2015年采矿业工业增加值2 006.9亿元，占工业增加值总量的46.0%。与采矿业增加值最大年份（2012年）相比，增加值总量减少了1 911.3亿元，降幅48.8%，占工业增加值的比重由66.1%减少到46.0%。

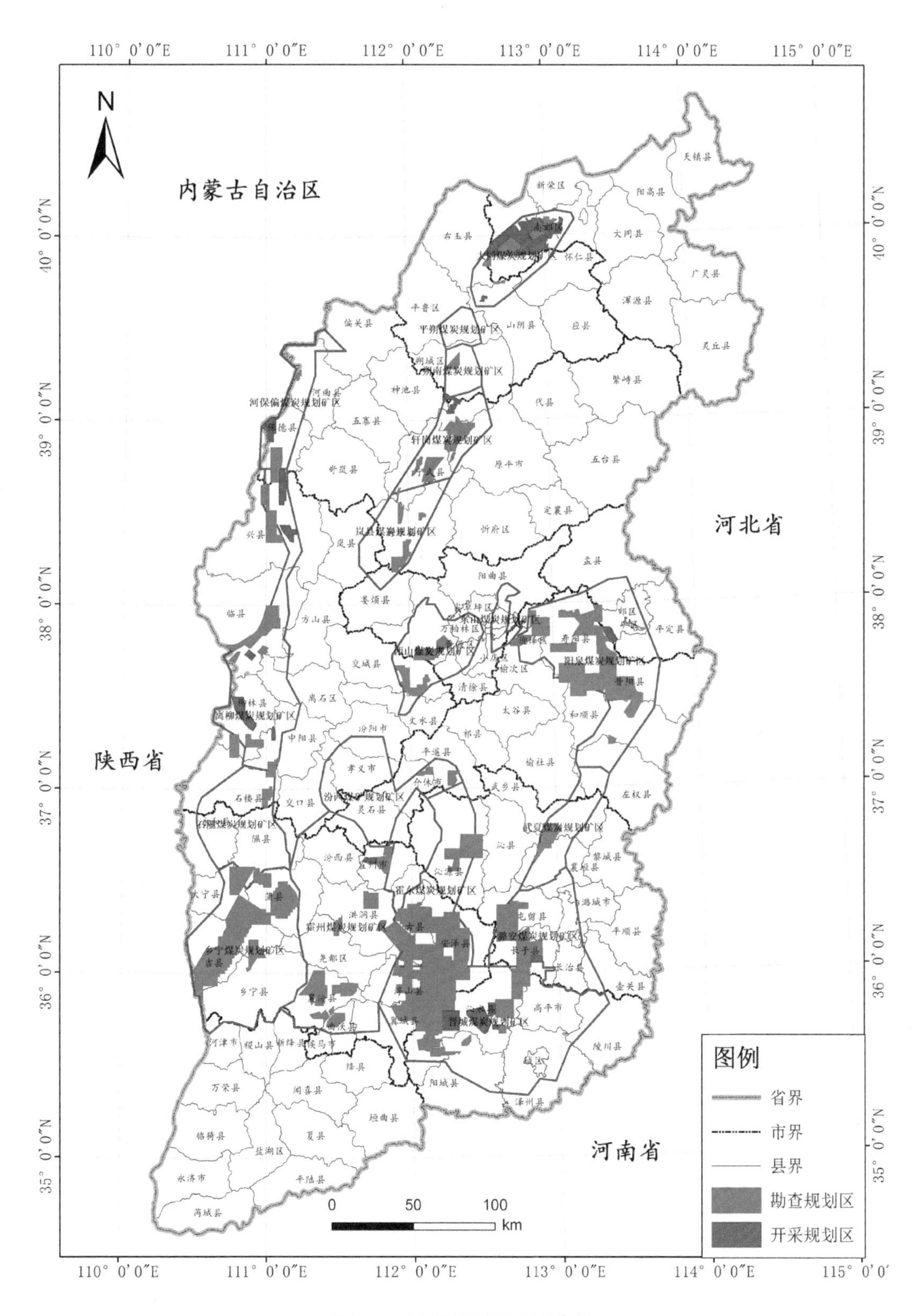

图 3-4 山西省煤炭资源分布图

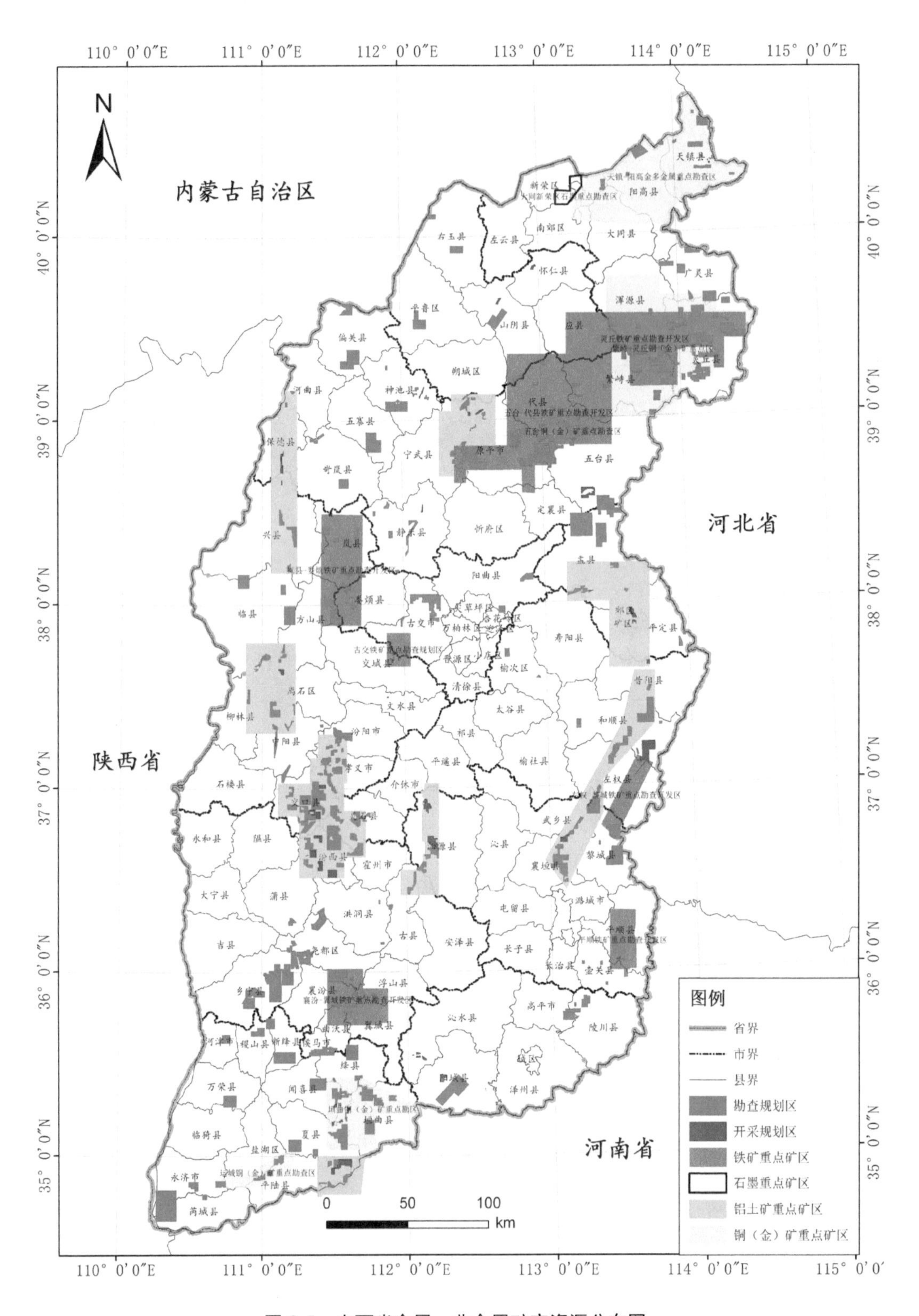

图 3-5 山西省金属、非金属矿产资源分布图

表 3-3 规划基期山西省主要矿产开发利用现状

矿产名称	矿山数/个				产量/万 t			
	大型	中型	小型	合计	大型矿山	中型矿山	小型矿山	合计
煤矿	332	666	57	1 055	57 133	38 344	1 203	96 680
铁矿	6	39	368	413	1 130.52	2 127.6	549.88	3 808
铝土矿	3	6	51	60	183.32	110.4	156.28	450
铜矿	1	2	15	18	477.8	45.2	28	551
水泥用灰岩	1	2	1	4	1 233.8	67.2	4	1 305
合计	343	715	492	1 550				

3.4.3 矿产资源开发排污状况

根据 2015 年环境统计数据，山西省矿产资源采选行业分别排放化学需氧量、氨氮、二氧化硫、氮氧化物和烟粉尘约 1.38 万 t、0.16 万 t、2.98 万 t、1.51 万 t 和 7.18 万 t（见图 3-6），分别占山西省排放总量的 3.4%、3.1%、2.7%、1.6%和 5.0%，排污量相对较小。

矿产资源采选行业中，煤炭行业排污占比最大，化学需氧量、氨氮、二氧化硫、氮氧化物和烟粉尘分别占比 88.9%、97.1%、88.4%、87.8%和 63.7%。

山西省矿产资源采选行业固废产生量约 1.9 亿 t，综合利用量约 0.9 亿 t，综合利用率 47.5%。其中煤炭、铁矿、铝土矿、铜矿采选行业的固废综合利用率分别为 47.3%、54.9%、98%和 5.3%（见图 3-7）。

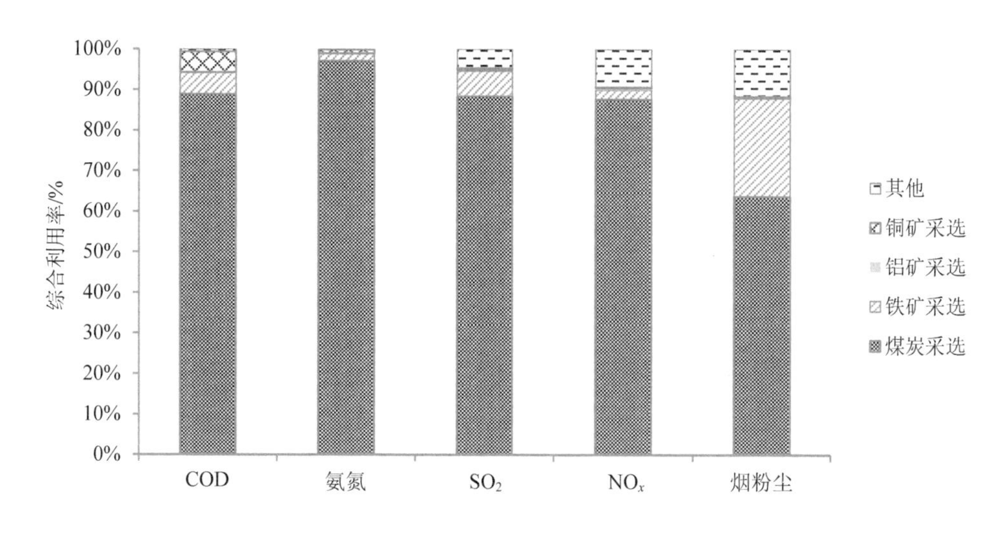

图 3-6 各矿种排污占比

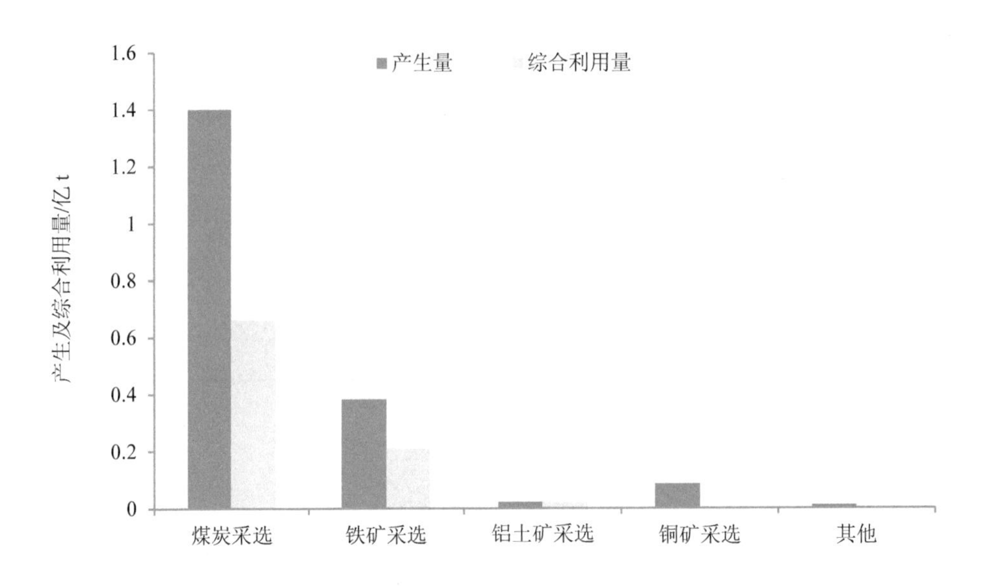

图 3-7 各矿种排固废产生及综合利用量

3.4.4 上一轮规划实施情况回顾

（1）矿山结构调整取得成效

通过加强矿山整合力度，提高资源准入门槛等行政手段和企业市场化运作，山西省矿业产业结构趋向大型化。全省煤矿、铁矿、铝土矿大中型矿山比例分别由 2008 年的 16.96%、3.46%、10.53%，提高到 94.60%、12.23%、15%。

（2）资源综合利用水平明显提高

2015 年，山西省煤矿大、中、小型矿山平均回采率分别为 80.37%、80.06%和 81.68%，均高于国土资源部提出的煤矿回采率要求（75%）；铁矿开采中露天开采、地下开采的回采率指标分别为 95.35%、81.87%，高于上轮《规划》提出的 85%的要求；铝土矿开采中露天开采、地下开采的回采率指标分别为 78.78%、75.64%，基本达到了上轮《规划》提出的 78%的要求；煤层气利用率达到 82.6%，远高于上轮《规划》提出的 70%的要求（见表 3-4）。

（3）顺利完成开采总量调控目标

上轮《规划》对煤炭、铝土矿开采总量进行调控，要求煤炭开采总量控制在 10 亿 t 左右，铝土矿开采总量控制在 1 800 万 t 左右。经统计，2015 年山西省煤炭实际开采总量 9.5 亿 t，铝土矿实际开采总量 450 万 t，完成了总量控制目标。

上轮《规划》对铁矿、铜矿和水泥用灰岩提出了预期性的开采总量指标，铁矿年开采总量 7 000 万 t 左右，铜矿年开采总量 580 万 t 左右，水泥用灰岩年开采总量 2 400 万 t 左右。

2015 年山西省实际铁矿石产量 3 808 万 t，铜矿石产量 551 万 t，水泥用灰岩产量 1 305 万 t，均远小于预期开采总量。

表 3-4 上轮《规划》实施中主要指标完成情况

指标			单位	上轮《规划》目标	完成情况	属性
开采总量	煤炭		亿 t	10	9.5	预期性
	铝土矿		万 t	1 800	450	
矿山数量	煤炭		个	800	1 055	
	铝土矿		个	50	60	
	铁矿		个	350	413	
节约与综合利用	煤炭开采回采率	薄	%	85	80.37	约束性
		中厚	%	80	80.06	
		厚	%	75	81.68	
	铁矿开采回采率		%	85	95.35（露天）、81.87（地下）	
	铝土矿开采回采率		%	78	78.78（露天）、75.64（地下）	
	煤层气利用率		%	70	82.60	
	固体废物处理率（煤矸石为主）		%	85	91.8	

（4）矿山地质环境有所好转，但未达 35%的治理目标

上轮《规划》提出山西省历史遗留矿山地质环境恢复治理率需达到 35%，“十二五”期间，全省 3 800 km^2 矿山开采沉陷区，恢复治理面积为 473.76 km^2，未完成历史遗留矿山地质环境恢复治理率 35%的目标。

（5）污染治理取得成效，污染物排放强度不断降低

近 5 年间山西省原煤产量不断增加，由 2010 年的 5.8 亿 t 增加到 9.7 亿 t，增加了 66.6%，但污染物排放总量则增幅较小，化学需氧量、氨氮和氮氧化物的排放量分别增加了 21.5%、16.5%和 12.9%，二氧化硫和烟粉尘的排放总量还有所降低，分别降低了 16.0%和 15.5%。相比 2010 年，2015 年山西省煤炭行业单位原煤化学需氧量、氨氮、二氧化硫、氮氧化物和烟粉尘的排放量分别降低了 27.1%、30.1%、49.6%、32.3%和 49.3%，降幅较大（见图 3-8、图 3-9）。

（6）矿井水回用率不断提高，接近达到规划目标

上轮《规划》提出山西省矿井废水年利用率达到 70%。从水利部门开始对这一指标进行统计的 2012 年开始，该指标值由 2012 年的 58.7%增加到 2015 年的 67.3%，矿井水利用水平明显提升，接近《规划》提出的 70%的目标要求。

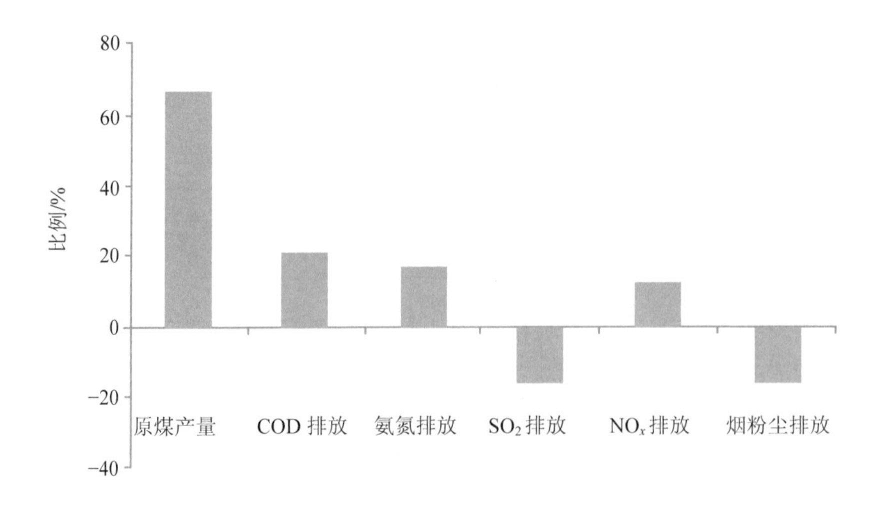

图 3-8 山西省“十二五”期间原煤产量与主要污染物排放增量对比

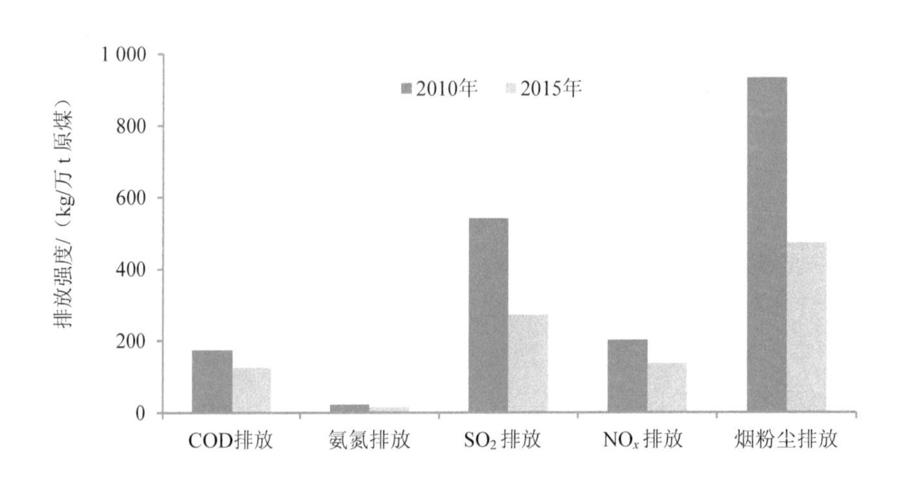

图 3-9 单位原煤污染物排放强度对比

（7）矿山结构调整取得成效，但距离规划任务仍有差距

上轮《规划》提出要使煤矿减少到 800 个左右，铝土矿减少到 50 个左右，铁矿减少到 350 个左右。据统计，2015 年山西省有煤矿 1 055 个，铝土矿 60 个，铁矿 413 个，未能达到矿山结构调整的规划目标要求。

（8）固体废物处理难度较大，不能满足固废综合利用率要求

根据环境统计数据，2015 年山西省煤炭采选业的煤矸石综合利用率约为 47.27%，不满足国土部“三率”指标中煤矸石综合利用率 75%以上的要求。未能达标的主要原因是由于市场因素的影响，煤矸石生产建材的市场容量有限，“十二五”期间规划的煤矸石发电

项目也因为我国用电需求萎缩而迟迟无法投运。

3.4.5 矿山开采引发的生态环境问题

（1）煤炭累计开采量大，生态环境损失严重

山西省几十年来累计生产原煤近百亿吨，煤炭产量约占全国煤炭产量的25%，煤炭出省外调量占省际外调量的70%左右。

经初步调查统计，因煤等矿产资源开采，山西省各类采空区分布近 5 000 km^2，约占全省总面积的3.2%。因采空出现裂缝或塌陷破坏的耕地面积约7.6万hm^2，约占全省耕地面积的1.9%，破坏的林地面积约4.8万hm^2，约占全省林地面积的1.3%，破坏的草地面积约1.8万hm^2，约占全省草地面积的2.1%。全省因采矿引发的崩塌约404处、滑坡约295处、泥石流约129处、地面塌陷约2 032处、地裂缝约968处。

（2）采选固废大量堆存，占用土地资源，影响区域环境

矿产资源开采和洗选过程中产生大量的废石、废渣和尾矿等固体废物，这些固体废物的堆存大量占用土地资源，对生态环境造成影响，其中尤以煤矸石最为严重。山西省目前18个矿区共有煤矸石山1 500多座，煤矸石堆存量超过15亿t，占地约2万hm^2。山西省是一个山地丘陵多、平原少的省份，土地资源十分紧缺，矿产资源采选过程中产生固废的占地加剧了人地矛盾；弃土、废石、废渣、尾矿等固废的堆放直接改变了原有的土地结构和功能，毁坏了原有的植物生态系统；煤矸石堆放时产生的粉尘、自燃时产生的有毒气体和有害的重金属对植物的生存也有较大影响，使植物生长缓慢、叶色变黄、生物量降低、草地植被种类减少、病虫害增多等。

（3）资源开采导致水资源分布失衡，造成泉水断流和人畜饮水困难

矿产资源特别是煤炭的大规模地下开采已经造成大量的采空塌陷，地表开裂，原有砂页岩地层含水、隔水系统可能被破坏。这样一方面导致裂隙水被大量疏干排出，地下水位下降，在开采高峰期矿坑排水使地表水径流量增大；另一方面采空塌陷及新增地下贮水空间（采空区）使地下水含水系统的补径排特征发生改变，天然基流减少转化为矿坑水，改变了地下水系统对径流的调蓄作用，流域内地面径流的动态规律不再只受大气降水和地下水调蓄作用的控制，还受矿坑排水动态及疏干含水层静储量的影响，使水资源的时空分布更加不均衡。

煤矿开采直接影响煤系地层裂隙水，煤、水资源共存于一个地质体中，在天然条件下，各有自身的赋存条件及变化规律，由于煤矿开采排水打破了地下水原有的自然平衡，形成以矿井为中心的降落漏斗，改变了原有的补、径、排条件，使地下水向矿坑汇流，在其影响半径之内，地下水流加快，水位下降，贮存量减少，局部由承压转为无压，导致煤系地层以上裂隙水受到明显的破坏，原有的含水层变为透水层，原有的水井可能干枯。

在泉域范围内采煤会不可避免地对岩溶泉水的流量产生影响。如果开采煤层下伏及附近的岩溶水水位高于采空区标高，并有断裂破碎带、陷落柱及钻孔穿过采空区与下面的岩溶水相连通时，则可能出现下伏岩溶水的底板突水和侧向突水现象，不但疏干了煤系地层中的地下水，也使下伏奥陶系岩溶水遭到一定程度的破坏，从而直接影响岩溶大泉的流量，例如，过去郭庄泉流量减少、晋祠泉断流与泉域内煤矿开采有直接的关系。

郭庄泉域内分布有霍西矿区、汾西矿区以及霍州矿区，1991 年以前，郭庄泉流量较大，最大年平均径流量 9.14 m^3/s（1968 年），最小年平均径流量 6.2 m^3/s（1990 年），但从 1992 年开始，泉流量急剧下降，到 2000 年时，地表已经基本无泉水流出。晋祠泉域内分布有西山矿区，历史上泉水流量约 2 m^3/s，但从 20 世纪 60 年代开始，流量不断减小，到 1994 年时出现了断流。郭庄泉域和晋祠泉域流量急剧下降的时期，有大量小煤矿在开采，多时郭庄泉域内有煤矿 580 座，晋祠泉域内有煤矿 392 座，大量小煤矿的无序开采是泉域流量下降的重要原因。

山西省 2009 年开始进行了大规模的矿产资源整合，大中型矿山的比例由 2008 年的 16.96%提高到 94.6%，开采的规范化水平也不断提升，对泉域的破坏逐渐减小，郭庄泉域与晋祠泉域的地下水位都有一定程度的回升，晋祠泉域 2008—2015 年，水位已累计上升 21 m。

（4）个别地区有色金属矿采选导致重金属污染

山西省土壤污染状况调查结果显示，山西省土壤中重金属超标问题相对较轻，但是在部分重金属矿产资源分布集中的区域，仍存在个别指标超标问题，如在垣曲县新城镇，大部分采样点位 Cu 元素超标（铅、镉、砷、铬、镍、钒等其他元素达标）。超标的原因是山西省重金属矿产赋存较为集中，因此重金属冶炼生产设施一般位于重金属矿区，重金属超标应是本底值较高、重金属矿采选废水及尾矿废液污染土壤、冶炼废气废水污染土壤等因素共同作用的结果。

第4章 《规划》环境影响识别

4.1 矿产开发活动环境影响特征分析

4.1.1 勘探活动的环境影响特征

矿产资源勘探活动涉及地理范围较广，但多为点状扰动，对生态环境的影响相对较小。

在矿产资源勘探过程中，由于修建道路、建设井站、敷设管道会对地表景观产生破坏，并对自然生态环境带来改变，如水土流失加剧、景观破碎化、影响动物栖息生境等。另外，勘探过程中的油污泄漏、机械清洗废水、生活污水和生活垃圾也会对地表、地下水体产生一定的不利影响。

4.1.2 开发活动的环境影响特征

（1）生态破坏

工业场地的建设，开采中废石、废渣和洗选中尾矿的堆存，以及露天开采都会占用大量的土地资源，使地表植被完全破坏，水土流失加剧，动植物生境消失，原有生态系统服务功能完全丧失。

地表植被的损坏还会使区域的景观遭到破坏，当矿产资源开发活动位于风景名胜区、森林公园等景观敏感区域附近时，这些景点的观赏价值会降低。

（2）地下水均衡破坏

矿山地下水均衡破坏主要有三种形式：一是矿层开采后，由于顶板的冒落，使采空区上覆含水层直接遭到破坏，原来储存于该含水层中的水在短时间内排空，从而破坏了地下水均衡，这种破坏是一次性的。二是采空塌陷使覆岩产生了大量垂向张裂缝，有的裂缝直通地表，在地面形成地裂、地陷。这些井、巷道、采空区及张裂缝成为采空区以上各类含水层中地下水快速渗漏的通道，致使采空区以上各类含水层中地下水流入矿坑，随着矿坑水的疏干排放，造成采空区以上各类地下水含水层地下水位下降或被疏干。三是如果开采矿层下面及附近的岩溶水水位高于采空区标高，并有断裂破碎带、陷落柱及钻孔穿过采空区与下面的岩溶水相联通时，则可出现下伏岩溶水的底板突水和侧向突水现象，这样不但疏干了煤系地层中的地下水，也使下伏奥陶系岩溶水遭到一定程度的破坏。

地下水均衡破坏、地下水位下降不仅会造成水利设施大量报废，地表植被死亡、粮食减产甚至绝收，还会引起泉水流量减少或断流，造成村庄、人口、牲畜饮水困难。

（3）水污染

矿井疏干水、废石淋溶水、选矿过程中的选矿废水和尾矿库渗出水、煤层气开采中的排水如果不经过合理处理进入地表和地下水环境，会造成水污染。

本《规划》矿产资源开发过程（主要包括开采、选矿）中主要水污染因子见表 4-1。

表 4-1 矿产资源开发主要水污染因子

序号	矿种类别	主要水污染因子
1	煤炭采选	pH、SS、COD、石油类
2	煤层气	pH、SS、COD、石油类
3	铝土矿采选	pH、、Cl^-、Na^+、Al^{3+}、COD
4	铁矿采选	pH、COD、石油类、氨氮、氟化物
5	铜矿采选	pH、COD、Hg、Cr、Pb、As
6	金矿采选	pH、COD、Hg、Cr、Pb、As、CN^-
7	冶镁白云岩	—
8	硫铁矿采选	pH、COD、氨氮、石油类、挥发酚、Hg、Cd、Pb、As、Cr^{6+}、总磷、总氮

根据环境统计数据，山西省矿产资源采选业排放的水污染物较少，2015 年其 COD 和氨氮的排放量分别占全社会排放总量的 3.4%和 3.1%，重金属污染物砷、铅、镉、汞、总铬、六价铬的排放量分别为 22.2 kg、0.33 kg、0.29 kg、29 kg、0.05 kg 和 0.02 kg，总体上来说矿产资源采选业对水环境的不利影响较小。

（4）大气污染

矿产资源开发过程中的大气污染主要包括：矿产品、矿产资源采选中的废石、废渣和尾矿堆存时遭遇大风产生的扬尘，矿产品运输产生的运输扬尘，露天开采剥离表土后遇大风产生的扬尘，煤矸石堆存时矸石自燃排放的废气。

另外，煤层气中甲烷等温室气体进入大气层后会使温室效应加剧。

本次《规划》主要涉及的矿产资源类别（煤、煤层气、地热、铝土矿、铁矿、铜矿、金矿、耐火黏土、芒硝、硫铁矿、冶镁白云岩、水泥用灰岩）中，煤层气、地热和芒硝的开采对大气环境影响很小，其余的矿产资源在采选过程中对大气环境的影响主要是排放一定量的颗粒物（见表 4-2）。

表 4-2 矿产资源开发主要污染物排放

矿种	排放形式	工序	污染物类别
煤炭采选	有组织	锅炉房	SO_2、NO_x、烟尘
		煤场（筒仓）、破碎、洗选、运输转载点	工业粉尘
	无组织	排土场、矸石堆场、露天采场的运输扬尘及大风扬尘	扬尘、汽车尾气
铝土矿、耐火黏土、冶镁白云岩、水泥用灰岩	有组织	矿仓、破碎、筛分、转载点	工业粉尘
	无组织	排土场、废石场、露天采场的运输扬尘及大风扬尘	扬尘、汽车尾气
铁矿、金矿、铜矿	有组织	锅炉房	SO_2、NO_x、烟尘
		矿仓、破碎、筛分、转载点、选矿	工业粉尘
	无组织	排土场、废石场、尾矿库、露天采场的运输扬尘及大风扬尘	扬尘、汽车尾气

根据山西省2015年环境统计数据，采矿业SO_2、NO_x和烟粉尘的排放量分别占全省排放总量的2.7%、1.6%和5.0%。采矿业中，排放主要来自煤炭采选行业，煤炭采选业SO_2、NO_x和烟粉尘的排放量分别占采矿业排放总量的88.4%、87.8%和63.7%。总体上来说矿产资源采选业对大气环境的不利影响较小。

（5）土壤污染

矿产资源采、选中的废石、废渣和尾矿等固体废物经雨水淋溶后，废物中的酸性（碱性）物质以及一些重金属可能被溶出，最终进入土壤中造成污染。

（6）地质环境破坏

矿山在开采过程中形成的边坡可能会发生滑塌，地下开采的矿山经开采后形成采空区可能发生地面塌陷。矿山采选产生的废石、废土和尾矿如处置不当，在暴雨条件下可能会发生泥石流等灾害。

4.2 《规划》环境影响识别

按照山西省矿产资源类别、赋存特点以及区域的生态环境特征，运用矩阵法对山西省矿产资源开发活动的生态环境进行识别，识别结果见表4-3。

表4-3 环境影响识别矩阵

	涉及矿种	开采过程	生态破坏				地下水系破坏	环境污染			地质环境破坏		
			土地占压	植被破坏	景观破坏	水土流失		水污染	大气污染	土壤污染	地表沉陷	滑坡	泥石流
地下开采	煤炭、煤层气、地热、铝土矿、铁矿、铜矿、金矿、耐火黏土矿、硫铁矿、矿泉水	开拓回采	−2L	−2L	−2L	−2L	−3L				−3L		
		疏干排水		−2L			−3L	−1L					
		排放废石	−3L	−3L	−3L	−2L		−2L	−2L	−2L		−2L	−2L
		交通运输	−1L	−1L	−2L	−1L			−2S				
露天开采	煤炭、铝土矿、冶镁白云岩、水泥用灰岩、耐火黏土矿、芒硝	露天剥采	−3L	−3L	−3L	−3L		−2L	−3S	−3L		−3L	−3L
		疏干排水		−2L			−3L	−1L					
		排土弃渣	−3L	−3L	−3L	−2L		−2L	−2L	−2L		−2L	−2L
		交通运输	−1L	−1L	−2L	−1L			−2S				
选矿	煤炭、铁矿、铜矿、金矿		−1L	−1L	−1L			−2L	−1S	−1L			

注：+表示有利影响，−表示不利影响；S表示短期影响，L表示长期影响；1，2，3分别表示影响程度轻微、中等、较大。

4.3 《规划》环境评价指标体系构建

综合《规划》内容、环境背景调查和规划实施所涉及环境保护重点内容，确定的评价指标统计见表4-4。

表4-4 矿产资源规划环境影响评价指标体系

环境目标	评价指标	指标要求
资源节约与利用	矿山资源回采率/%	满足国土部“三率”指标要求
	矿井水利用率/%	≥80
	铁矿的尾矿综合利用率/%	≥20
	煤矸石综合利用率/%	≥75
生态环境	矿区土地复垦面积/km^2	≥310
	历史遗留矿山地质环境治理恢复率/%	≥45
固体废物	矿山固体废物处理率/%	≥85
	危险废物无害化处理与处置率/%	100
	生活垃圾收集与卫生填埋率/%	100
大气环境	主要污染物年排放量（SO_2、NO_2）/（t/a）	满足环境容量要求
	大气环境质量等级	规划实施不使环境质量恶化
	工业废气达标排放率/%	100
水环境	主要污染物环境年排放量（COD、NH_3-N）/（t/a）	满足环境容量要求
	水环境质量等级	符合环境功能
	工业废水处理率及达标排放率/%	100
	生活污水处理率及达标排放率/%	100
	地下水环境质量等级	规划实施不使环境质量恶化

第5章

资源环境现状及回顾

5.1 自然环境与社会经济概况

5.1.1 山西行政区划及位置

山西省地处华北地区西部，黄土高原东翼，东依太行山与河北、河南两省为邻，西、南隔黄河与陕西、河南两省相望，北跨内长城与内蒙古自治区毗连。山西省地理坐标为北纬38°34′～40°43′，东经110°14′～114°33′，呈东北斜向西南的平行四边形，东西宽约380 km，南北长约 682 km，总面积为 15.6 万 km^2，现辖太原、大同、阳泉、长治、晋城、朔州、晋中、运城、忻州、临汾、吕梁 11 个地级市，20 个市辖区、11 个县级市、85 个县。

评价区行政区划及地理位置示意见图 5-1。

5.1.2 自然环境概况

（1）地形地貌

人们通常认为山西省是黄土高原的一部分，而实质上它的主体是一个有黄土覆盖、起伏较大的山地型高原，称为“山西高原”。山西省总的地势轮廓是“两山夹一川”，东西两侧为山地和丘陵的隆起，中部为一系列串珠式盆地沉陷，平原分布其间（见图 5-2）。山西省由北向南依次为大同盆地、忻州盆地、太原盆地、临汾盆地和运城盆地，此外，在诸山之间，还散布一些小型山间盆地，如长治盆地、晋城盆地等。这些盆地是全省经济发达、城市密集与人口集中的地区。

山西总的地势为由东北向西南倾斜，高低相差悬殊，省内最高处为五台山的北台叶斗峰，海拔 3 058 m，最低处为垣曲县黄河谷地马蹄窝村西阳河入黄河处，海拔仅 167.7 m，高低相差 2 890 m。山西省全境大部分地区海拔在 1 000 m 以上，省会太原位处 780 m 左右。山西省境内山峦起伏，沟壑纵横，山地、丘陵多，平原少，地形条件复杂多样，山地、丘陵、平原三类地形为 4∶4∶2。

在山西 11 个地级城市中，大同、朔州、忻州、太原、晋中、临汾、运城、长治、晋城 9 个城市分别位于大同盆地、忻州盆地、太原盆地、临汾盆地、运城盆地、长治盆地、晋城盆地。阳泉和吕梁分别位于太行、吕梁山区。

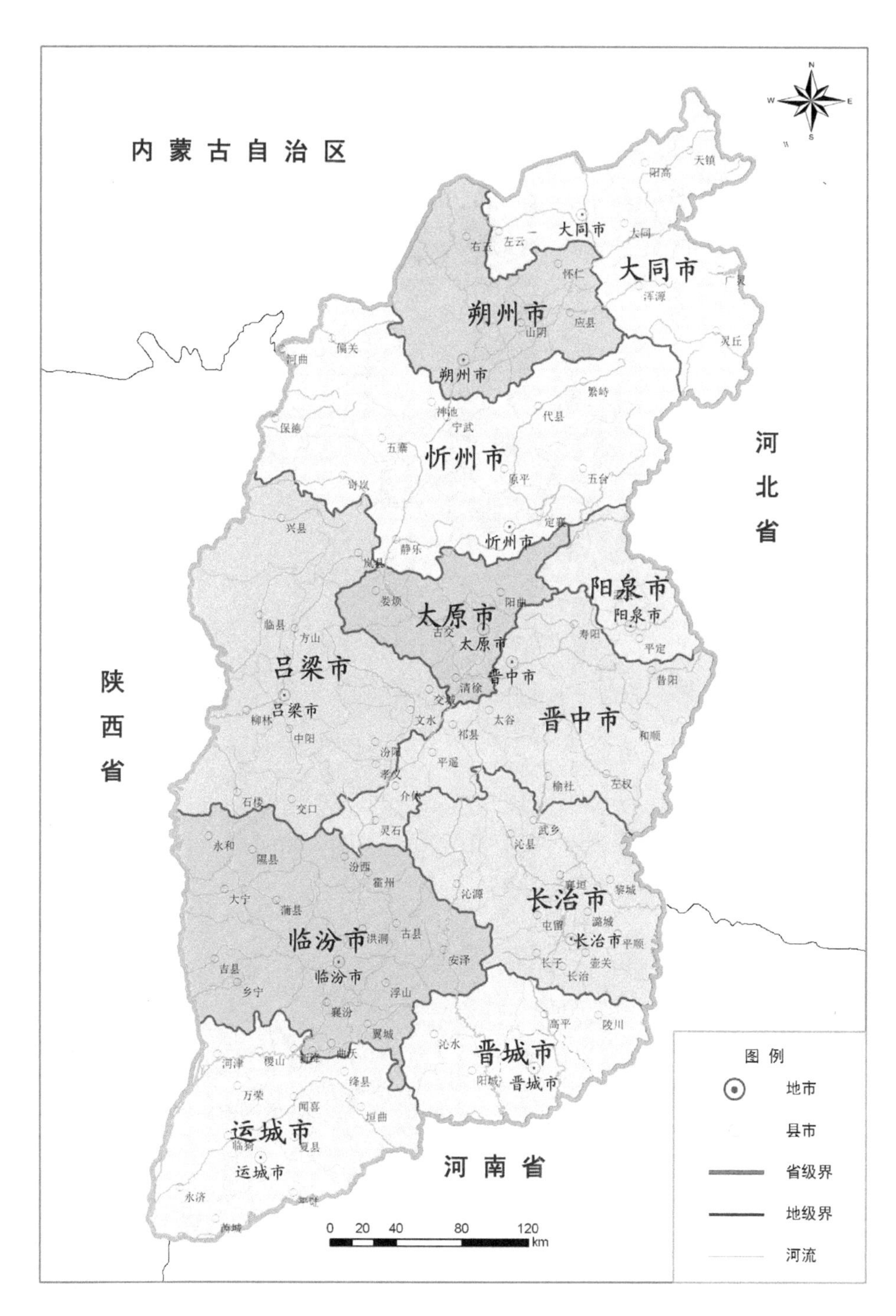

图 5-1　山西省地理位置及行政区划示意图

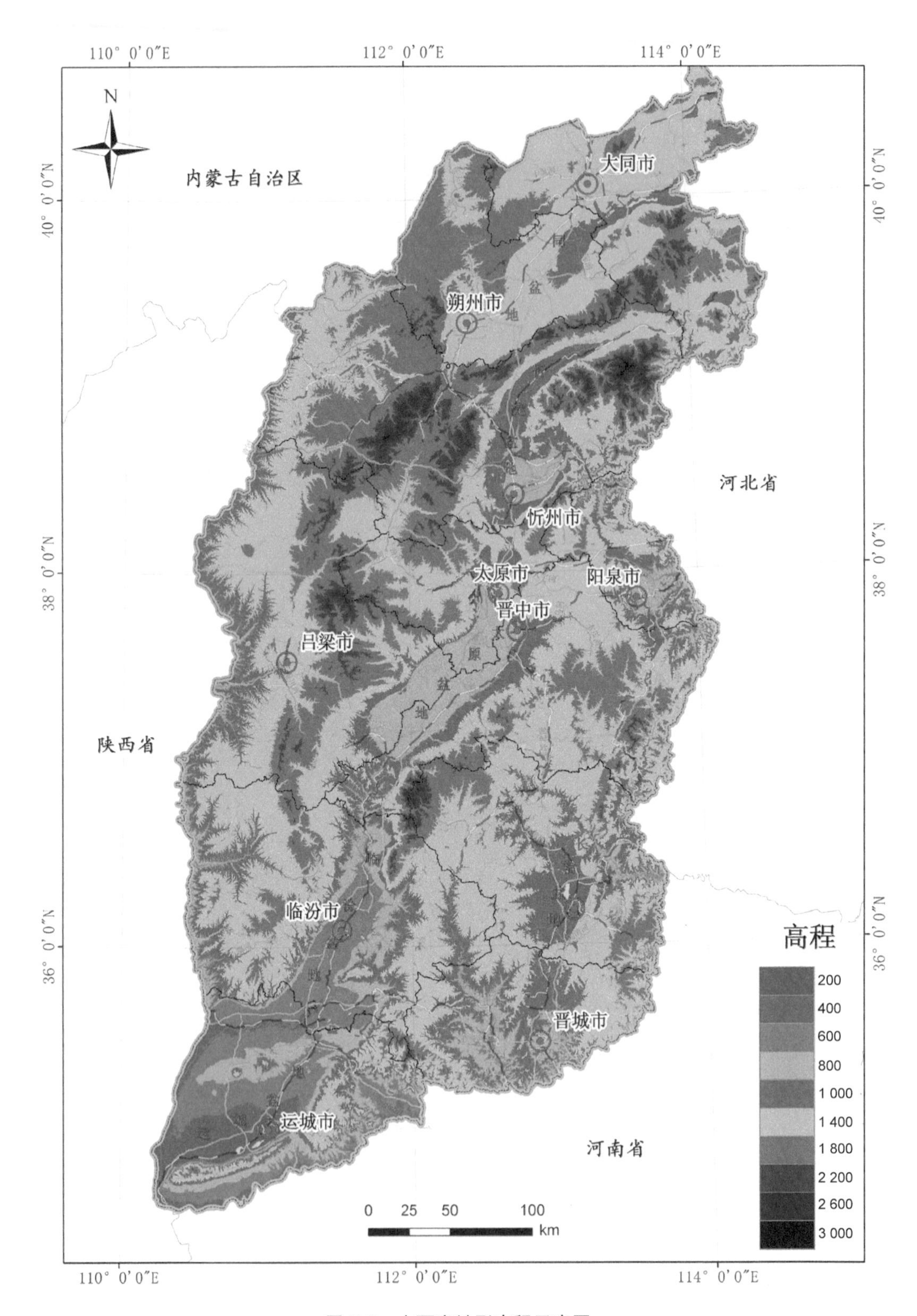

图 5-2 山西省地形高程示意图

（2）气候、气象

山西省位于中纬度地域，南北跨暖温带和中温带两个气候亚带，大体以北纬 39°的恒山山脉为界，境内雁北和晋西北地区属于中温带，恒山以南大部地区属于暖温带。东距海洋 400～500 km，大气环流的季节性变化明显，属大陆性季风气候区，是我国东部湿润、半湿润和西北半干旱、干旱地区之间的过渡地区；省境大部是半干旱气候，一些中、高山区和晋东南地区是半湿润气候。

山西省主要的气候特征是冬季寒冷干燥，夏季高温多雨，春秋短暂，冬春风沙，春旱频繁，十年久旱，昼夜温差大，日照充足。

山西省境内年平均气温 4～14℃，其分布趋势是由北向南升高，由盆地向中高山地降低。五台山顶最冷，年均−4.1℃。一年中，1 月最冷，月均−2～16℃；7 月最热，月均 19～27.5℃。平均无霜冻期为 100～205 d，分布趋势也是由南向北，由盆地向山区递减。

山西省 11 个主要城市的气候特征见表 5-1。

表 5-1 山西省主要城市气象要素一览表

城市	降雨量/mm					蒸发量/mm	气温/℃	无霜期/d
	多年均	最大		最小				
		降雨量	年份	降雨量	年份			
太原市	467.1	695	1964	227.9	1972	1 026	9.1	157
大同市	370～400	535.8	2000	169.7	2004	1 900～2 000	6.3	120～135
晋中市	385.9	708.3	1954	200.9	1997	2 157.9	8.9	157
临汾市	494.19	799.9	1958	278.5	1965	1 829.4	12.4	197
运城市	531.63	879.9	1958	285.3	1997	1 206.56	13.5	208
朔州市	391.0	705.1	1964	195.9	1972	1 845.7	7.2	120
忻州市	440.3	700	1967	250	1974	1 610.3	8.6	160
阳泉市	560.1	866.4	1964	240.4	1972	1 896.5	10.8	189.7
吕梁市	461.5	744.8	1985	245.5	1999	900～1 300	8.7	150～175
长治市	552.74	923.8	2003	320.8	1997	1 643.79	19	160
晋城市	616.8	1 014.4	1956	265.7	1997	1 009.6	10.9	208

（3）水文地质

山西省地层发育较为完整，除缺失奥陶系上统至石炭系下统，以及白垩系中、下统以外，其余各系均有分布。各岩类出露面积，变质岩和岩浆岩 2.58 万 km^2，碳酸盐岩类 3.1 万 km^2，碎屑岩类 5.57 万 km^2，松散岩类 4.35 万 km^2。广泛分布的裸露和地下水呈现复杂的转化关系并形成众多的岩溶大泉，泉水径流量约占全省多年平均地表水总量的

1/4 以上。受岩溶水补给的河流，基流量大且稳定，是山西省水资源的一大特点。

山西省在大地构造上属中朝准地台上的隆起区，总的轮廓是一个大致呈南北向的穹隆地块，地势由西南到东北逐渐昂起，统称山西陆台。进一步可划分为下列 5 个主要构造单元：①河东南北向挠褶带；②吕梁、恒山褶带；③滹沱、汾河陆槽；④晋东南台凹；⑤太行陆梁。滹沱、汾河陆槽中的几个断陷盆地，基底埋深相差悬殊，运城盆地 4 500 m，忻定盆地 1 300 m，长治盆地埋深最浅，仅 300 m 左右。

山西省陆台位于阴山、秦岭两个东西向褶皱带以及河东和石家庄至安阳两个南北向构造带之间，是一个活动的地块。地质时期多次构造运动生成的构造形迹，历经复合、改造和建造，形成现有的各类构造体系，包括纬向构造、经向构造、扭动构造、前震旦纪古构造和挽近地质构造等。

山西省水文地质条件按含水岩类特性和地下水赋存条件，主要有三大类，即松散岩类孔隙水，碳酸盐岩类溶裂隙水和变质岩、变质岩及碎屑岩裂隙水。松散岩类孔隙水主要分布在中部盆地区的五大断陷盆地，含水岩组以第四系各种河湖相松散沉积物和冲积洪积地层为主。该类地下水补给来源以大气降水的垂直入渗为主，其约占补给总量的 70%，其次是边山侧向补给和岩溶水排泄区的碳酸盐岩类岩溶水。地表水和地下水的补给关系，因含水岩组埋深及其补给排泄条件而异。

山西省碳酸盐岩类主要分布在太行、吕梁、太岳诸山及晋西北地区。岩溶发育具有典型的北方地下隐伏岩溶裂隙发育的特点，岩溶化程度受气候影响，自晋西北向晋东南逐渐增强。对每个岩溶泉域，自上游补给区向下游排泄区，因径流沿程增大，溶蚀加强，岩溶化程度随之提高。下古生带碳酸盐岩类是省内主要岩溶含水地层，娘子关、神头、晋祠等大泉均发育于奥陶系中统。除灰岩裸露区直接接受降水补给外，灰岩区河流特别在横切河道的构造破碎带上，地表水大量漏失，也是岩溶水一项重要的补给来源。

变质岩、碎屑岩类地层省内出露面积约 8 万 km^2，地下水赋存于风化裂隙和构造裂隙之中，含水层埋深较浅，作为山区基流以散泉形式排出，因径流过程短，调节能力差，泉水流量小而不稳。

（4）地表水系

山西省水系主要由两大水系构成，即黄河水系和海河水系。黄河流域面积为 97 503 km^2，占山西省土地总面积的 62%。海河流域面积为 59 320 km^2，占总面积的 38%。西部、南部属黄河水系，东部属海河水系；集水面积在 3 000 km^2 以上的河流有 10 条，其中黄河流域有 6 条，分别为三川河、昕水河、汾河、涑水河、沁河、丹河。海河流域有 4 条，分别是桑干河、滹沱河、清漳河、浊漳河。水系分布情况见图 5-3。

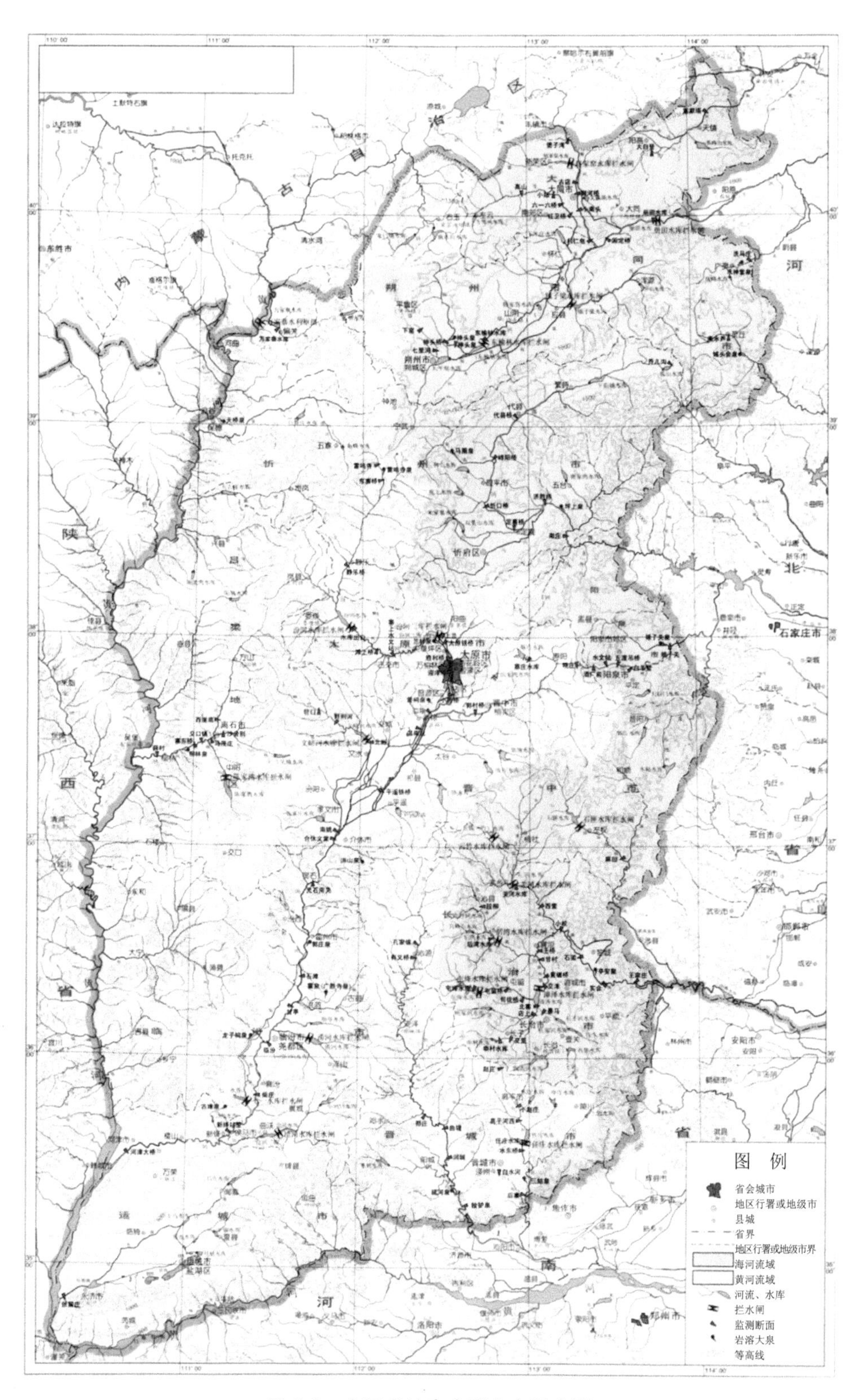

图 5-3　山西省地表水系分布示意图

（5）土壤

山西省土壤总面积 21 810 万亩，其中以Ⅴ级、Ⅵ级土壤所占比重最大。土壤中全氮含量平均 0.068%，缺氮面积占 59.47%；全磷含量平均 0.070%，缺磷面积占 51.15%；全钾含量平均 1.85%，缺速效钾面积仅 5.5%；微量元素中钼、锌、硼等大面积缺乏。盆地周边或覆盖区下煤系地层的发育也使土壤的地球化学特征发生了变异，1∶20 万化探成果表明，凡有煤系地层出露的沟系中，普遍出现大规模亲硫、铁族、稀土、钨钼等元素异常。

山西省土壤侵蚀、污染严重，全省有 69%的土地遭受水土流失，66%的土壤遭受侵蚀。污染源主要来自污水灌溉、大气降落物、固体废物以及化肥、农药等，目前主要污染元素是易在土壤中蓄积且土壤本身又不能净化的汞、镉、铬、镍、锌、铅、砷等重金属元素以及一些人工合成的有机农药和化学合成的其他产品。

（6）动植物

山西的多样性地貌和气候特征是很适合特殊的物种生存的，山地、平原、盆地等地貌为多物种提供了先天的优越条件，造就了丰富的植物、动物资源。到目前为止，山西省已鉴定出 5 600 个物种，其中动物 2 300 种，植物 3 300 多种，在这些物种当中，野生植物 2 749 种，有珍稀濒危保护野生植物 16 种，其中濒危 2 种，稀有 6 种，渐危类 8 种。

（7）地震烈度

山西省在我国历史上地震活动次数较多，由于其地震发生的频度高、强度大，震源浅、破坏性大，曾给山西及邻省（区）人民生命和财产造成严重损失。

山西省地震大部分发生在省境中部的一系列断陷盆地及其两侧山区，地震的发生与构造活动有密切的关系，且地震烈度分布不均。从山西省地震烈度图可以看出，山西省主要城市的地震烈度为Ⅶ～Ⅷ，其中临汾最大为Ⅸ，大同、忻州、太原、晋中、运城为Ⅷ，朔州、阳泉、长治为Ⅶ，吕梁为Ⅵ，晋城为Ⅴ（见图 5-4）。

山西主要城市的地震动反应谱特征周期在 0.35～0.45 s，地震动峰加速度在 0.05～0.20 g。山西省 11 个主要城市的地震烈度及动参数特征值见表 5-2。

表 5-2 山西省主要城市的地震烈度及动参数特征值统计表

城市	地震烈度	地震动反应谱特征周期值/s	地震动峰加速度/g
太原市	Ⅷ	0.35	0.20
大同市	Ⅷ	0.35	0.15
晋中市	Ⅷ	0.35	0.20
临汾市	Ⅸ	0.35	0.20
运城市	Ⅷ	0.40	0.15
朔州市	Ⅶ	0.40	0.15
忻州市	Ⅷ	0.35	0.20
阳泉市	Ⅶ	0.40	0.10
吕梁市	Ⅵ	0.45	0.05
长治市	Ⅶ	0.40	0.10
晋城市	Ⅴ	0.45	0.05

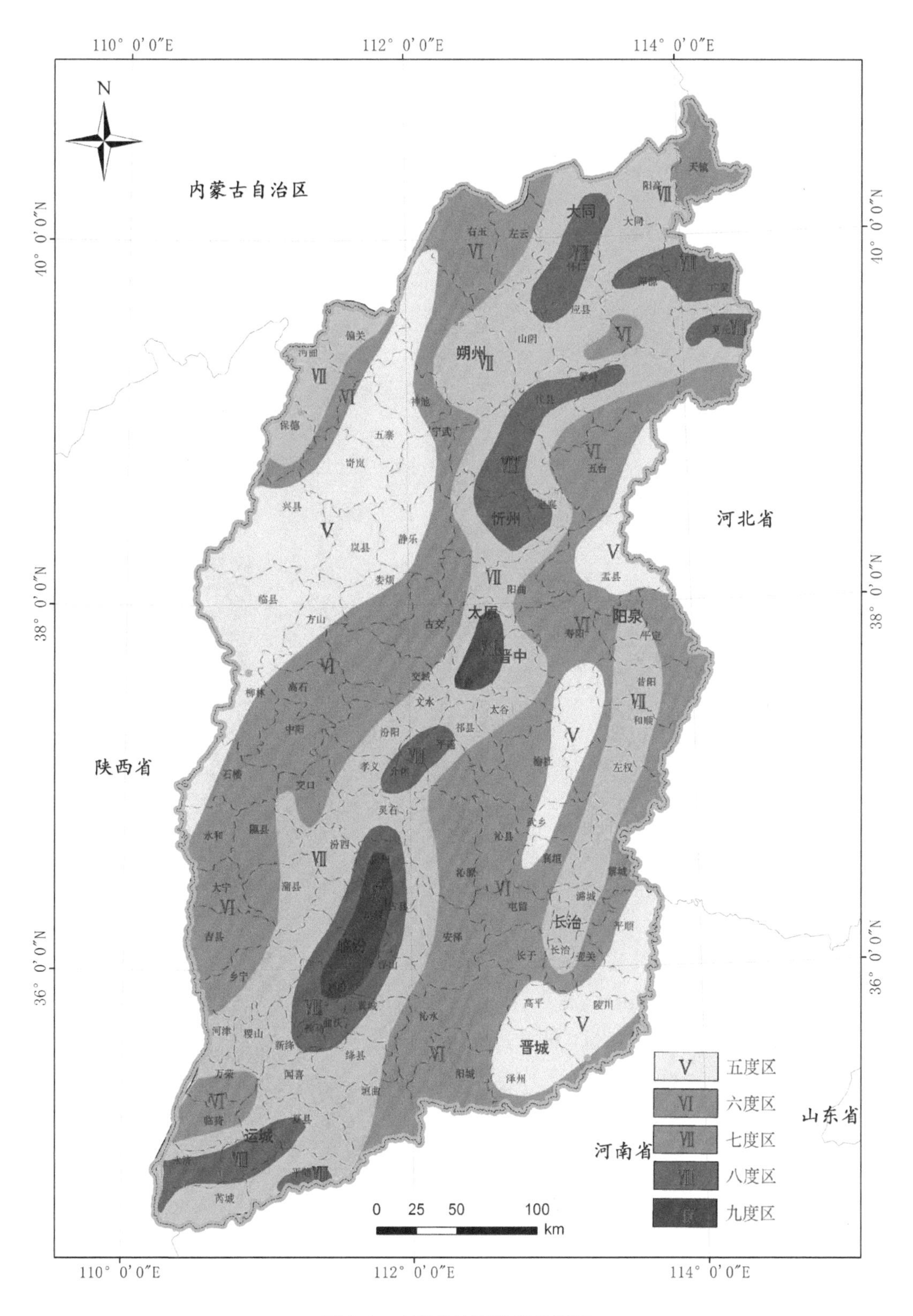

图 5-4　山西省地震烈度分级图

5.1.3 社会经济概况

（1）经济总体状况及其发展回顾

据 2015 年人口抽样调查显示，年末山西省常住人口 3 664 万人，比 2014 年年末增加 16 万人。

2015 年山西省生产总值 12 766.5 亿元，按可比价格计算，比上年增长 3.1%。其中，第一产业增加值 783.2 亿元，增长 1.0%，占生产总值的比重 6.1%；第二产业增加值 5 194.3 亿元，下降 1.2%，占生产总值的比重 40.7%；第三产业增加值 6 789.1 亿元，增长 10.0%，占生产总值的比重 53.2%。

由图 5-5 可以看出，山西省地区生产总值的增速近年来呈不断下降趋势。

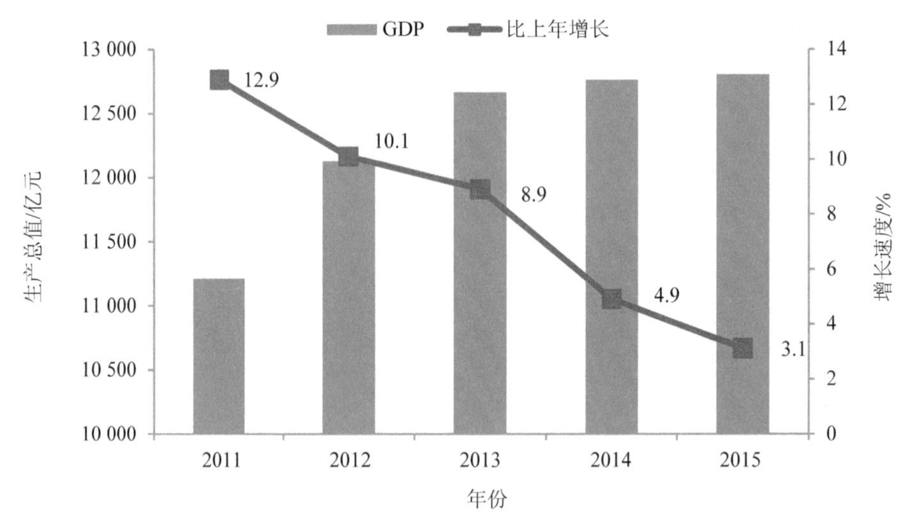

图 5-5　2011—2015 年山西省地区生产总值及增长速度

（2）采矿业发展状况及其回顾

山西省的国民经济体系中，采矿业尤其是煤炭采选业占有举足轻重的地位。

从经济贡献看，根据《山西省统计年鉴》，近 5 年来采矿业年增加值占工业增加值的比重最高达到 66.1%（2012 年），占山西省 GDP 的比重最高达到 34.2%（2011 年）。进入 2013 年，采矿业步入萧条，但 2015 年其增加值占工业增加值的比重仍达到 46.0%，占 GDP 15.7%。

从就业贡献看，根据《山西省统计年鉴》，采矿业的就业人数长期占工业就业人数的四成以上且该比例逐年增加，2015 年达到 42.4%；采矿业就业人数占山西省就业总人数的比例呈逐年下降趋势，2015 年占比为 13.7%（见表 5-3）。

表 5-3　采矿业增加值、从业人数及其在山西省国民经济体系中占比

年份	采矿业增加值			采矿业从业人数		
	增加值/亿元	占工业增加值比重/%	占 GDP 比重/%	从业人数/万人	占工业从业人数比重/%	占社会从业总人数比重/%
2010	2 777.5	60.1	30.2	128.6	41.1	16.9
2011	3 835.7	65.1	34.2	128.4	41.0	16.7
2012	3 918.2	66.1	32.3	130.7	41.2	16.4
2013	3 648.0	62.4	28.8	126.6	43.0	15.3
2014	2 798.1	51.1	21.9	127.6	43.1	14.7
2015	2 006.9	46.0	15.7	124.3	42.4	13.7

2015 年，山西省原煤产量 9.668 0 亿 t，煤层气产量 39.8 亿 m^3，氧化铝产量 1 272.9 万 t，铜产量 180 935 t，生铁产量 3 576.40 万 t，水泥产量 3 786.09 万 t。2011 年以来，山西省原煤、氧化铝和铜的产量逐年增加，原铝的产量逐年降低，生铁和水泥的产量在 2013 年达到峰值后，2014 年开始逐年降低，见表 5-4。

表 5-4　近年来山西省采矿相关部分工业产品产量

年份	原煤/万 t	生铁/万 t	铜/t	水泥/万 t	原铝/万 t	氧化铝/万 t	煤层气/亿 m^3
2011	87 228	3 786.08	87 785	4 101.47	104.70	500.90	
2012	91 333	4 009.64	98 134	5 076.21	105.60	508.60	
2013	92 167	4 310.66	88 564	5 269.09	104.20	784.60	
2014	92 794	4 059.29	144 489	4 801.96	82.70	903.00	39.1
2015	96 680	3 576.40	180 935	3 786.09	66	1 272.9	39.8

煤炭是山西省最重要的矿产资源，煤炭开采创造的增加值占采矿业增加值的 90%以上，新中国成立以来，山西累计生产原煤约 150 亿 t，占全国生产总量的 1/4 以上，占省级调出量的 70%以上。山西省多年原煤产量及其变化趋势参见图 5-6，可以看出，从 2012 年开始，山西省原煤产量增势明显放缓，2015 年山西省原煤产量约 9.7 亿 t。

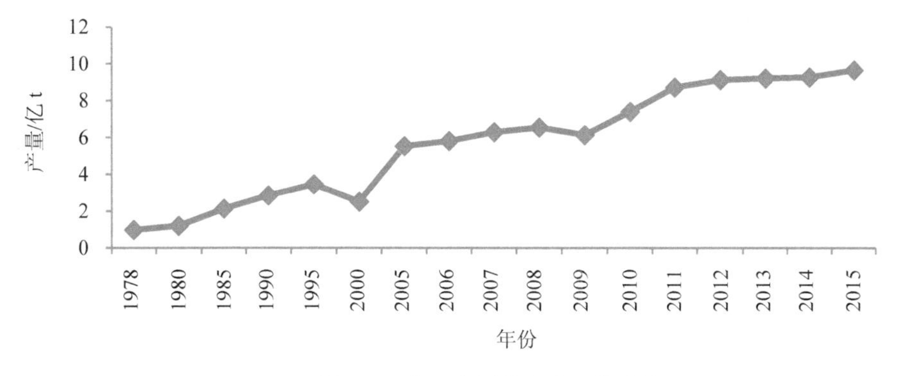

图 5-6　山西省原煤产量变化趋势

5.2 生态环境现状及回顾性评价

5.2.1 生态

（1）生态系统构成

山西省生态系统包括林地、草地、水域、农用地、城镇工矿用地、未利用地等类型（见图 5-7）。根据第九次全国森林资源清查结果显示，山西省林地面积为 321 万 hm^2，森林覆盖率 20.50%，比第八次森林资源清查提高了 2.47 个百分点。森林蓄积 12 923 万 m^3，增加 3 184 万 m^3。森林生态功能等级达到中等以上的森林面积占 85%。山西省草地总面积近 5 万 km^2，占全省国土面积的 31.7%。山西省农田生态系统面积最大，仅耕地就有 4.06 万 km^2，占全省土地面积的 26%。山西省城市生态系统主要分布于大同、忻定、长治、太原、临汾、运城等盆地。全省各类湿地总面积为 3 600 多 km^2，约占全省总面积的 2.36%。

生态系统构成数据基于 2010 年、2015 年 TM 遥感影像数据进行分类，根据分类结果统计，现状开采区及规划开采区范围内各类生态系统类型现状情况见表 5-5。

表 5-5　评价范围生态系统类型

序号	类型		现状开采区		开采规划区	
			面积/km^2	占评价区总面积的比例/%	面积/km^2	占评价区总面积的比例/%
1	未利用地	沙地	3.01	0.02	0	0.00
2	城镇工矿用地	工矿用地	279.63	2.17	9.95	0.51
3		交通用地	14.03	0.11	7.96	0.41
4		居民点	545.22	4.22	54.71	2.83
5	草地	草地	4 608.34	35.70	612.79	31.67
6	林地	有林地	1 211.72	9.39	249.69	12.90
7		灌木林地	1 685.78	13.06	357.13	18.46
8		疏林地	44.10	0.34	27.85	1.44
9	农用地	旱田	4 459.00	34.55	612.79	31.67
10	水域	湖泊/水库/河流	56.13	0.43	1.99	0.10
合计			12 906.96		1 934.86	

矿产资源现状开采区与开采规划区生态系统类型以草地、旱地为主，其次为林地。通过转移矩阵可以看出，煤炭、铁矿、铝土矿采矿场面积分别增加了 14.18 km^2、1.27 km^2、0.83 km^2，且主要由草地、旱地、灌丛转换而来（见表 5-6～表 5-9）。

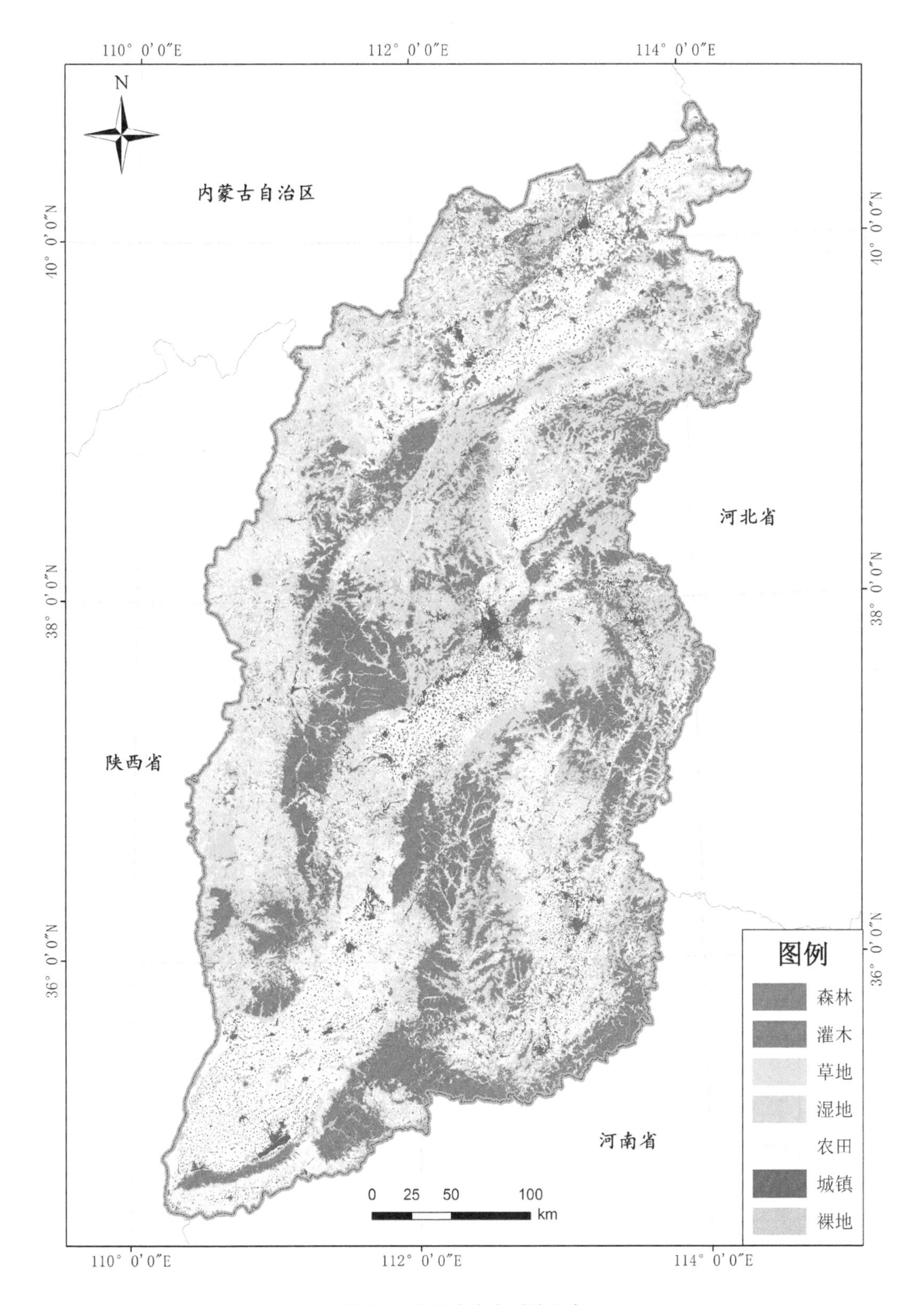

图 5-7　山西省生态系统分布

表 5-6 山西煤炭开采区生态系统转移矩阵

	落叶阔叶林	常绿针叶林	稀疏林	阔叶灌木林	草原	草地	草本沼泽	水库坑塘	河流	旱地	乔木园地	居住地	工业用地	交通用地	采矿场	裸土	裸地	总计
落叶阔叶林	681.2	0.72		0.37		2.76				0.01		0.02	0					685
常绿针叶林	0.21	143.74		0.01		0.01				0.01		0	0.72					145
稀疏林	6.1		42.9	0.03	3.03					0.01		0.01						52
阔叶灌木林	85.94	35.08	0	1 505.16	0.02	8.53				0.38		6.68	0	0	0.03			1 642
草原	33.59		0.02	10.45	687	0				15.74		0.94	0.62	0	5.68			754
草地	85.98	16.38		6.96	0	3 548	0.01	0	0.04	5.38		33.4	2.68	0.4	7.92			3 707
湖泊							0.14			0								0.14
草本沼泽		0				0.19	0.01	27.54		0.22		0						28
河流								0.03	2.06			0				0.03		2
旱地	26.14	5.94	0	1.41	6.15	20.52	8.75	0.05		4182	0	15.03	23.74	1.28	5.92	0.64		4 298
乔木园地											0.2							0.2
居住地	0.87	0.19	0	0		0.02				0.02		442.37	0.02	0	0			443
工业用地	0	0.02				0.71				0		0.29	72.25					73
交通用地	0.11									0		0		14.71				15
采矿场	0.24	0.01		0		0				0.07		0.09	4.95		86.55			92
裸土																	0.09	0.09
裸地	0.02															0.4		0.42
总计	920.4	202.8	42.9	1 524.4	697	3 581	8.9	27.6	2.1	4 204	0.2	498.8	105.0	16.4	106.1	1.1	0.09	11 938

表 5-7 铝土矿生态系统转移矩阵

	落叶阔叶林	常绿针叶林	阔叶灌木林	草原	草地	河流	旱地	居住地	工业用地	采矿场	裸地	总计
落叶阔叶林	11.23							0.01				11.24
常绿针叶林	0.01	4.73										4.74
阔叶灌木林	0.70	0.03	11.68		0.00		0.00	0.55		0.10		13.06
草原				3.58								3.58
草地	0.68	0.01	0.04		49.43		0.14	1.88		0.26	1.02	53.46
河流						0.03						0.03
旱地	0.34		0.01	0.35	0.21		31.73	0.23	1.61	0.02	0.07	34.57
居住地	0.01				0.00			6.24				6.24
工业用地									0.50			0.50
采矿场										0.95		0.95
裸地					0.00						0.19	0.19
总计	12.97	4.77	11.73	3.93	49.64	0.03	31.87	8.91	2.11	1.33	1.28	128.57

表 5-8 铁矿生态系统转移矩阵

	落叶阔叶林	常绿针叶林	疏林地	落叶阔叶灌木林	草甸	草原	草地	草本沼泽	水库坑塘	河流	旱地	居住地	工业用地	采矿场	裸地	总计
落叶阔叶林	34.15						0.08					0.00				34.23
常绿针叶林	0.00	12.94														12.94
疏林地			0.91													0.91
落叶阔叶灌木林	1.50	0.02		84.37			0.01				0.01	0.81		0.61		87.33
草甸					4.25											4.25
草原				0.04		48.90					0.46	0.08	0.00	0.68		50.16
草地	2.90	0.13		0.06			171.34				0.51	2.55			0.11	177.60
草本沼泽								0.17								0.17
水库坑塘						0.10		0.23	1.04		0.85					2.22
河流										0.13						0.13
旱地	0.17	0.41		0.00			0.59		0.00		115	0.50	0.58	0.27		117.52
居住地	0.00										0.00	10.08	0.00			10.08
工业用地							0.00					2.21	1.75			3.96
采矿场											0.00	0.00	0.28	10.85		11.13
裸地															1.61	1.61
总计	38.72	13.50	0.91	84.47	4.25	49.00	172.02	0.40	1.04	0.13	116.83	16.23	2.61	12.41	1.61	514.24

表 5-9　铜（金）矿生态系统转移矩阵

	落叶阔叶林	常绿针叶林	稀疏林	落叶阔叶灌木林	草原	草地	河流	旱地	居住地	交通用地	裸地	总计
落叶阔叶林	9.14											9.14
常绿针叶林	0.00	1.90										1.90
疏林地			0.29									0.29
落叶阔叶灌木林	0.71	0.01		13.97		0.00						14.69
草原					7.59							7.59
草地	0.08	0.02		0.01		11.81		0.00	0.02		0.12	12.06
河流							0.05	0.19				0.24
旱地	0.00	0.68						17.05				17.73
居住地									1.07			1.07
交通用地										0.07		0.07
裸地											0.32	0.32
总计	9.93	2.61	0.29	13.98	7.59	11.81	0.05	17.24	1.09	0.07	0.44	65.10

（2）生态系统质量

生态系统质量通过植被生长旺盛季节 MODIS 遥感影像进行遥感反演，获取植被净初级生产力和植被覆盖度生态参数进行评价，将植被覆盖度分为高、较高、中、较低、低五级。净初级生产力可以通过最大值、平均值、标准差、总量反映区域植被生长状况。

上一轮规划期内，山西省植被覆盖度平均值由 2010 年的 0.46 增加到 0.48，覆盖度有所增加；净初级生产力由 246.10 g/（m^2·a）增加到 266.65 g/（m^2·a），生产力显著增加。这说明上一轮规划期内山西省生态系统质量向好趋势显著。

通过对现状开采区及开采规划区、勘查规划区、重点勘查区 2010 年、2015 年植被覆盖度进行分析，结果显示，现状开采区、开采规划区、勘查规划区、重点勘查区植被覆盖度以中、低覆盖度为主，且 2010—2015 年各区域低覆盖度植被显著减少（见表 5-10、图 5-8），高覆盖度植被逐步增加，说明各规划区域均表现出变好趋势。其中现状开采规划区植被覆盖度显著，较开采规划区植被被覆盖度高。

表 5-10 矿产资源开发区不同植被覆盖占比情况 单位：%

年份	区域	低	较低	中	较高	高
2010	现状开采区	28.66	28.78	23.70	11.17	7.70
	开采规划区	44.89	21.64	13.27	10.38	9.81
	勘查规划区	14.54	23.30	27.81	18.30	16.04
	重点勘查区	14.16	26.51	33.21	14.55	11.57
2015	现状开采区	21.60	24.01	30.23	14.69	9.47
	开采规划区	40.34	19.58	15.86	13.58	10.64
	勘查规划区	11.05	17.15	31.81	21.83	18.17
	重点勘查区	9.97	17.73	37.91	20.40	13.99

对现状开采区及开采规划区、勘查规划区、重点勘查区 2010 年、2015 年净初级生产力进行分析（见表 5-11、图 5-9）。结果显示，现状开采区、开采规划区、重点勘查区净初级生产力处于一般水平，与区域生产力水平没有较大差异，2010—2015 年各区域均表现出变好的趋势。开采规划区与现状开采区植被质量基本相当。

表 5-11 矿产资源开发区初级生产力情况

年份	类型	最大值/（g C/m^3）	平均值/（g C/m^3）	标准差	总量/（g C）
2010	现状开采区	478.90	205.19	126.42	3 073 962.30
	开采规划区	472.10	203.99	118.96	447 341.10
	勘查规划区	521.40	269.43	93.74	5 582 133.30
	重点勘查区	633.20	250.24	103.46	28 985 914.70
2015	现状开采区	508.00	218.01	134.87	3 266 060.50
	开采规划区	472.5	215.39	123.40	472 352.90
	勘查规划区	512.70	287.80	101.23	5 962 598.10
	重点勘查区	594.80	269.07	110.41	31 167 314.39

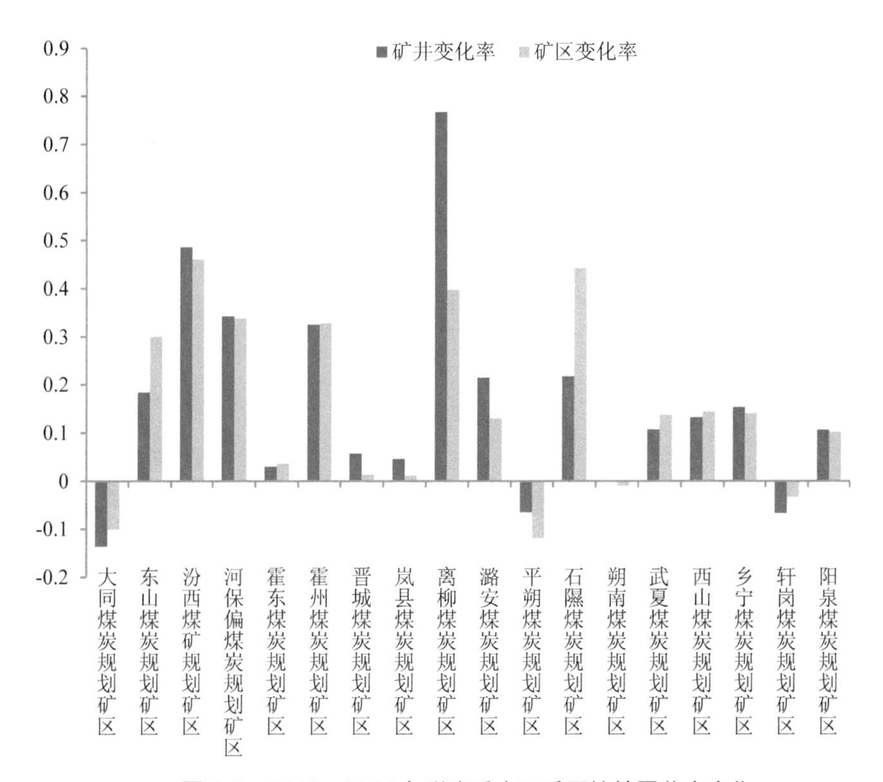

图 5-8　2010—2015 年煤炭重点开采区植被覆盖度变化

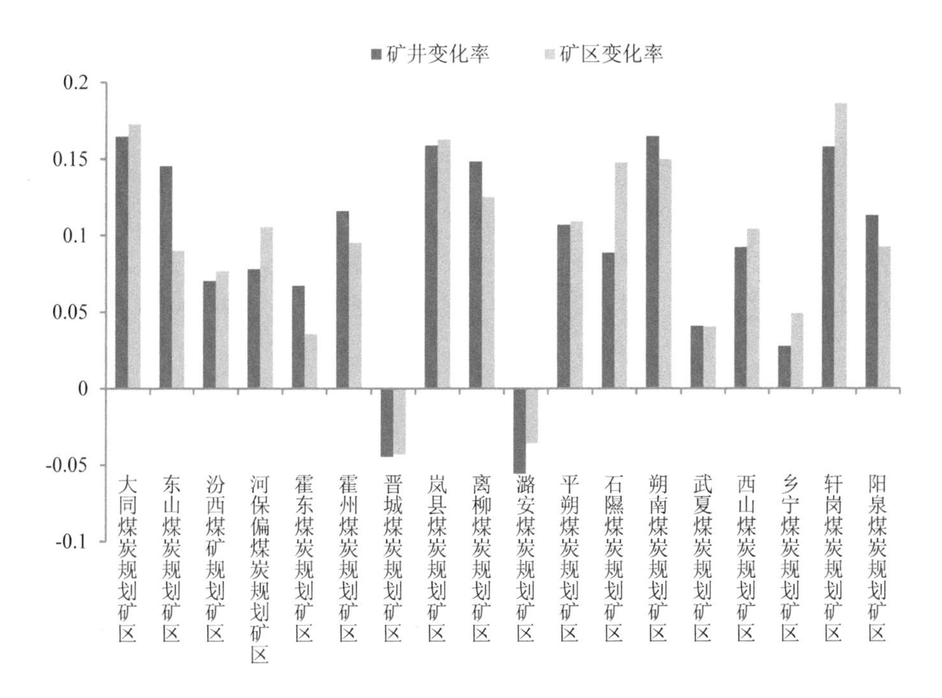

图 5-9　2010—2015 年煤炭重点开采区植被净初级生产力变化

通过对山西省煤炭资源开采规划区植被覆盖度及净初级生产力变化对比可以看出，2010—2015年，重点矿区和开采规划区植被净初级生产力、植被覆盖度整体显著提高（见图5-10、图5-11），这说明煤炭开采对区域植被破坏影响有限并在可控范围内。通过矿山开采及闭矿后进行矿山生态环境恢复治理可以有效减轻矿区植被破坏的影响。

（3）生态系统服务功能

如图5-12所示，2000—2010年山西省低、较低水平生境质量占比较大，说明生境质量相对较差。但10年间较低水平的生境质量比重在下降，较高水平的生境质量在增加，生态系统服务功能有改善趋势。

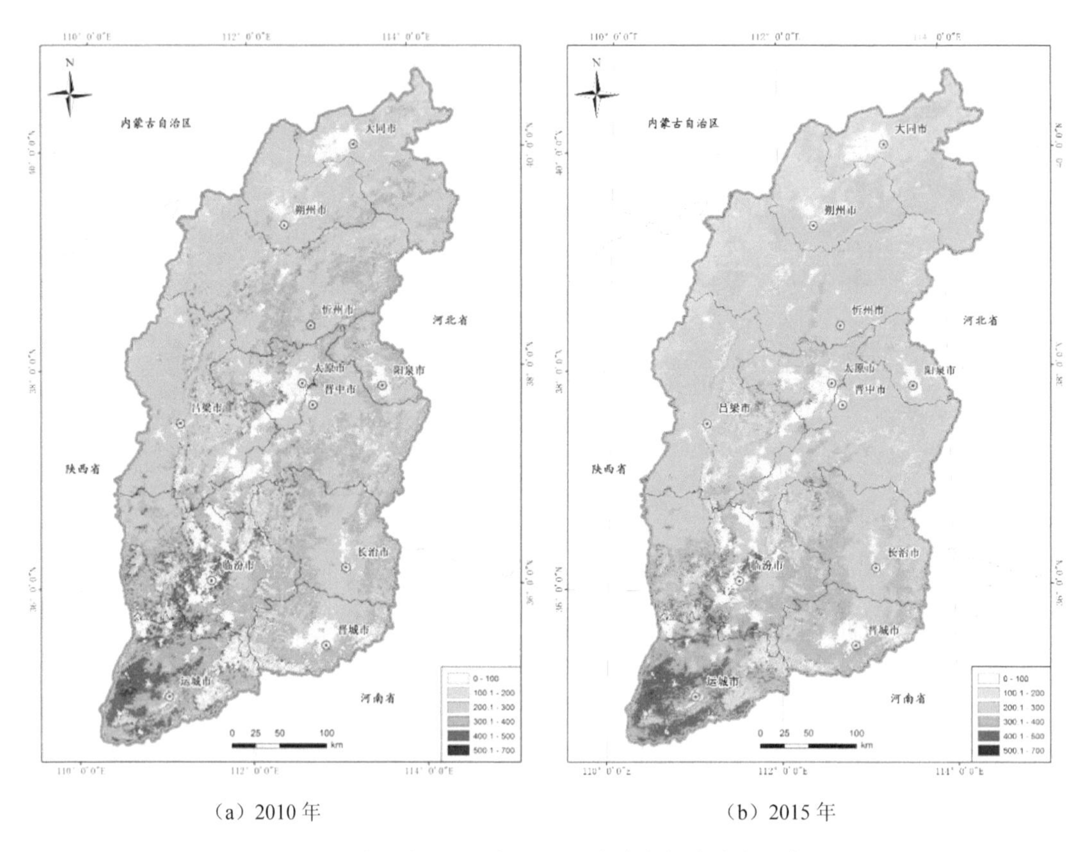

（a）2010年　　（b）2015年

图5-10　山西省2010年、2015年净初级生产力分布图

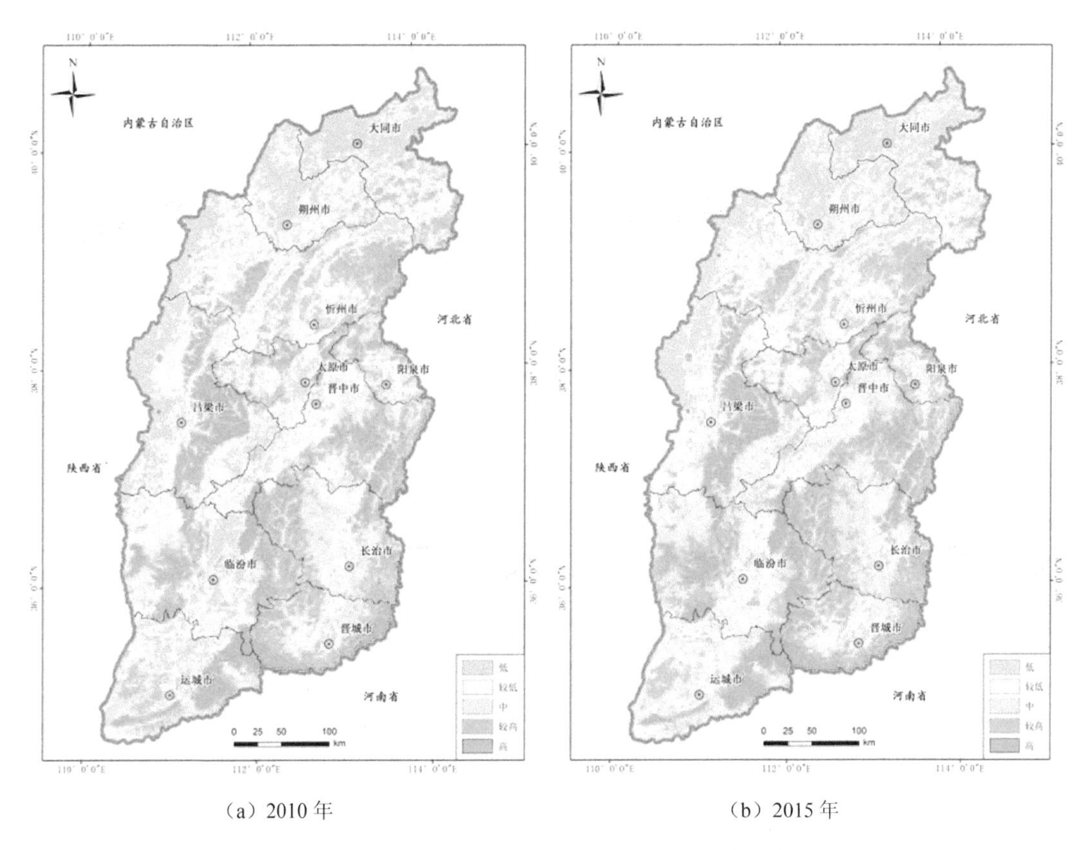

（a）2010 年　　（b）2015 年

图 5-11　山西省 2010 年、2015 年植被覆盖度分布图

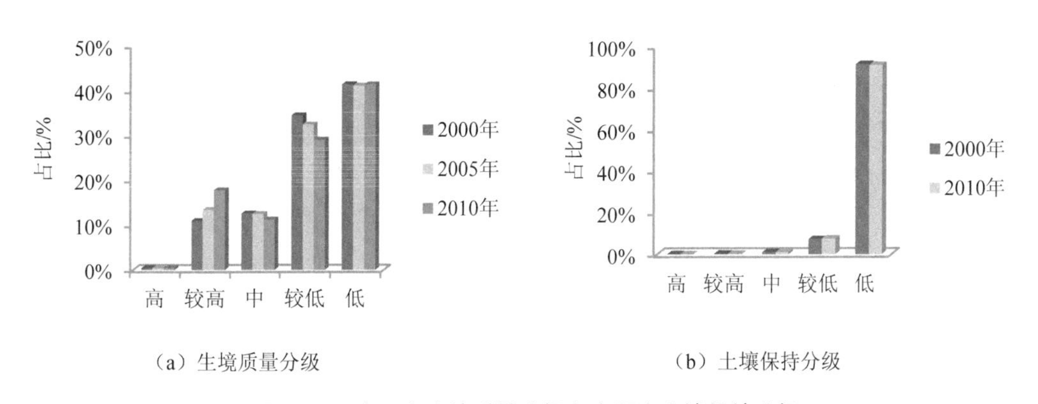

（a）生境质量分级　　（b）土壤保持分级

图 5-12　山西省生境质量分级和山西省土壤保持分级

根据山西省 2000—2010 年生态系统土壤保持功能分级特征分析，约 91%的土壤保持功能处于低水平，约 7%处于较低水平，山西省总体土壤保持功能处于相对较低水平。10 年间，山西省低水平面积减少 0.35%，中等、较高水平面积有所增加，全省土壤保持能力有所提高。

根据山西省 2000—2010 年生态系统水源涵养功能分级特征分析［见图 5-13（a）］，10 年间，全省生态系统水源涵养能力有所提高，但总体水平不高，处于中低等级水平的面积占绝对多数。水源涵养能力处于中低等水平的面积约占山西省总面积的 90%，处于较高水平的面积约占 10%。

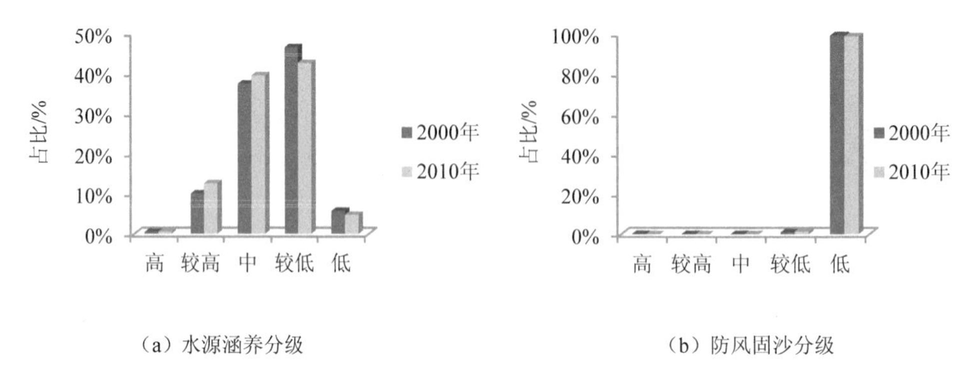

（a）水源涵养分级

（b）防风固沙分级

图 5-13　山西省水源涵养分级和山西省防风固沙分级

根据山西省 2000—2010 年生态系统防风固沙功能分级特征分析［见图 5-13（b）］，山西省生态系统总体防风固沙功能处于相对较低水平，其中约 99%的区域生态系统防风固沙功能处于低水平。10 年间，中等、较低水平防风固沙能力有所增加，分别增加了 0.03%、0.44%。其中，低水平转变为较低水平的面积为 794.33 km^2，较低水平转为中等水平的面积为 38.60 km^2，山西省防风固沙整体能力仍不容乐观。

从生物多样性、土壤保持、水源涵养、防风固沙综合评估山西省生态系统服务功能，其总体处于较低水平，但整体趋好。

（4）生态环境问题

通过对山西省煤炭资源开采规划区植被覆盖度及净初级生产力变化对比可以看出，2010—2015 年，平朔矿区、大同矿区、轩岗矿区植被覆盖度显著降低，潞安矿区、晋城矿区植被生产力显著下降，说明煤炭开采对矿井局部范围植被破坏影响较大，尤其对地表植被直接剥离作用明显。

据初步调查，山西全省因采煤造成的采空区面积近 5 000 km^2（约占全省国土面积的 3%），其中沉陷区面积约 3 000 km^2（占采空区面积 60%）。据 2014 年山西省国土资源厅核查数据显示，1 082 km^2 的耕地、426 km^2 的林地因煤炭资源开采受到不同程度的间接影响。采煤沉陷区遍布全省 11 个地市，特别是在大同、阳泉等煤炭比较丰富的地区，采煤塌陷更为严重。

山西境内植被覆盖率低，土壤固水能力差，水土流失、土壤侵蚀严重，沙漠化隐患较大。山西省年水土流失面积达 10.8 万 km^2，约占全省总面积的 69%。

利用坡度、植被覆盖度结合土地利用类型生成土壤侵蚀分布图，对矿区土壤侵蚀问题进行分析评价。2015 年，山西省土壤侵蚀以微度侵蚀为主，微度侵蚀所占比例为 54.94%。中度（含中度）以下土壤侵蚀所占比例为 88.38%，重度、极重度土壤侵蚀比例为 16.62%。土壤侵蚀总体分布特点为：平原轻于山区、东部轻于西部、北部轻于南部。其中，微度土壤侵蚀面积所占比例提高了 10.14%，轻度、中度、重度、极重度土壤侵蚀均有所降低（见表 5-12、图 5-14）。山西省土壤侵蚀得到缓解。

表 5-12　山西省土壤侵蚀分级特征

年份	等级	微度	轻度	中度	重度	极重度
2010	面积/km²	70 230.05	28 468.90	23 340.50	24 200.69	10 544.00
	比例/%	44.79	18.16	14.89	15.44	6.73
2015	面积/km²	86 134.36	26 126.40	18 471.53	18 027.98	8 023.91
	比例/%	54.94	16.66	11.78	11.50	5.12

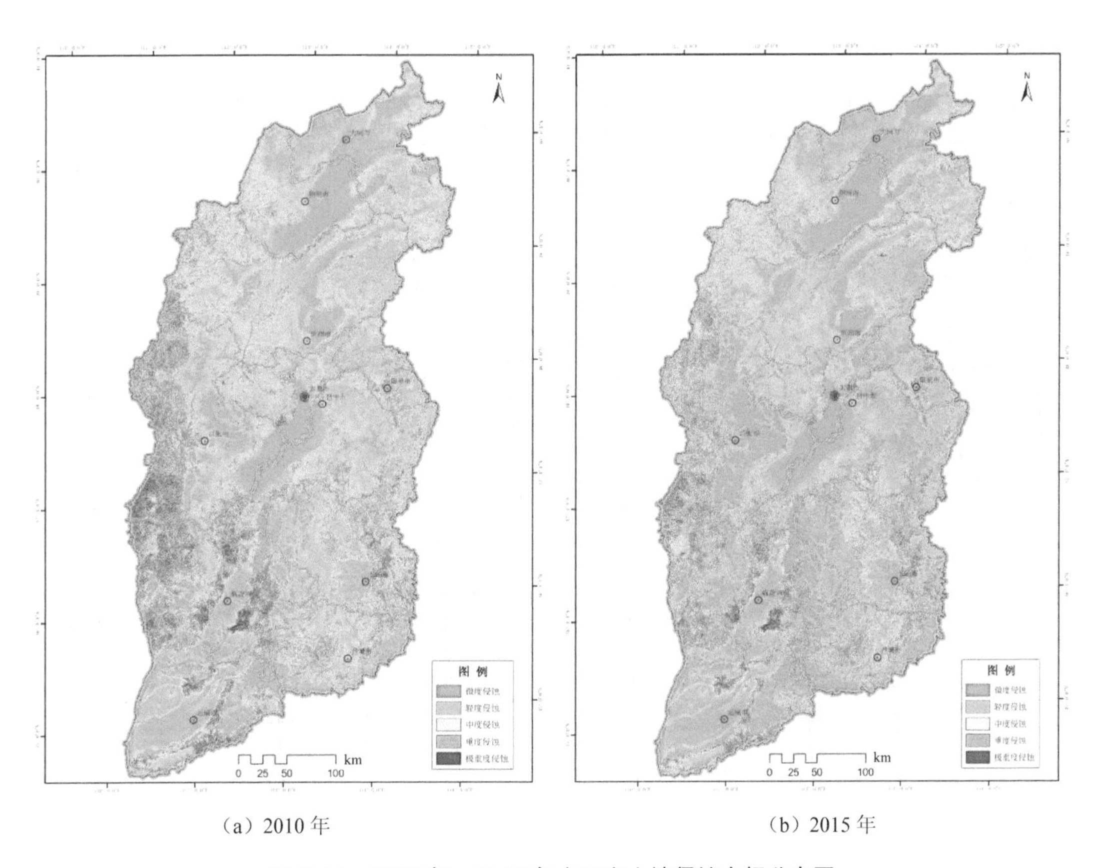

（a）2010 年　　（b）2015 年

图 5-14　2010 年、2015 年山西省土壤侵蚀空间分布图

通过分析，山西省重点矿区土壤侵蚀以轻度、微度侵蚀为主，这主要由于矿区多分布于山区植被覆盖度较高地区。强烈侵蚀比例较高主要为大同矿区、平朔、轩岗、朔南矿区。各矿区强烈侵蚀主要集中于采矿场、裸地及坡耕地区域。

利用生态系统转移矩阵可以看出，采矿场增加 14.18 km^2，采矿场面积增加与山西省煤炭行业黄金十年发展密切相关，随着矿区产量增加，工业用地面积随之增加。采矿用地增加主要由草地、旱地转换而来，说明山西煤炭资源开采主要占用草地、旱地，对林地破坏相对较少。同时，矿区内林地面积增加 283.54 km^2，森林增加主要由草地、灌丛转变而来，21 世纪初开始相继实施的“退耕还林工程”“三北防护林”“六大造林绿化工程”等工程，也使得矿区森林面积显著增加。

5.2.2 地表水

本次评价研究收集了山西省“十二五”期间地表水省控（含国控）断面的监测数据进行统计分析。“十二五”期间，山西省共布设省控（含国控）监测断面 101 个，其中黄河流域 53 个，海河流域 48 个。

（1）地表水环境质量现状

采用《地表水环境质量标准》（GB 3838—2002）对山西省地表水水质进行评价。评价因子选取 pH、高锰酸盐指数、化学需氧量、五日生化需氧量、氨氮、总磷、铜、锌、氟化物、硒、砷、汞、镉、铬（六价）、铅、氰化物、挥发酚、石油类、阴离子表面活性剂、硫化物共 20 项。

①地表水断面各水质类别达标率。

2014 年山西省地表水监测断面中 II、III、IV、V 类水体功能区达标率分别为 100%、80.7%、80.0%和 46.7%，各地表水断面总体达标率 71.3%，见图 5-15。

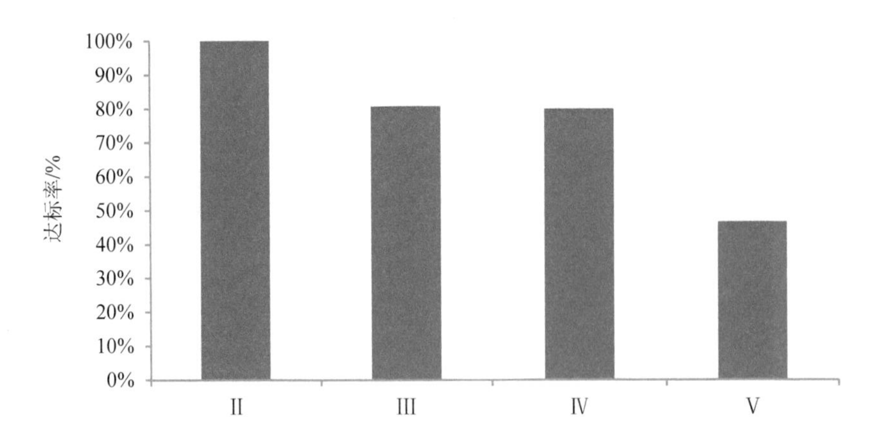

图 5-15　山西省地表水断面各水质类别达标率

②两大流域地表水断面达标率。

2014 年山西省黄河流域监测断面达标率为 28%；海河流域监测断面达标率 84.31%，见图 5-16。

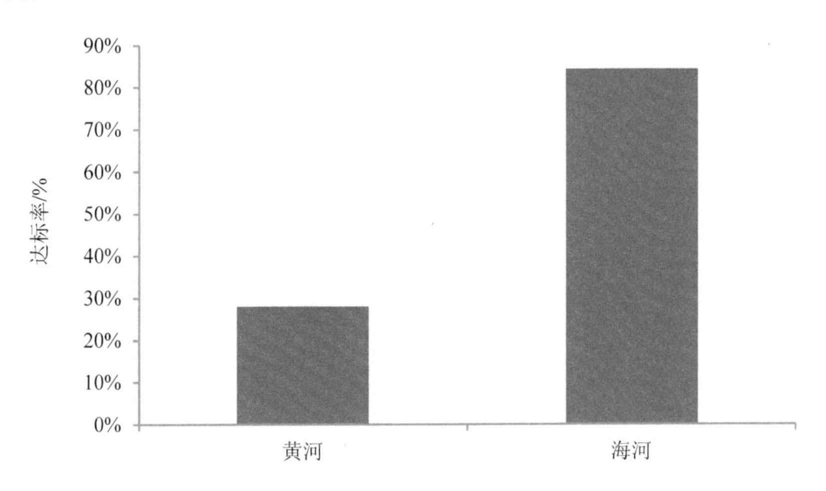

图 5-16 山西省地表水断面各水质类别达标率

③各地级市地表水断面达标率。

2014 年山西省 11 个地级市地表水断面达标率为太原 33.33%、大同 100%、阳泉 40%、长治 82.35%、晋城 70%、朔州 66.67%、晋中 75%、运城 42.86%、忻州 91.67%、临汾 50%、吕梁 57.14%，见图 5-17。

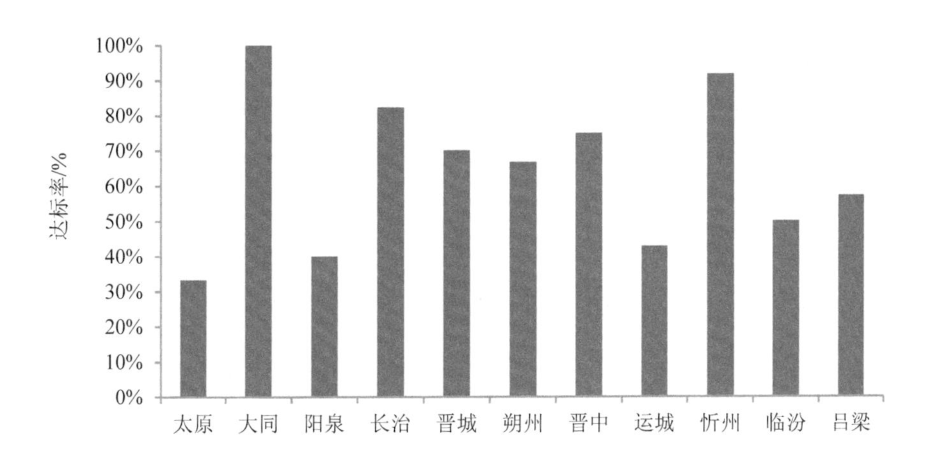

图 5-17 山西省地级市地表水断面达标率

④主要超标因子。

2014 年山西省 101 个省控（含国控）地表水监测断面主要超标因子有高锰酸盐指数、

化学需氧量、生化需氧量、氨氮、总磷、挥发酚和阴离子表面活性剂等 7 项，超标率分别为 2.97%、10.89%、8.91%、20.79%、11.88%、1.98%和 5.94%，见图 5-18。

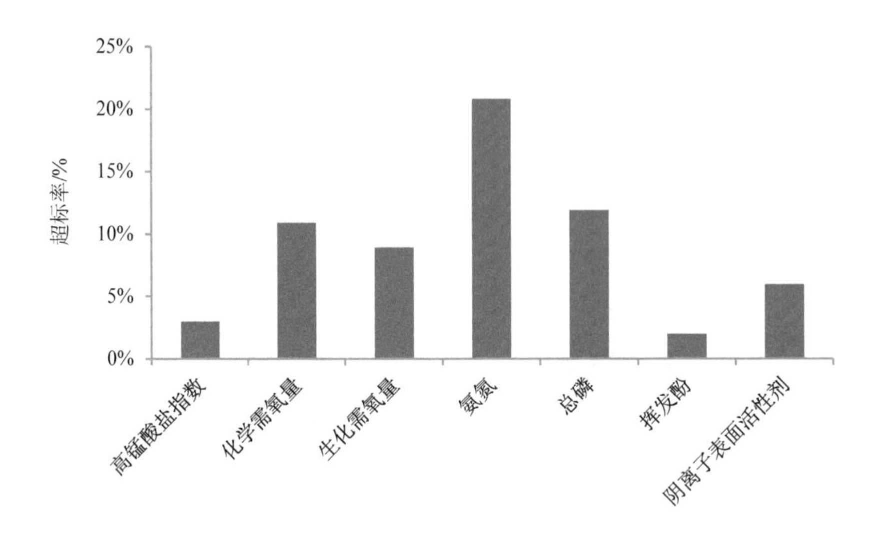

图 5-18　山西省地表水主要超标因子超标率

2014 年，山西省 101 个省控（含国控）地表水监测断面其他因子包括 pH、铜、锌、氟化物、硒、砷、汞、镉、铬（六价）、铅、氰化物、石油类、硫化物 13 项均能达到相应标准的要求。

（2）地表水环境演变回顾

①水质类别比例变化趋势。

“十二五”期间，山西省地表水水质总体处于中度污染状态。2015 年，全省地表水水质优良（Ⅰ～Ⅲ类） 的断面比例为 44.0%，水质重度污染（劣Ⅴ类）的断面比例为 32.0%，属于中度污染水平。与“十一五”末期相比，地表水Ⅰ～Ⅲ类比例上升 9.3 个百分点，劣Ⅴ类水质断面比例下降 23.4 个百分点（见图 5-19），全省地表水总体水质由“十一五”末的重度污染转为中度污染，地表水水质有所改善。

②主要污染因子变化趋势。

“十二五”期间，山西省主要污染因子为氨氮、五日生化需氧量、化学需氧量，通过秩相关计算结果分析，三项指标年均浓度均呈下降趋势，其中氨氮年均浓度显著下降。2015 年，山西省地表水监测断面氨氮平均浓度为 2.771 mg/L，超过地表水Ⅴ类标准；五日生化需氧量平均浓度为 5.1 mg/L，达到地表水Ⅳ类标准；化学需氧量平均浓度为 22.2 mg/L，达到地表水Ⅳ类标准。与“十一五”末期相比，氨氮、五日生化需氧量、化学需氧量三项指标平均浓度分别下降 63.3%、60.5%和 53.8%（见图 5-20）。

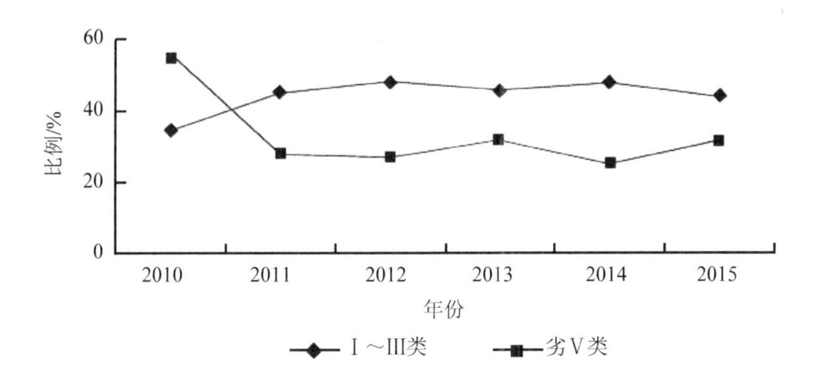

图 5-19 山西省“十二五”地表水断面水质类别变化趋势

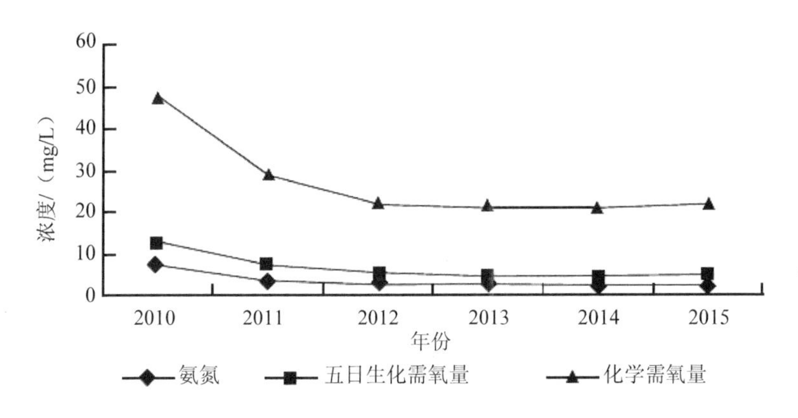

图 5-20 山西省地表水主要污染因子年均浓度变化趋势

③两大流域水质变化趋势。

a．黄河流域。水质类别比例变化方面：“十二五”期间，山西省黄河流域地表水水质除 2014 年为重度污染外，其余年份均处于中度污染状态。2015 年，山西黄河流域地表水Ⅰ～Ⅲ类水质断面比例为 37.7%，劣Ⅴ类水质断面比例为 37.7%，与“十一五”末期相比，地表水Ⅰ～Ⅲ类断面比例上升 0.2 个百分点，劣Ⅴ类水质断面比例下降 22.7 个百分点（见图 5-21），黄河流域地表水水质明显好转。主要污染因子变化方面：“十二五”期间，黄河流域三项主要污染因子氨氮、五日生化需氧量、化学需氧量年均浓度均呈下降趋势，其中氨氮年均浓度显著下降。2015 年，黄河流域地表水监测断面氨氮平均浓度为 3.457 mg/L，超过地表水Ⅴ类标准；五日生化需氧量平均浓度为 5.4 mg/L，达到地表水Ⅳ类标准；化学需氧量平均浓度为 21.8 mg/L，达到地表水Ⅳ类标准。与“十一五”末期相比，氨氮、五日生化需氧量、化学需氧量三项指标平均浓度分别下降 67.4%、54.2% 和 52.6%（见图 5-22）。

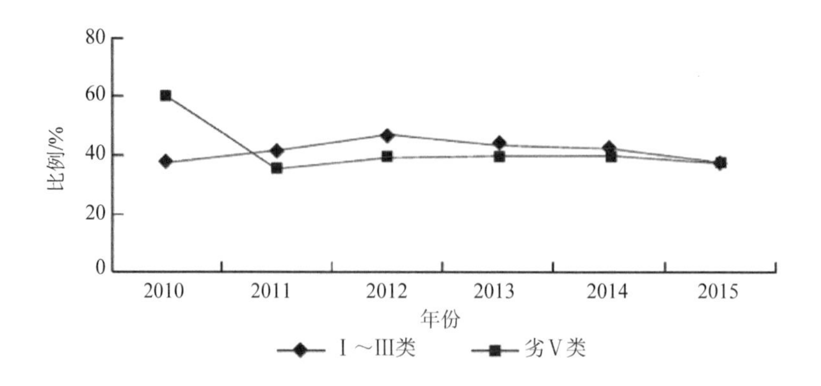

图 5-21 山西黄河流域地表水断面水质类别比例变化

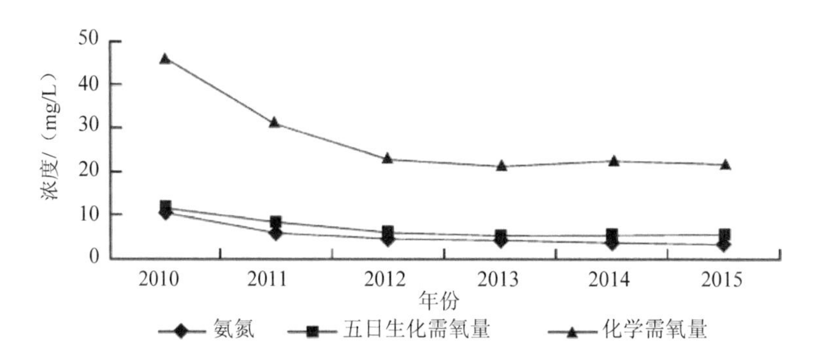

图 5-22 山西黄河流域主要污染因子年均浓度变化

b. 海河流域。水质类别比例变化方面："十二五"期间，山西省海河流域地表水水质优于黄河流域。地表水水质在轻度污染和中度污染之间波动。2015 年，山西海河流域地表水Ⅰ～Ⅲ类水质断面比例为 51.1%，劣Ⅴ类水质断面比例为 25.5%，与"十一五"末期相比，地表水Ⅰ～Ⅲ类比例上升 19.0 个百分点，劣Ⅴ类水质断面比例下降 25.4 个百分点（见图 5-23）。主要污染因子变化方面："十二五"期间，海河流域三项主要污染因子中五日生化需氧量、化学需氧量年均浓度呈下降趋势，氨氮年均浓度呈上升趋势。2015 年，海河流域地表水监测断面氨氮平均浓度为 1.998 mg/L，达到地表水Ⅴ类标准；五日生化需氧量平均浓度为 4.7 mg/L，达到地表水Ⅳ类标准。化学需氧量平均浓度 22.6 mg/L，达到地表水Ⅳ类标准。与"十一五"末期相比，氨氮、五日生化需氧量、化学需氧量三项指标平均浓度分别下降 58.2%、65.9%和 54.8%（见图 5-24）。

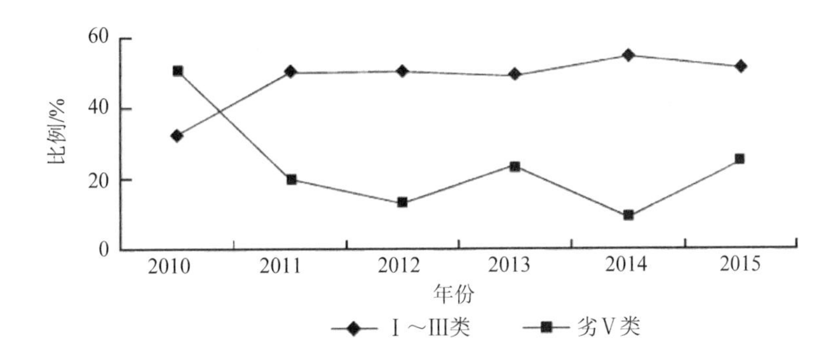

图 5-23　山西海河流域地表水断面水质类别比例变化

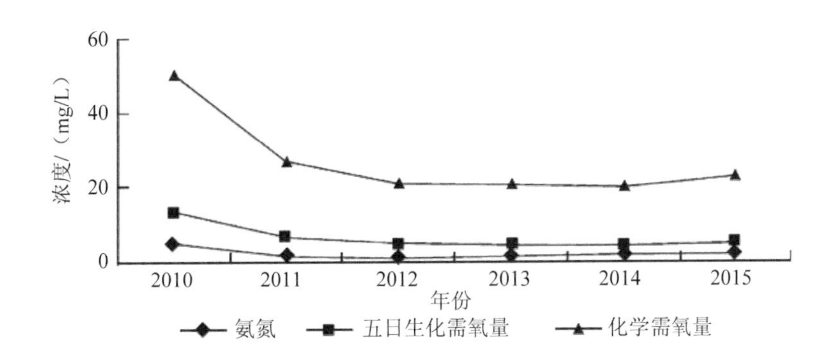

图 5-24　山西海河流域主要污染因子年均浓度变化

5.2.3　地下水

（1）城市地下水水质

2015 年，山西省 8 个地级市开展了地下水环境质量监测，晋中、运城和忻州市未开展监测。山西省 8 个城市 45 个地下水井中，水质优良的井有 26 眼，占 57.8%；良好的 14 眼，占 31.1%；较差的 5 眼，占 11.1%。

2015 年，8 个地级市地下水总体水质为良好，其中太原、朔州、吕梁市水质优良，大同、长治、晋城、临汾水质良好，阳泉市水质较差。

“十二五”期间，山西省城市地下水水质基本保持稳定，处于良好状态。2015 年 8 个地级市地下水综合评价指数平均为 1.803，比 2014 年下降 8.0%，比 2010 年下降 5.0%（见图 5-25）。

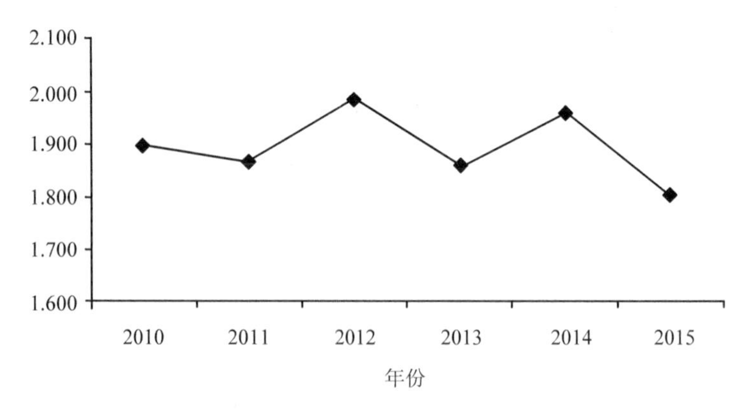

图 5-25　2010—2015 年山西省地下水综合评价指数变化情况

（2）城市集中式生活饮用水水源地水质

2015 年，山西省 11 个地级市所监测的 29 个集中式饮用水水源地取水总量为 46 797.25 万 t，达标水量 41 126.20 万 t，水质达标率为 87.9%。

2015 年，在山西省监测的 29 个水源地中，地下水水源地 24 个，取水量为 33 600.22 万 t，水质达标率为 89.6%，主要超标项目为总硬度、硫酸盐和总大肠菌群；地表水水源地 5 个，取水量为 13 197.03 万 t，水质达标率为 83.6%，主要超标项目为硫酸盐。11 个地级市中，太原、大同、长治、晋城、朔州、忻州、晋中、运城、吕梁 9 个城市集中式饮用水水源地水质达标率均为 100%，占 81.8%；临汾、阳泉 2 市水质达标率均为 0%。“十二五”期间，山西省城市集中式饮用水水源地水质基本保持稳定，水质达标率处于 87%左右。2015 年 11 个地级市集中式饮用水水源地总体水质达标率为 87.9%，比 2014 年上升 0.5 个百分点，比 2010 年上升 0.9 个百分点（见图 5-26）。

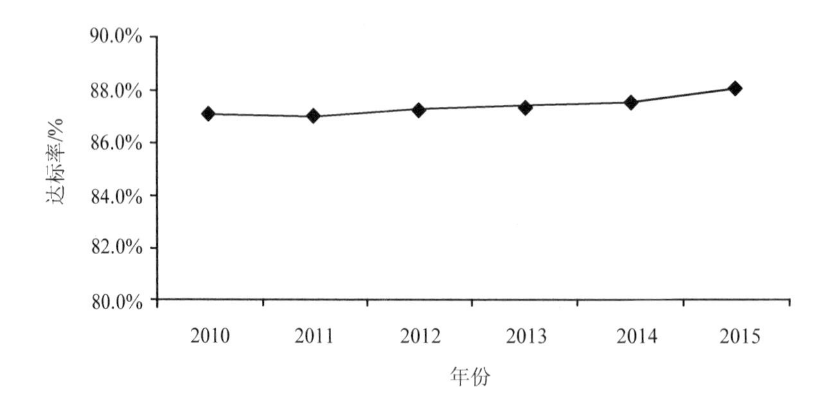

图 5-26　2010—2015 年山西省地级市集中式饮用水水源地水质达标率

山西省各地市地下水水质现状、趋势及超标因子见表 5-13 和表 5-14。

表 5-13　2015 年各城市地下水水质监测情况一览表

山西省		地下水例行监测点			城市集中地下水饮用水水源地		
		监测点数	Ⅰ～Ⅲ类比例	不达标情况	监测点数	Ⅰ～Ⅲ类比例	不达标情况
太原市		—	—	—	3	100%	/
晋城市		5	100%	/	2	100%	/
朔州市（2016 年 1—6 月）		5	100%	/	8	100%	/
忻州市（2014）		—	—	—	2	100%	/
大同市（2013）		—	—	—	4	100%	/
晋中市（2014）		—	—	—	22	100%	/
长治市		13	76.9%	Ⅳ类水质 15.4%；Ⅴ类水质 7.7%	1	100%	/
吕梁市（2014）		7	100%	/	2	100%	/
阳泉市（2014）		8	0%	Ⅳ类 6 个，Ⅴ类 2 个	1	0%	100%
临汾市		—	—	—	1	—	—
运城市（2016 年 1 月）		—	—	—	1	100%	/
与上一年度比较	太原市	—	—	—	=	=	=
	晋城市	=	=	=	=	=	=
	朔州市	↑（4）	=	=	—	—	—
	忻州市	—	—	—	=	=	=
	大同市	—	—	—	=	=	=
	晋中市	—	—	—	↑（15）	=	=
	长治市	=	↓（84.6%）	↑（Ⅳ类、Ⅴ类均 7.7%）	=	=	=
	吕梁市	—	—	—	=	=	=
	阳泉市	=	=	=	=	=	=
	临汾市	—	—	—	=	=	=
	运城市	—	—	—	=	=	=

注：表中“=”表示与上年持平；“↑”较上年增加或上升；“↓”较上年减少或下降；“—”表示没有数据；“/”表示无；“(　)”中为上年监测数据。

表 5-14 2015 年度山西省主要城市地下水水质状况统计表

城市（地区）名称	与上一年度相比地下水水质变化趋势		
	水质好转及主要变化指标	主要超标因子	水质恶化及主要恶化指标
太原市	—	—	—
晋城市	—	—	—
朔州市	—	—	—
忻州市	—	—	—
大同市	—	—	—
晋中市	—	—	—
长治市	—	—	—
吕梁市	—	—	—
阳泉市	—	总大肠菌群、硫酸盐、总硬度	—
临汾市	—	—	—
运城市（2013）	—	—	—

5.2.4 环境空气

（1）环境空气质量现状

山西省对 11 个市区进行了 SO_2、NO_2、PM_{10}、$PM_{2.5}$、CO 和 O_3 6 项污染物的常规监测，日均浓度达（超）标天数时间、空间变化的分析针对全部 6 项污染物，因为 CO 和 O_3 没有年均浓度标准限值，所以年均浓度达（超）标情况主要针对 SO_2、NO_2、PM_{10}、$PM_{2.5}$ 4 项污染物。

平均来看，11 个市区 2015 年 SO_2、NO_2、PM_{10} 和 $PM_{2.5}$ 的年均浓度分别为 61 μg/m^3、34 μg/m^3、98 μg/m^3 和 56 μg/m^3，SO_2、PM_{10}、$PM_{2.5}$ 年均浓度均超标，超标倍数分别为 0.02 倍、0.40 倍、0.60 倍（见图 5-27）。

（2）环境空气质量演变回顾

平均来看，11 个市近年来总体上环境空气质量逐步好转。2005 年以前，山西省各项主要大气污染物平均浓度全部超标，随着山西省加大大气污染治理力度，2005—2012 年，SO_2、NO_2 和 PM_{10} 年平均浓度分别下降 72.7%、42.1%和 44.1%。

进入 2013 年，城市大气中 SO_2、NO_2、PM_{10} 三项主要污染物年平均浓度较 2012 年有所上升。分析其可能的原因，一是大气环流异常造成极端静稳天气多发，易造成污染物在近地面层积聚；二是当前环境监测数据的有效性要求有所提高，现有的监测设备进行了升级改造，部分监测点布局进行了调整。

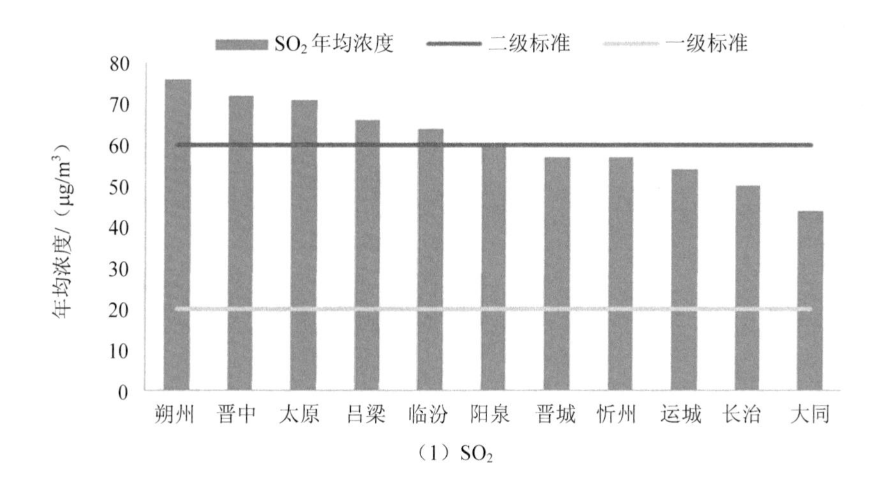

（1）SO_2

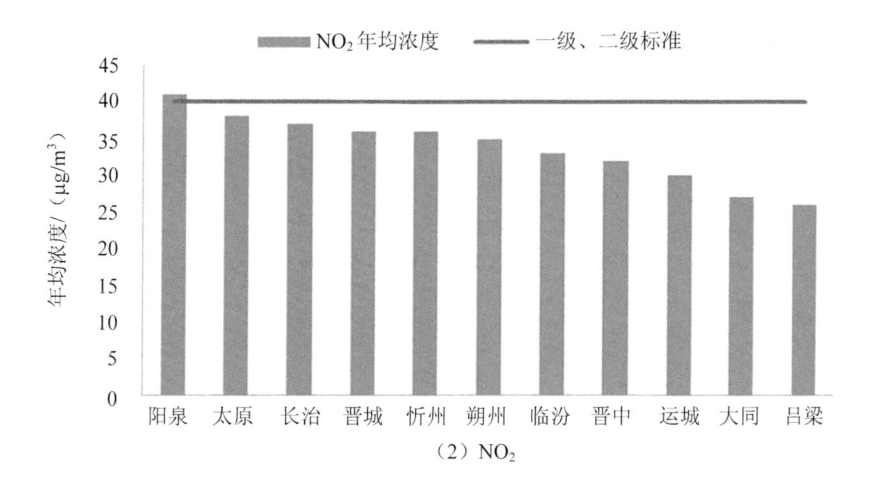

（2）NO_2

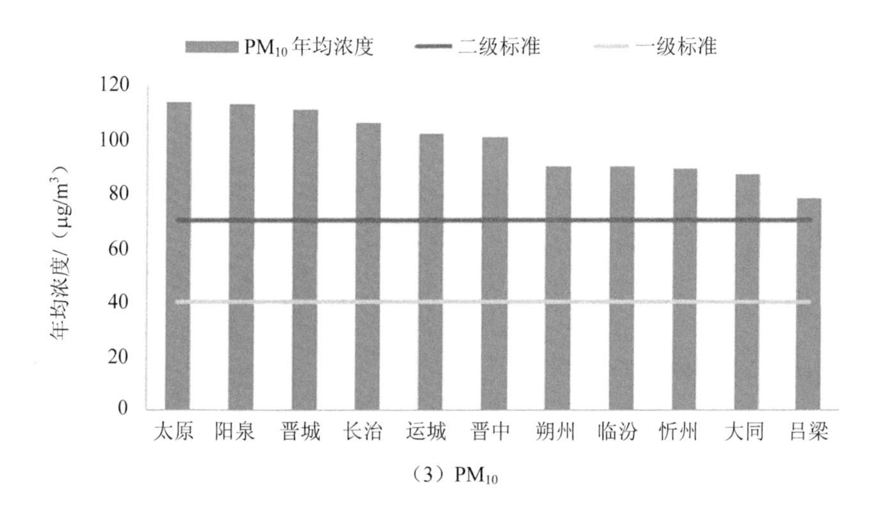

（3）PM_{10}

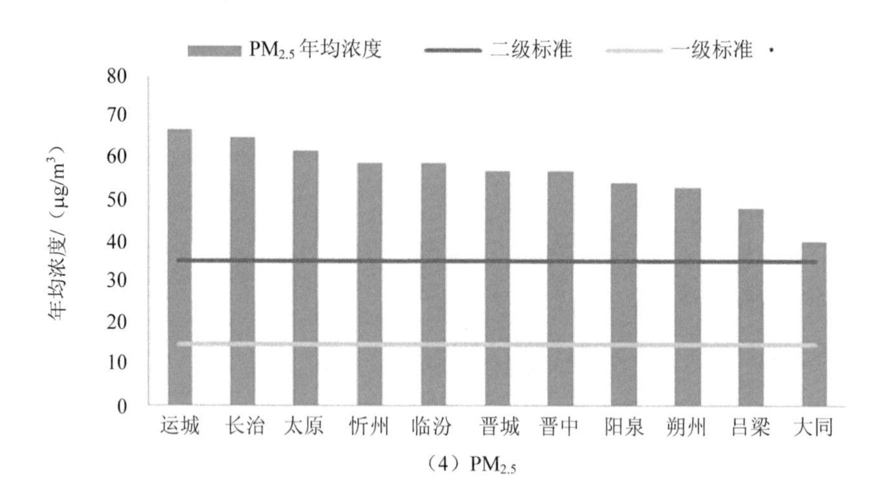

（4）$PM_{2.5}$

图 5-27 2015 年山西省 11 个市区主要污染物年均浓度及达标情况

2015 年与 2013 年相比，城市大气中 PM_{10} 年平均浓度降低 17%，$PM_{2.5}$ 年平均浓度降低 27%，SO_2 年平均浓度降低 6%，NO_2 年平均浓度升高 3%（见图 5-28）。

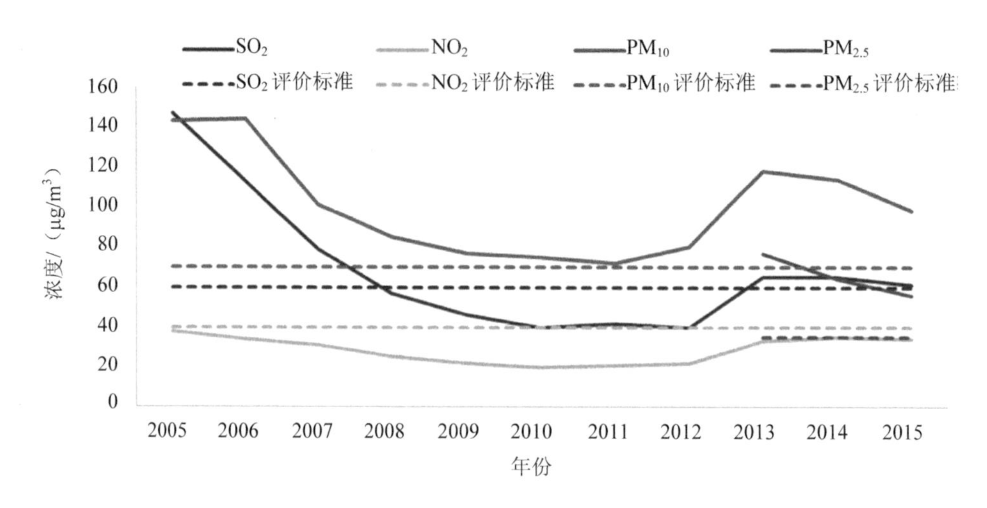

图 5-28 2005—2015 年山西省城市大气主要污染物浓度变化

5.2.5 固体废物

（1）固体废物产生情况

根据《环境统计数据》，2015 年，山西省矿产相关行业工业固体废物产生量为 18 981.94 万 t，其都来自煤炭采选业、铁矿采选业、铜矿采选业、铝矿采选业、镁矿采选业、金矿采选业、耐火黏土矿开采业、其他非金属矿采选业等。

2015 年，山西省矿产相关行业一般工业固体废物产生情况具体见表 5-15。

表 5-15 一般工业固体废物产生情况

行业类别名称	煤炭采选	铁矿采选	铜矿采选	铝矿采选
产生量/万 t	14 004.12	3 816.81	842.63	214.68
占总量比例/%	73.78	20.11	4.44	1.13
行业类别名称	镁矿采选	金矿采选	耐火黏土矿开采	其他非金属矿采选
产生量/万 t	18.26	50.38	0.03	35.04
占总量比例/%	0.10	0.27	0.000 2	0.18

由表 5-15 可知，2015 年山西省矿产相关行业一般工业固体废物主要来自煤炭采选业产生的矸石，其占到了总量的 73.78%；其次是铁矿采选业产生的废石和尾矿，其占到了总量的 20.11%；铜矿采选业、铝矿采选业产生的一般工业固体废物分别占总量的 4.44%、1.13%，排名第三、第四。这 4 个行业产生的一般固体废物占总量的 99.46%，为主要的固体废物处置对象。

（2）固体废物处置现状

2015 年，山西省矿产相关行业一般固体废物处置现状见表 5-16。

表 5-16 一般固体废物处置现状

行业类别名称	产生量/万 t	综合利用量/万 t	处置量/万 t	贮存量/万 t	丢弃量/万 t	综合利用率/%
煤炭采选	14 004.12	6 620.19	7 288.40	95.53	0	47.27
铁矿采选	3 816.81	2 096.24	1 074.58	645.99	0	54.92
铜矿采选	842.63	44.99	15.18	782.46	0	5.34
铝矿采选	214.68	210.28	0.00	4.40	0	97.95
镁矿采选	18.26	10.26	8.00	0.00	0	56.19
金矿采选	50.38	28.60	21.78	0.0015	0	56.77
耐火土石开采	0.03	0.03	0.00	0.00	0	100.00
其他非金属矿采选	35.04	11.89	1.16	21.99	0	33.93
合计	18 981.95	9 022.48	8 409.10	1 550.38	0	47.53

由表 5-16 可知，固体废物综合利用还未引起人们足够的重视，总的综合利用率仅为 47.53%。以煤矸石为例，上轮规划期间，由于市场因素的影响，煤矸石生产建材的市场容量有限，“十二五”期间规划的煤矸石发电项目也因为我国用电需求萎缩而迟迟无法投运，2015 年山西省煤炭采选业的煤矸石综合利用率约为 47.27%。

（3）固体废物对环境的危害

固体废物如果处理不当，其中的有毒有害物质会通过环境介质大气、土壤、地表等进入生态系统，破坏生态环境，导致不可逆的生态变化。其危害主要包括以下几个方面：

①对土壤的污染。

固体废物的堆存不仅会破坏地表植被、改变土地利用类型、引起水土流失，更为严重的是固体废物及其渗滤液中所含的有害物质还会改变土壤的性质和结构，对微生物的活动产生影响，通过食物链影响人体健康。

山西省是一个山地丘陵多、平原少的省份，土地资源十分紧缺，而山西省目前 18 个矿区共有煤矸石山 1 500 多座，煤矸石堆存量超过 10 亿 t，煤矸石占地加剧了人地矛盾；而且煤矸石山的堆放直接改变了原有的土地结构和功能，毁坏了原有的植物生态系统；同时煤矸石堆放时产生的粉尘、自燃时产生的有毒气体和有害的重金属对植物的生存也有较大影响，使植物生长缓慢、叶色变黄、生物量降低、草地植被种类减少、病虫害增多等，对矿区的生态系统和植被景观造成破坏。

②对水体的污染。

固体废物对水体的污染有两种途径：一是向地表水体中直接倾倒废物，导致水体的直接污染；二是在堆放过程中，产生的渗滤液流入江河、湖泊或渗入地下而导致水体受到污染。

③对大气的污染。

露天堆放或者填埋处理后的废物会释放有害气体、毒气或者恶臭，造成区域性空气污染，而废物在运输及处理过程中也释放出有害气体和粉尘，污染大气。

5.2.6 地质环境

山西省矿产资源丰富，矿业开发程度较高，由此引发的矿山地质环境问题类型多、危害严重。主要矿山地质环境问题包括以采空塌陷及露天开采引发的地面塌陷、地裂缝、滑坡、崩塌、泥石流及地形地貌景观破坏等为主的矿山地面变形问题；以矿山废水、废渣、废气等排放为主的矿山“三废”问题；以矿山水土流失、矿山土地沙化为主的矿山土壤退化问题；以采空塌陷破坏含水层及矿井排（突）水引发的矿山地下水均衡破坏问题。

（1）矿山地面变形问题

①开采地面塌陷。

开采地面塌陷在山西省各个矿区均有分布，开采地面塌陷的形状、规模因其所处地形、地貌条件以及采矿方式的不同而不同。如长治矿区开采地面塌陷以大规模波浪式的槽形下沉盆地为主，面积较大，深度较小；阳泉矿区的开采地面塌陷则以单个或群发的坑洞为主，面积较小，深度一般较大。由于地面塌陷的形成时间较短，因而将其归为突发型矿山环境地质问题类。

②开采地裂缝。

开采地裂缝在山西省各个矿区均有分布且以采煤诱发的地裂缝为主。开采地裂缝基本可分为两类，一类为在沉陷盆地的外边缘区产生的拉张裂缝，一般呈线型分布在采空区的边界，大致与工作面相互平行，这种煤矿开采引起的地裂缝规模通常比较大，地面延伸长，影响范围大；另一类由中小煤矿开采引起的地裂缝规模较小，在地表常出现串珠状小陷坑，从地面上看裂缝并没有完全贯通。

③滑坡。

采矿诱发的滑坡以中小型滑坡为主，但是数量较少。滑坡成因主要有两种，一种是由于地下矿层采空沉陷形成地面裂缝、切割山体斜坡，使山体稳定性降低，加之暴雨、水流等其他因素的作用而形成滑坡；另一种是露天采矿排土场排放高度超过基底承载力而诱发滑坡，这类滑坡一般发生在大型露天采矿区的排土场，由于矿坑排弃物推进速度较快，平盘坡角往往达不到设计要求，当排放高度过高时，即产生滑坡。

④崩塌。

山西省调查到的崩塌均为小型崩塌且数量较少。崩塌一般是由矿山开采造成边坡失稳而形成的。

⑤泥石流。

泥石流是矿山环境地质问题的一种类型，矿山开采过程中的尾矿、煤矸石、生活垃圾、粉煤灰、露采排弃物等为泥石流的发生提供了物源条件。山西省的采矿区大多分布于具有汇流条件的山区，一旦遇到暴雨，采矿废弃物就会成为物源而形成泥石流。山西省矿区较为典型的泥石流有平朔安太堡露天矿排土场坡面泥石流和太原西山“96·8·4”特大泥石流。

⑥采场。

采场包括煤矿采矿场、铁矿采矿场和采石场等且以采石场为主。大量的采场占用和破坏了土地、地形地貌景观，污染了环境，有的采场形成高陡边坡和滑坡，存在崩塌隐患。

（2）矿山“三废”

矿山“三废”主要包括矿业开发产生及排放的固相废物、液相废物及气相废物。

①固相废物。

固体废物主要包括煤矸石、铁矿废渣及洗煤废渣等，其中煤矸石堆放占固体废物的85%以上，是固体废物的主要种类，且其对环境危害最大。固体废物在堆放的过程中，废物所含有的大量有害元素对堆放区土壤、地下水、地表水的污染效应会产生较大影响。

②液相废物。

液相废物以矿山废水为主。山西省主要废水类型包括矿坑水和选矿废水的外排水。

③气相废物。

气相废物主要指煤层、煤矸石、富含黄铁矿成分的铁矿废石自燃产生的废气、采场或排土场的风化扬尘、井下粉尘等，其主要污染成分为烟尘、SO_2等。山西省废气污染源主要为煤矸石自燃。

（3）矿山土壤退化问题

由于地理条件及气候因素等原因，山西省存在水土流失严重、森林面积小、覆盖率低、耕地质量差等情况。而矿山开采一方面会占用大量土地，另一方面矿业开发会引发采空塌陷等问题，这会进一步加剧水土流失、恶化耕地质量、破坏原有林地、减少森林覆盖面积。

（4）矿山地下水均衡破坏问题

矿山地下水均衡破坏主要有三种形式：一是矿层开采后，顶板的冒落使采空区上覆含水层直接遭到破坏，原来储存于该含水层中的水在短时间内排空，从而破坏了地下水均衡，这种破坏是一次性的。二是采空塌陷使覆岩产生了大量垂向张裂缝，有的裂缝直通地表，在地面形成地裂、地陷。这些井、巷道、采空区及张裂缝成为采空区以上各类含水层中地下水快速渗漏的通道，致使采空区以上各类含水层中地下水流入矿坑，随着矿坑水的疏干排放，造成采空区以上各类地下水含水层地下水位下降或被疏干。三是如果开采矿层下面及附近的岩溶水水位高于采空区标高，并有断裂破碎带、陷落柱及钻孔穿过采空区与下面的岩溶水相联通时，则可能出现下伏岩溶水的底板突水和侧向突水现象，这样不但疏干了煤系地层中的地下水，也使下伏奥陶系岩溶水遭到一定程度的破坏。

地下水均衡的破坏和地下水位的下降，不仅会造成水利设施大量报废，使地表植被死亡、粮食减产甚至绝收，还会引起泉水流量减少或断流，造成村庄、人口、牲畜饮水严重困难。

（5）地质灾害易发程度

根据地质环境条件和人类工程活动特征，山西省地质灾害易发程度可分为地质灾害高易发区、中易发区和低易发区 3 个大区。其中，地质灾害高易发区包括 7 个亚区、26 个小区，面积为 65 692.92 km^2，占全省总面积的 42.0%；地质灾害中易发区包括 2 个亚区、17 个小区，面积为 73 245.11 km^2，占全省总面积的 46.9%；地质灾害低易发区包括 2 个亚区、8 个小区，面积为 17 355.89 km^2，占全省总面积的 11.1%（见图 5-29）。

山西省内地质灾害高易发区主要分布于晋西黄土高原吕梁山西至黄河岸边之间的黄土丘陵区、大同煤田、宁武煤田、西山煤田、霍西煤田、沁水煤田等煤矿区及中条山铜矿区、五台山铁矿区，区内地质灾害类型主要为崩塌、滑坡、泥石流、地面塌陷等；地质灾害低易发区主要分布于大同盆地、忻定盆地、太原盆地、临汾盆地、运城盆地等盆地区，地质灾害类型主要为地面沉降、地裂缝及少量的泥石流等；地质灾害中易发区主要分布在介于高、低易发区之间的吕梁山、太岳山、中条山、太行山、恒山、五台山、晋北黄土高原等人口密度较小的山区及黄土丘陵区，地质灾害类型主要为崩塌、滑坡、泥石流、地面塌陷等。

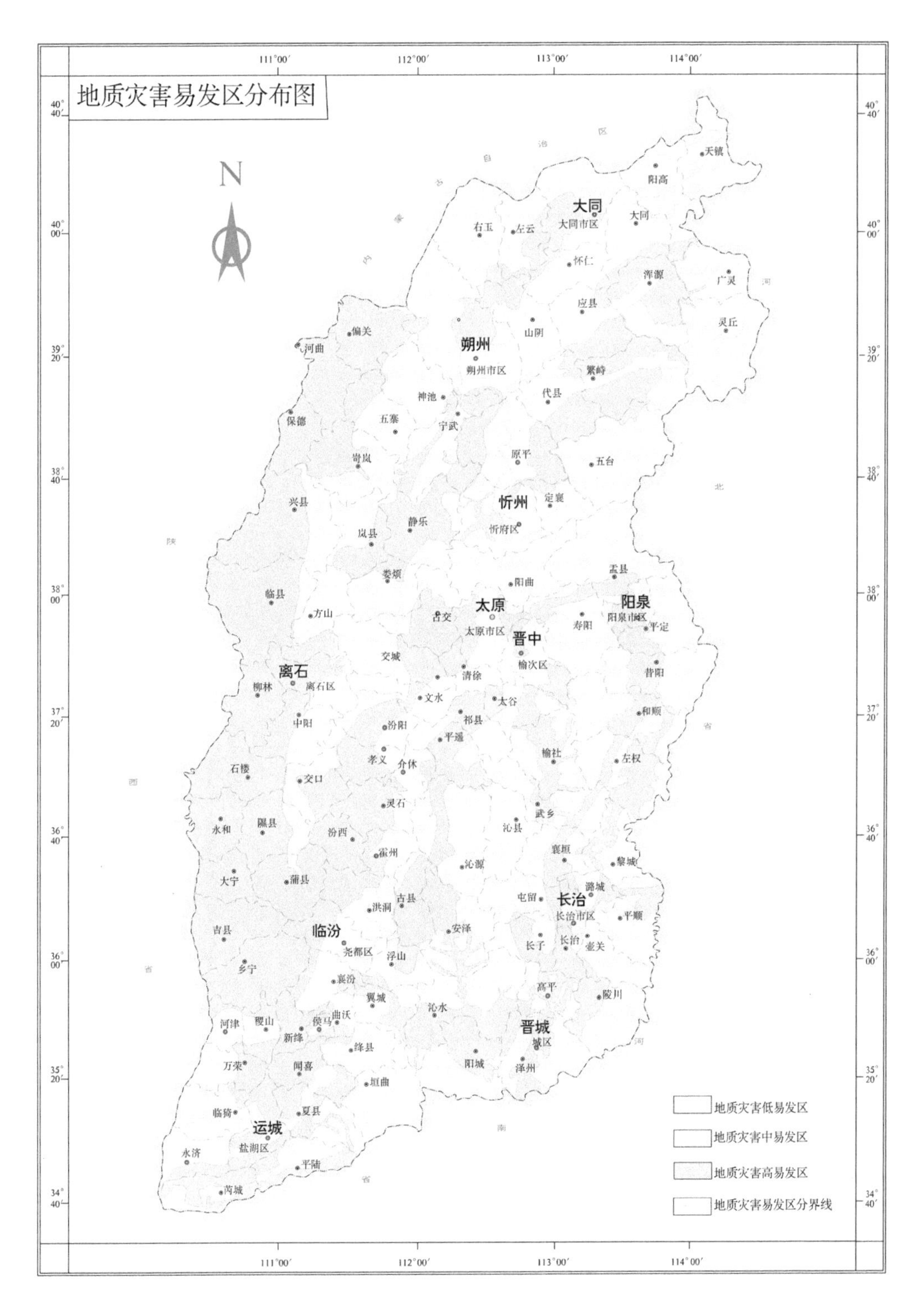

图 5-29　山西省地质灾害易发区分级图

第6章

环境影响预测分析评价

6.1 《规划》生态影响分析

6.1.1 《规划》实施对生态要素的影响

（1）对土地利用的影响

《规划》对土地利用的影响有：一是厂址、进场道路等直接占地，使原来的土地利用变为工矿用地或交通用地；二是土地剥离使原有土地利用类型发生根本性改变；三是矿渣、尾矿占地；四是塌陷导致土地利用改变。

表 6-1 规划实施前后生态评价区内土地利用类型面积统计

序号	类型		现状开采区		规划开采区	
			面积/km^2	占评价区总面积的比例/%	面积/km^2	占评价区总面积的比例/%
1	未利用地	沙地	3.01	0.02	0	0
2	城镇工矿用地	工矿用地	279.63	2.17	9.95	0.51
3		交通用地	14.03	0.11	7.96	0.41
4		居民点	545.22	4.22	54.71	2.83
5	草地	草地	4 608.34	35.70	612.79	31.67
6	林地	有林地	1 211.72	9.39	249.69	12.90
7		灌木林地	1 685.78	13.06	357.13	18.46
8		疏林地	44.10	0.34	27.85	1.44
9	农用地	旱田	4 459.00	34.55	612.79	31.67
10	水域	水库	56.13	0.43	1.99	0.10
合计			12 906.96		1 934.86	

通过表 6-1 分析可知，《规划》新增开采区所占土地包括工矿用地、交通用地、草地、有林地、灌木林地、疏林地、旱田、水库等类型，因为与现状所占土地利用类型一致，所以没有导致其他土地利用类型被占用。《规划》开采区中，农用地、草地、林地所占比重最大；林地中绝大部分为灌木林地和有林地，两者各占一半。

①露天开采造成的土地剥离。

根据 GIS 统计得到各个类型矿种规划开采区面积分别为煤 1 417.42 km^2、铝土矿 377.17 km^2、铁矿 121.97 km^2、水泥用石灰岩 10.95 km^2、化肥用白云岩 6.14 km^2、金矿 4.32 km^2、铜矿 2.73 km^2。根据山西省矿产资源分布和埋藏情况，铝土、石灰岩、白云岩适宜露天开采；煤既有露天开采也有地下开采；铁矿、金矿、铜矿以地下开采为主。由计算可得，煤、铝土、石灰岩、白云岩等露天开采将会对局部区域农用地、草地、林地等土地利用产生较大影响，但《规划》开采区占山西省面积不到 1%，对全省的影响较小。

②厂址、进场道路等直接占地。

《煤炭工业工程项目建设用地指标》规定，建设规模 120 万 t/a 矿井围墙内用地面积不带选煤厂的为 11.5 hm^2，万吨原煤用地指标为 0.006 hm^2；带选煤厂的为 15.5 hm^2，万吨原煤用地指标为 0.129 hm^2。《煤炭工业设计规范》规定，大型井不带选煤厂的万吨原煤用地指标为 0.08～0.11 hm^2，带选煤厂的另加 30%～40%，取万吨原煤用地指标 0.006～0.15 hm^2 作为计算标准。

新建矿山要严格执行矿山开采最低规模要求，煤炭不得低于 120 万 t/a、铝土矿重点矿区 10 万 t/a、铁矿 5 万 t/a、金矿 3 万 t/a、水泥用灰岩 30 万 t/a、冶镁白云岩 10 万 t/a。《规划》提出的控制开采总量为煤炭 10 亿 t/a、煤层气 200 亿 m^3/a、铝土矿 4 200 万 t/a、铁矿 5 000 万 t/a、铜矿 600（矿石）万 t/a、金矿 600 万 t/a、水泥用灰岩 2 500 万 t/a、冶镁白云岩 375 万 t/a。根据用地标准计算，《规划》所产生所占用地为 2～50 km^2。

③尾矿、废石等直接占地。

最新统计数据显示，我国尾矿和废石累积堆存量已接近 600 亿 t，其中废石堆存约 438 亿 t，75%为煤矸石和铁铜开采产生的废石；尾矿堆存约 146 亿 t，83%为铁矿、铜矿、金矿开采形成的尾矿。我国铁矿石资源品位低，选矿比高，铁矿石年产量大约有 15 亿 t，而尾矿量高达 10 亿 t 以上。山西省目前 18 个矿区共有煤矸石山 1 500 多座，煤矸石堆存量超过 15 亿 t，占地约 2 万 hm^2。

目前全国金属矿山尾矿利用率远远低于粉煤灰和煤矸石等的水平。《规划》提出煤矸石综合利用率应达到 75%以上、尾矿综合利用率不低于 20%。鉴于山西省矿产资源开采量较大，其尾矿废石等占地面积将会进一步增加，对区域土地利用产生一定影响。

④地表沉陷对土地利用的影响。

采煤沉陷区遍布山西省 11 个地市，特别是在大同、阳泉等煤炭资源比较丰富的地区，采煤塌陷更为严重。山西省因采煤造成的采空区面积近 5 000 km^2（约占全省国土面积的 3%），其中沉陷区面积约 3 000 km^2（占采空区面积 60%）。据 2014 年山西省国土资源厅核查数据显示，山西全省存在地质灾害（隐患）点共有 11 425 处，此外，还有 1 082 km^2 的耕地、426 km^2 的林地受到不同程度的间接影响。

国际环保组织自然资源保护协会（NRDC）在 2014 年 11 月发布的《2012 煤炭真实成本报告》中指出，目前中国每采 1 万 t 煤炭带来的地表沉陷多达 2 666.67 m^2，规划煤炭开采控制量为 10 亿 t/a，据此估算仅煤炭开采每年可造成达 2.7 km^2 的地表沉陷。依据山西省的现实情况，《规划》地下开采区将极有可能变为采空区并进而演化为沉陷区，这将影响地表的农、林、工、住等土地利用类型。

虽然《规划》新增开采面积较大，但是与全省面积相比还是相对较小，评价区土地利用类型变化比重也相对较小，其不会改变区域土地利用的结构形式，《规划》将不会对宏观景观结构产生大的影响，总体上对地表土地利用影响相对较小。但《规划》将对局部景观和土地利用产生较大影响，煤、铝土、石灰岩、白云岩等露天开采将对局部区域农用地、草地、林地等土地利用产生较大影响；道路、厂房建设以及尾矿、废石用地将进一步扩大，地下开采引起的采空区和沉陷区也将进一步增加，这会对矿区局部土地利用产生较大影响。因此规划开采矿区在实施相应规划环评以及规划过程中，要做好与林业、农业、交通等部门的对接，对可能涉及的敏感目标进行避让保护或者进行局部限采，必要时禁采或者停止投放或延续采矿权。

（2）对植被的影响

矿山开采尤其是露天开采以及道路等基础设施建设和尾矿堆放场必然会破坏矿山周围的地貌景观和植被，造成水土流失、滑坡、泥石流等生态环境问题，同时采矿产生的废水、废渣等水、气、土污染物会对植物生长产生影响。通过对规划占用地的情况来看，《规划》涉及区域大多为草地、农田及林地等植被覆盖度相对较高的区域，而《规划》区内的工矿用地覆盖度显著低于林地、草地、农田等，如果处置不好将会有较大影响。煤、铝土、石灰岩、白云岩等露天开采将对局部区域农用地、草地、林地等土地利用产生较大影响，但规划开采区占山西省面积不到1%，故对全省植被的影响较小（见表6-2、图6-1、图6-2）。

表6-2 规划后各生态系统的平均覆盖度比较分析

生态系统	现状开采区			开采规划区		
	面积/km^2	占评价区/%	覆盖度/%	面积/km^2	占评价区/%	覆盖度/%
沙地	3.01	0.02	8.86	0	0.00	0.00
工矿用地	279.63	2.17	25.45	9.95	0.51	8.87
交通用地	14.03	0.11	20.61	7.96	0.41	8.28
居民点	545.22	4.22	37.10	54.71	2.83	16.68
草地	4 608.34	35.70	45.56	612.79	31.67	39.98
有林地	1 211.72	9.39	69.43	249.69	12.90	65.71
灌木林地	1 685.78	13.06	50.45	357.13	18.46	37.89
疏林地	44.10	0.34	10.85	27.85	1.44	14.90
旱田	4 459.00	34.55	38.94	612.79	31.67	26.29
水库/沼泽	56.13	0.43	27.46	1.99	0.10	47.57

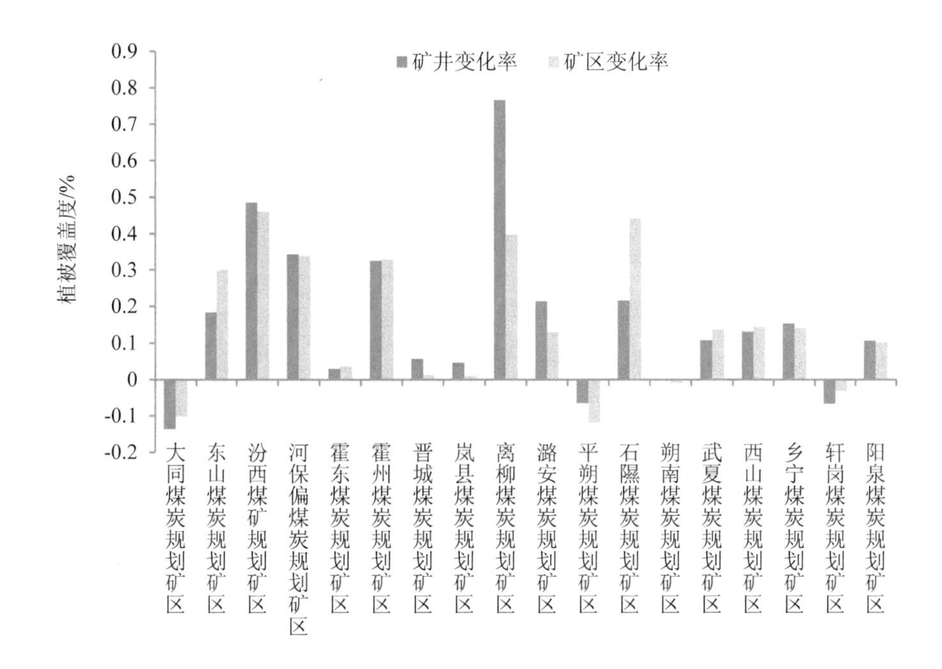

图6-1 2010—2015年煤炭重点开采区植被覆盖度变化

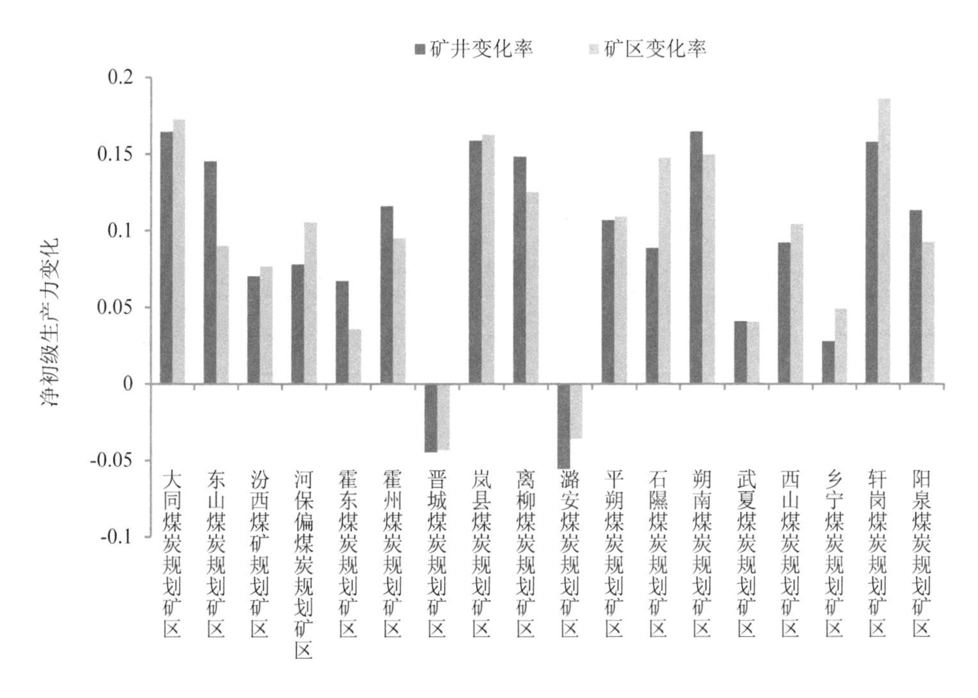

图6-2 2010—2015年煤炭重点开采区植被净初级生产力变化

通过对山西省煤炭资源开采规划区植被覆盖度及净初级生产力变化对比可以看出，

2010—2015年，重点矿区和开采规划区植被净初级生产力、植被覆盖度整体显著提高，说明煤炭开采对区域植被破坏影响有限，通过闭矿后进行矿山生态环境恢复治理可以有效减轻矿区植被破坏的影响。

通过现状矿区和规划矿区也可以看出，现状矿区植被覆盖度要高于开采规划区，表明现状开采区植被保护与修复提升了植被覆盖度。《规划》提出了矿山植被保护和修复的措施和要求，因此对植被的影响相对较小。

另外，为尽可能降低评价区内植被的破坏，《规划》禁止在林地内进行矿产资源开采，这在很大程度上对植被保护起到积极作用。在具体选址和施工过程中，要尽可能选择植被稀疏处，严格限制临时占地的面积；要加大矿山的植被修复，强化矿山复绿和土地复垦；要对废弃矿坑进行回填等措施，防止塌陷等地质灾害引起的植被破坏。

（3）对动植物生物多样性的影响

规划区涉及国家级保护的野生动植物，《规划》虽然将自然保护区、重要湿地、国家级水产种质资源保护区等野生动植物栖息地划为禁止开发区，但除此区域外，其也涉及国家级生物多样性保护优先区、其他生物多样性丰富地区。矿产资源的开发应对具有重要价值的植物分布地、动物栖息地进行避让，如果无法避让也应进行最小化干扰或者进行迁地保护（见表6-3）。总体上看，规划区涉及的区县生物多样性丰富程度以高、中为主，生物多样性干扰风险较大；其中，勘查规划区和重点勘察开发区生物多样性高、中区域范围较大；开采规划区以生物多样性低、一般区域为主，具有一定可控性。《规划》在实施过程中，应严格落实生物多样性的保护措施，才能避免对动植物物种及其栖息地的影响。

表6-3 生物多样性统计

规划类型	矿区类型	生物多样性分级	覆盖矿区数量/个	覆盖矿区面积/km^2
勘查规划区	煤炭	低	46	1 831.04
		一般	64	2 156.72
		中	92	3 362.52
		高	94	2 886.10
	铁矿	低	14	202.42
		一般	40	417.87
		中	43	804.35
		高	14	903.09
	铝土矿	低	22	152.69
		一般	64	895.95
		中	61	899.73
		高	48	722.31

规划类型	矿区类型	生物多样性分级	覆盖矿区数量/个	覆盖矿区面积/km^2
勘查规划区	铜金矿	低	18	116.10
		一般	31	763.93
		中	37	443.10
		高	74	1 085.12
	非金属矿	低	2	18.04
		一般	5	42.80
		中	6	75.27
		高	3	53.54
重点勘查开发区	煤炭	低	9	7 678.8
		一般	17	14 558.82
		中	15	17 173.4
		高	11	13 267.52
	铁矿	低	3	682.64
		一般	5	2 086.36
		中	6	4 339.94
		高	5	4 951.14
	铝土矿	低	5	1 483.71
		一般	10	5 089.55
		中	10	4 666.8
		高	8	2 079.88
	铜金矿	低	1	135.55
		一般	3	2 485.23
		中	4	2 154.22
		高	4	6 152.1
	石墨	低	1	32.11
		一般	1	116.70
开采规划区	煤炭	低	13	407.09
		一般	17	446.32
		中	6	163.96
		高	8	397.74
	铁矿	低	2	0.80
		一般	9	12.28
		中	8	86.32
		高	11	18.65
	铝土矿	低	3	19.66
		一般	17	160.51
		中	9	41.16
		高	8	126.62
	金矿	低	2	0.57
		一般	1	0.23

规划类型	矿区类型	生物多样性分级	覆盖矿区数量/个	覆盖矿区面积/km^2
开采规划区	金矿	中	2	2.1
		高	0	0
	铜	低	0	0
		一般	0	0
		中	0	0
		高	1	2.73
	非金属	低	1	5.42
		一般	1	5.53
		中	0	0
		高	1	6.13

（4）对地形地貌的影响

山西省处于黄土高原地区，地形变化强烈，因采矿引发的地质灾害遍布全省各地，如山区丘陵地区的滑坡、崩塌等地质灾害。各种地质灾害主要分布在山西省长治、大同、阳泉、晋城、霍州、临汾等城市的矿山开采区周边。

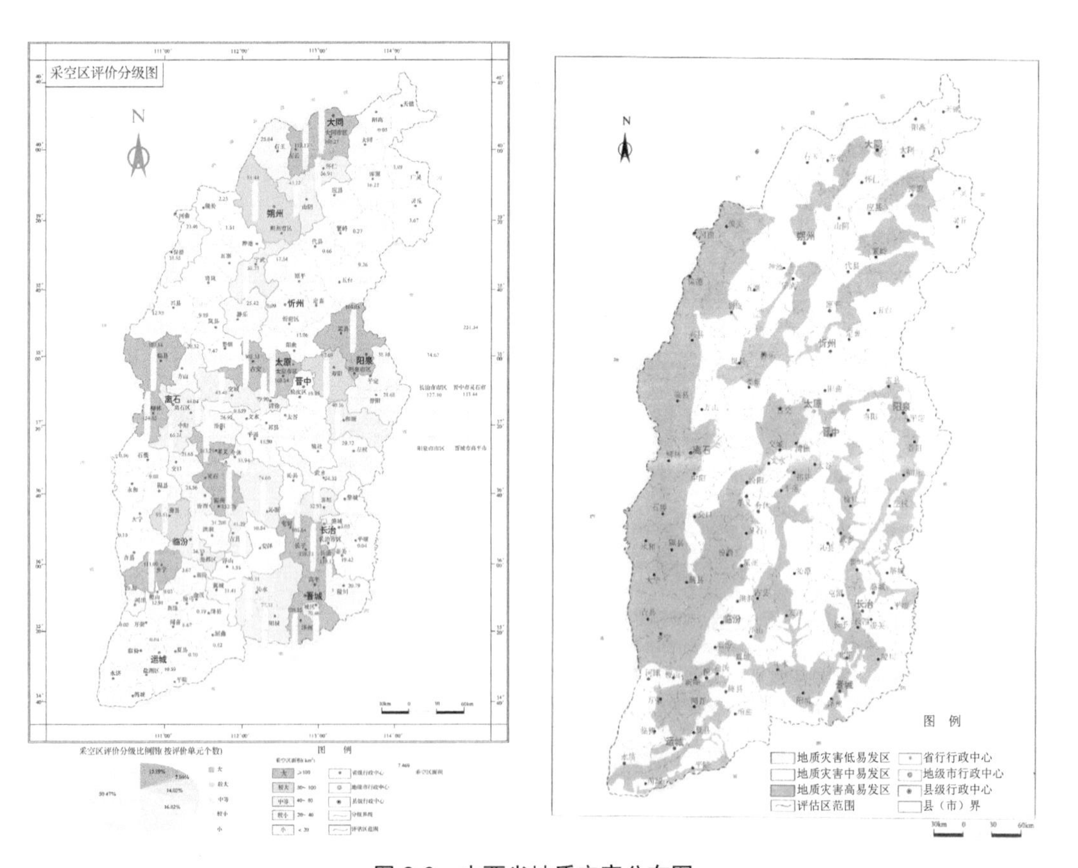

图 6-3　山西省地质灾害分布图

从图 6-3 可以看出，矿山资源规划区块距离部分已发生塌陷和滑坡灾害点的距离相对较近，许多规划开采矿区分布在地质灾害高易发区内。其中大同地面塌陷区和大同地裂缝区与规划区块相邻，而轩岗煤矿塌陷区、壶关地面塌陷区、襄源地面塌陷区、中条山塌陷区、中条山滑坡区、灵石滑坡区、霍州滑坡区以及长治滑坡区距离规划区块均在 5 km 范围内。因矿山开采诱发的地面塌陷和滑坡的可能性极大，要注意煤矿开采过程中的坡脚挖掘和爆破震动诱发塌陷和滑坡灾害。另外，山西省地形切割强烈，新地质构造运动也很强烈，山西省中部的一系列盆地是著名的地震带，由于大面积矿山开采和超采地下水等原因，太原、朔州、大同等城市已出现大范围的地面沉降。今后山西省的地质灾害仍将是以人为因素诱发的地质灾害为主，特别是因采矿诱发的地质灾害，随着矿山开采强度的增大，大量采空区的存在，地质灾害仍将呈蔓延的趋势。以后矿山开采应避免地下开采对应力场的改变而引发滑坡和沉陷，开采过程中应避免疏干排水、采空对应力场改变而引发地震。

6.1.2　《规划》实施对生态系统功能的影响

（1）生产力影响

由于规划新增的开采区与现状开采区具有较高的区域一致性，根据评价区域内规划前后各植被类型面积的变化分析，与典型的生态系统相对应，估算比较评价区域内前后生态系统的平均净初级生产力的变化情况，见表 6-4。从表 6-4 可以看出，由于人类活动影响现状开采区生产力明显低于规划开采区，矿产资源开发降低了整个生态系统平均净生产力，规划后生态系统的平均净生产力低于 19 g/（m^2·a）。在不考虑植被破坏和耕地占用的情况下，人类活动约能影响规划区域 9%的生产力，整体上矿产资源开发对区域生产力的影响较小，但在矿井局部范围内影响相对较大，若矿山企业严格实施矿山生态恢复治理，可以有效降低矿产资源开采对植被破坏带来的影响。

表 6-4　规划后各生态系统的平均净生产力比较分析

生态系统	现状开采区				规划开采区			
	面积/km^2	占评价区/%	平均净生产力/[g/（m^2·a）]	贡献率/%	面积/km^2	占评价区/%	平均净生产力/g/[（m^2·a）]	贡献率/%
沙地	3.01	0.02	0	0.00	0	0.00	0	0.00
工矿用地	279.63	2.17	140	0.28	9.95	0.51	113.906 1	1.27
交通用地	14.03	0.11	129.08	0.16	7.96	0.41	214.38	0.16
草地	545.22	4.22	120.53	1.50	54.71	2.83	186.16	3.37
居民地	4 608.34	35.70	265.29	29.28	612.79	31.67	234.804 8	35.78
有林地	1 211.72	9.39	263.75	14.69	249.69	12.90	256.432 2	10.52

生态系统	现状开采区				规划开采区			
	面积/km^2	占评价区/%	平均净生产力/[g/（m^2·a）]	贡献率/%	面积/km^2	占评价区/%	平均净生产力/g/[（m^2·a）]	贡献率/%
灌木林地	1 685.78	13.06	212.85	18.49	357.13	18.46	239.358 1	13.59
疏林地	44.10	0.34	137.43	1.05	27.85	1.44	116.647 4	0.20
旱田	4 459.00	34.55	232.62	34.48	612.79	31.67	218.198 9	34.77
水库	56.13	0.43	279.9	0.06	1.99	0.10	227.3	0.31
平均净生产力	179.30				198.43			

（2）生态承载力

根据土地利用变化情况和生态足迹理论，计算分析生态承载力变化。人均生物承载力的计算公式如下：

$$C_j=A_j \times R_j \times Y_j \qquad (j=1，2，3，\cdots，n)$$

式中，C_j —— 第 j 种土地的人均生物承载力；

A_j —— 第 j 种土地的面积；

R_j —— 第 j 种土地的均衡因子；

Y_j —— 第 j 种土地产量因子（不同国家或地区生产力水平不同，因此引入一个当地产出因子，它是某一地区单位面积土地生产能力与全球平均水平的比值）。

具体参数参考刘某承等《基于净初级生产力的中国生态足迹产量因子测算》《基于净初级生产力的中国各地生态足迹均衡因子测算》，山西省农地、林地、畜牧地、渔场产量因子分别为 0.48、0.56、1.4、1.4，均衡因子农地、林地、畜牧地、渔业水域、建筑用地分别为 1.74、1.41、0.44、1.74、1.41（见表 6-5），其余参数参考 WWF《全球生命力报告》。

表 6-5 规划区生态承载力表

土地类型	面积/hm^2	人均生物生产面积/（hm^2/人）	均衡因子	产量因子	生态承载力/（hm^2/人）
沙地	1.46	0.137	1	0	0.000
工矿用地	87.89	0.018	1.41	1	0.025
交通用地	4.77	0.018	1.41	1	0.025
草地	1 971.44	0.023	0.44	1.4	0.014
有林地	713.04	0.1	1.41	0.56	0.079
灌木林地	825.37	0.1	1.41	0.56	0.079
疏林地	55.01	0.1	1.41	0.56	0.079
旱田	2 222.35	0.131	1.74	0.48	0.109
水库	0.87	0.01	1.74	1.4	0.024
合计					0.436

根据《地球生命力报告2015》，2010年中国人均需要2.2全球公顷生产性土地，来满足环境商品与服务需求，2010年中国可用人均生态承载力1.0。山西省的人均生态承载力低于全国平均水平且生态赤字在全国较大。规划开采区的生态承载力与山西省基本一致，未来随着农田、草地、林地等生态承载力较大土地的占用和破坏，生态承载力会有一定程度的下降。但由于山西省自然生态承载力相对较低，在矿产资源开采过程中应加强植被保护、修复以及人工植被建设，可有效降低对生态承载力的影响。

（3）生态功能及其价值

①生态功能损失。

采用谢高地等（2015）年构建的单位面积生态系统服务价值当量，根据《规划》实施前后土地利用变化进行估算分析（见表6-6）。

表6-6 单位面积生态系统服务价值当量因子

生态系统分类		供给服务			调节服务				支持服务			文化服务
一级分类	二级分类	食物生产	原料生产	水资源供给	气体调节	气候调节	净化环境	水文调节	土壤保持	维持养分循环	生物多样性	美学景观
农田	旱地	0.85	0.40	0.02	0.67	0.36	0.10	0.27	1.03	0.12	0.13	0.06
	水田	1.36	0.09	−2.63	1.11	0.57	0.17	2.72	0.01	0.19	0.21	0.09
森林	针叶林	0.22	0.52	0.27	1.70	5.07	1.49	3.34	2.06	0.16	1.88	0.82
	针阔混交林	0.31	0.71	0.37	2.35	7.03	1.99	3.51	2.86	0.22	2.60	1.14
	阔叶林	0.29	0.66	0.34	2.17	6.50	1.93	4.74	2.65	0.20	2.41	1.06
	灌木林	0.19	0.43	0.22	1.41	4.23	1.28	3.35	1.72	0.13	1.57	0.69
草地	草原	0.10	0.14	0.08	0.51	1.34	0.44	0.98	0.62	0.05	0.56	0.25
	灌草丛	0.38	0.56	0.31	1.97	5.21	1.72	3.82	2.40	0.18	2.18	0.96
	草甸	0.22	0.33	0.18	1.14	3.02	1.00	2.21	1.39	0.11	1.27	0.56
湿地	湿地	0.51	0.50	2.59	1.90	3.60	3.60	24.23	2.31	0.18	7.87	4.73
荒漠	荒漠	0.01	0.03	0.02	0.11	0.10	0.31	0.21	0.13	0.01	0.12	0.05
	裸地	0.00	0.00	0.00	0.02	0.00	0.10	0.03	0.02	0.00	0.02	0.01
水域	水系	0.80	0.23	8.29	0.77	2.29	5.55	102.24	0.93	0.07	2.55	1.89
	冰川积雪	0.00	0.00	2.16	0.18	0.54	0.16	7.13	0.00	0.00	0.01	0.09

以旱地、草地、灌木、针阔混交、阔叶、荒漠、水系的参数代表旱地、草地、灌木、有林地、疏林地、沙地、水域的参数。通过计算可以发现，《规划》实施后，规划开采矿区将导致约780亿元的生态系统服务及其价值发生变化（见表6-7）。总体上看，规划开采所引起的生态系统服务价值变化占山西省生态系统服务价值的总体比重较小，对区域生态系统服务影响可控。

表6-7 规划开采区生态系统服务及价值损失 单位：百万元

服务功能	旱地	草地	灌木	有林地	疏林地	沙地	水系
食物生产	1 889.00	749.15	156.82	221.04	15.95	0.01	0.70
原料生产	888.94	1 104.01	354.91	506.26	36.31	0.04	0.20
水供给	44.45	611.15	181.58	263.82	18.70	0.03	7.21
气体调节	1 488.97	3 883.74	1 163.77	1 675.64	119.37	0.16	0.67
气候调节	800.05	10 271.20	3 491.32	5 012.67	357.57	0.15	1.99
净化环境	222.24	3 390.88	1 056.47	1 418.95	106.17	0.45	4.83
水文调节	600.03	7 530.90	2 764.99	2 502.77	260.75	0.31	88.95
土壤保持	2 289.02	4 731.46	1 419.64	2 039.29	145.78	0.19	0.81
维持养分	266.68	354.86	107.30	156.87	11.00	0.01	0.06
生物多样	288.91	4 297.74	1 295.83	1 853.90	132.57	0.18	2.22
美学景观	133.34	1 892.58	569.51	812.87	58.31	0.07	1.64

②环境健康损害。

据山西省环境保护局《山西省煤炭开采环境污染与生态破坏的经济损失核算》，依据2003年煤矿开采资料的研究成果，山西省2003年煤炭开采造成的大气、水及固废污染的环境损耗为17.887元/t煤，生态环境破坏（不包括土地塌陷）的损失为12.047元/t煤；据山西省水利厅2007年11月《山西省煤炭开采对水资源的影响评价及其防治对策》，煤矿开采对水资源影响的经济损失为13.92～14.72元/t煤，按平均14.32元/t煤计。《山西省煤炭开采生态环境恢复治理规划》（晋政发〔2009〕40号）测算结果表明，山西煤炭开采历年的环境欠账达4 002.54亿元。

国际环保组织自然资源保护协会（NRDC）在2014年11月发布的《2012煤炭真实成本报告》，生产1 t煤付出的居民健康和生态环境等代价，折合成人民币后高达260元（见表6-8）。《规划》提出的煤控制开采量为10亿t/a，据此估算仅煤炭开发，环境及健康损失就高达 2 600 亿元/a。矿产资源造成的生态损失使山西省经济、社会、环境协调发展的矛盾更为突出。因此，必须要进一步严格自然资源资产的管理。

表 6-8 煤炭生产及消费产生的环境及健康损害成本（2012 年）

环节	类别	分项	元/t
煤炭生产	煤炭资源	资源浪费	11.00
	水资源	水资源环境	27.65
		水资源污染	5.81
	生态系统	农业生态系统	2.00
		水土流失及生态退化	19.30
	人体健康	矿工人员死亡	0.23
		职业病直接损失	0.14
		职业病间接损失	0.21
	合计		66.34
煤炭运输	公路运输	事故、噪声、环境等	23.6
	铁路运输	事故、噪声、环境等	2.75
	水路运输	事故、噪声、环境等	1.48
	合计		27.83
煤炭消费	人体健康	缺血性心脏病、脑卒中、慢阻肺及肺癌等超额死亡	166.2
总计	260.3		

6.1.3 对生态敏感目标的影响

（1）自然保护区等法定保护区

结合规划布局协调性分析，具体分析自然保护区、风景名胜区、森林公园、水源地等主要生态敏感目标受影响状况。根据叠置分析列表如下，规划对自然保护区、风景名胜区、森林公园、水源地等主要敏感目标均有重叠，根据主体功能区划以及生态红线等相关政策，这些区域为严格保护区域，要进行必要的规划调整（见表 6-9）。

表 6-9 规划区敏感目标统计

规划类型	矿区类型		敏感目标类型	敏感目标数量/个	敏感目标覆盖面积/km^2
重点勘查开发区	点	—	国家级文物保护单位	198	—
			省级文物保护单位	297	—
			湿地公园	30	—
			水源地	915	—
	面	煤炭	地质公园	7	287.94
			自然保护区	21	1 498.91
			森林公园	30	888.25
			风景名胜区	4	290.6

规划类型	矿区类型		敏感目标类型	敏感目标数量/个	敏感目标覆盖面积/km^2
重点勘查开发区	面	铝土矿	地质公园	1	4.2
			自然保护区	14	554.29
			森林公园	17	240.61
			风景名胜区	1	62.53
		铁矿	地质公园	1	26.63
			自然保护区	11	866.89
			森林公园	6	494.14
			风景名胜区	1	105.43
		金矿	地质公园	3	231.86
			自然保护区	11	887.24
			森林公园	10	666.21
			风景名胜区	2	233.69
勘查规划区	点	—	国家级文物保护单位	19	—
			省级文物保护单位	38	—
			湿地公园	3	—
			水源地	119	
	面	煤炭	泉域	1	1.38
			地质公园	5	43.326
			自然保护区	7	35.425
			森林公园	10	158.232
		铝土矿	泉域	1	13.63
			自然保护区	7	29.23
			森林公园	6	13.769
			风景名胜区	1	5.41
		铁矿	地质公园	1	0.986
			自然保护区	6	36.658
			森林公园	6	32.804
			风景名胜区	1	2.113
		铜金矿	地质公园	2	2.964
			自然保护区	4	15.736
			森林公园	5	59.153
		其他金属	地质公园	2	40.029
			自然保护区	2	3.78
			森林公园	5	59.29
			风景名胜区	1	0.231
		非金属	自然保护区	2	17.052
			森林公园	2	10.44

（2）对生态保护红线的影响

依据《生态保护红线划定技术指南》，红线区域主要包括重点生态功能区、生态敏感区/脆弱区和禁止开发区。本次评价利用生态保护红线相关研究的初步结果，分析矿产资源开发的影响。生态保护红线分为一级管控区和二级管控区。其中，一级管控区主要包括自然保护区（核心区和缓冲区）、县级以上城镇集中式饮用水水源保护区；二级管控区为一级管控区以外红线区域（见表6-10）。

表6-10 评价区域生态红线统计表

评价区域	一级管控区/km^2	二级管控区/km^2	总计/km^2
重点勘查开发区	3 660.52	22 082.46	25 742.98
勘查规划区	63.76	4 881.43	4 945.19
开采规划区	0.72	393.40	394.12

重点勘查开发区、勘查规划区、开采规划区均与生态保护红线范围存在重叠，其中一级红线管控区重叠面积为分别为3 660.52 km^2、63.76 km^2、0.72 km^2，重叠区域面积较大。相比较《山西省生态保护红线划定方案（修改稿）》，《规划》划定的禁止开采区较生态保护红线划定方案更为严格。山西省生态保护红线划定方案实施后，矿产资源开采要执行相应管理办法，所以《规划》对生态敏感目标保护起到更加积极的作用。虽然生态红线涉及的其他极重要、极敏感区没有在规划中得到考虑，但根据生态保护红线的管控要求，应当禁止大规模或与保护主导功能不符的开发行为。因此，应当根据底线思维，执行最严格的生态环境保护制度，将重点勘查开发区、勘查规划区、开采规划区涉及的生态保护红线区调出。

6.1.4 小结

（1）开采规划区与山西省面积相比相对较小，评价区土地利用类型变化比重相对较小，不会显著改变区域土地利用的结构形式，也不会影响区域植被结构，同时开采规划区以生物多样性低、一般区域为主，具有一定可控性。因此，《规划》将不会对宏观景观结构产生大的影响。但《规划》将对局部景观和土地利用产生较大影响，煤、铝土、石灰岩、白云岩等露天开采将对局部区域农用地、草地、林地等土地利用产生较大影响；道路、厂房建设以及尾矿、废石用地将进一步扩大，地下开采引起的采空区和沉陷区也将进一步增加，对矿区局部土地利用产生较大影响。

（2）相比较《山西省生态保护红线划定方案（修改稿）》，《规划》划定的禁止开采区较生态保护红线划定方案更为严格，除生态保护红线划入的敏感目标外，省级湿地公园、县级以上森林公园、省级风景名胜区、水利风景区、省级以上文物保护单位的保护范围及建设控制地带、带压开采突水危险区、水库、河道下部及补水区域、汾河上中游干流及岚河等九大支流两侧、城镇规划区范围设置为禁止开采区。同时，严禁在Ⅰ级保护林地、国家一级公益林、山西省永久性生态公益林非法露天采煤、采矿；禁止在铁路、高速公路、重要旅游线路、石油天然气管道中心线两侧一定范围内露天采矿（其范围由有关部门确定）。《山西省生态保护红线划定方案》实施后，矿产资源开采要除执行生态保护红线相应管理办法，还要执行其他相应敏感目标管理办法，本《规划》未涉及的环境敏感目标要按照相关管理办法执行。所以《规划》对生态敏感目标保护更加积极作用。

虽然《规划》已经将禁止开发区划为禁采区，但是依然允许在这些区域进行调查、勘察，这将会给禁止开发区带来显著影响。新设探矿权、采矿权禁止涉及自然保护区等禁止开发区，明确自然保护区等禁止开发区为禁止勘探和调查等与保护无关的活动。

（3）重点勘查开发区、勘查规划区，因为涉及较多生物多样性较高的区域，所以其开发利用过程会不可避免地对生物多样性产生影响。同时《规划》与重点生态功能区以及生态保护红线区存在较大重叠，因此将会对区域生态功能产生较大影响。《规划》应明确将未来的生态保护红线纳入禁止开发区，并将国家和地方各级人民政府确定的46个重点（重要）生态功能区以及国家生物多样性保护优先区作为矿产资源限制开采区。

（4）国家级重点保护木化石集中产地等自然保护区、森林公园、地质公园、风景名胜区等位于开采规划矿区周边500 m范围内，与景观敏感目标距离较近，因此要加强相关区域视域范围的保护，保护景观完整性。

部分矿区离大同地面塌陷区、轩岗煤矿塌陷区、壶关地面塌陷区、襄源地面塌陷区、中条山塌陷区、中条山滑坡区、灵石滑坡区、霍州滑坡区以及长治滑坡区等地质灾害敏感区较近，其易诱发新的地质灾害，因此具有较大的生态风险。《规划》实施过程中要做好局部限采、避让措施，加大矿山地质环境保护和修复治理力度。

（5）应严格落实《规划》提出矿山植被保护和修复的措施和要求，为了降低对评价区内植被产生的不利影响，在具体选址和施工过程中，应尽可能选择植被稀疏处，同时，严格限制临时占地的面积；要加大矿山的植被修复，强化矿山复绿和土地复垦；对废弃矿坑进行回填等措施，防止塌陷等地质灾害引起的植被破坏。做好与林业、农业、交通等部门的对接，对可能涉及的敏感目标进行避让保护或者进行局部限采，必要时要禁采或者停止投放或延续采矿权，才能够有效控制对植被、土地利用的影响。

（6）《规划》实施约能影响规划区域9%的生产力，也将降低生态承载力和生态服务价值，但规划开采所引起的生态承载力、生态系统服务价值变化占山西省总体比重较小。总体上看，矿产资源开发对区域生产力的影响较小，对区域生态承载力和生态系统服务影响可控。但是，矿产资源开发在矿井局部范围内影响相对较大，矿山企业如果严格实施矿山生态恢复治理，可以有效降低矿产资源开采给植被破坏带来的影响。虽然如此，但其带来的潜在环境健康损害还是较大，我们应通过生态保护红线、环境质量底线、资源消耗上限，加强生态环境保护，建立生态环境补偿机制。

6.2 《规划》地表水环境影响分析

6.2.1 《规划》水污染源识别

本次评价水污染源主要探讨矿产资源采、选过程中产生的采矿废水和选矿废水。

6.2.1.1 采矿废水

煤炭、金属矿及非金属矿等固体矿产开采过程中产生的废水主要包括：矿井排水（井下）或矿坑涌水（露天）以及矿石堆场、废石场淋滤水等。煤层气开采过程中产生的废水主要包括：采出水、压裂返排液和钻井废水。

（1）矿井水

矿井水的主要来源包括：①地下水。其主要来自奥陶系和寒武系灰岩岩溶水、碎屑岩裂隙水、第四纪松散积层孔隙水、老窑水等。②煤炭生产废水。采矿过程中地面要输入生产用水用于液压支柱、机电设备、采矿过程中防尘降尘洒水等产生的极少量废水。③地表裂缝渗入的地表水。

矿井涌水量的大小与矿山所处的地理位置、气候、地质构造、煤层形成年代、开采深度、开采方法等因素有关。山西省发改委 2000—2002 年组织省内外院士和专家对全省煤矿进行了全面的调查和测算，根据其研究报告《山西省煤炭开采对水资源的破坏影响及评价》：山西省吨煤平均排水量为 2.48 m^3；其中排水量最大的是位于霍州市郭庄泉域泉源西部 5 km 的团柏煤矿，吨煤平均排水量为 6 m^3，其开采初期吨煤排水量曾高达 40 m^3；排水量最小的是位于朔州市的安太堡露天煤矿，其排水量只有煤层的自然含水量及两侧山体的少量入渗量。

矿井水主要来源于地下水，其一般占矿井排水量 95%，矿井水的水质与当地地下水水质基本相同。在采矿过程中，由于地下水在流经采矿工作面时会携带大量的煤粉、岩粉等悬浮物杂质；有的矿层与碳酸盐矿物、硫酸盐、石灰岩等可溶性岩石共生，地下水与岩石发生氧化作用，使矿井水呈高矿化度或酸性。从大量的矿井水水质资料分析看，矿井水中汞、铁、铝、铬、砷等有毒有害重金属含量极少，大部分矿井水呈中性，不含有毒、有害离子，处理工艺简单，经净化处理后矿井水能达到生产用水和生活用水标准。受地质年代、地质构造、伴生矿物成分、环境条件等因素的影响，矿井水水质变化较大。矿井水类型一般可分为洁净矿井水、含悬浮物矿井水、高矿化度矿井水、酸性矿井水和含特殊污染物矿井水 5 种类型。

①洁净矿井水：即未被污染的干净地下水，其基本符合国家生活饮用水的水质标准，有的还含有多种微量元素，可开发为矿泉水。

②含悬浮物的矿井水：一般水质呈中性，矿化度小于 1 000 mg/L，无有毒有害元素，金属离子很少，含大量悬浮物、少量可溶性有机物和菌群等。

③高矿化度矿井水：也称含盐矿井水，一般指含盐量大于 1 000 mg/L 的矿井水。这类矿井水的水质多数呈中性或偏碱性，水中 Ca^{2+}、Mg^{2+}、CO_3^{2-}、HCO_3^-、SO_4^{2-}等离子浓度较高，硬度较大，矿化度大多为 1 000～4 000 mg/L。因高矿化度矿井水含盐量大，带苦涩味，因此也称苦咸水。

④酸性矿井水：酸性矿井水的形成受硫化矿氧化过程控制，其成因主要是矿石的接触氧化（化学氧化、微生物菌等）作用生成金属离子和硫酸根离子，酸性环境则导致矿物中重金属的进一步溶出，生成硫酸盐，形成含多种重金属离子的酸性矿井水。酸性矿井水 pH 小于 5.5，一般介于 2～4，含 SO_4^{2-}、Fe^{2+}、Fe^{3+}、Mn^{2+}及其他金属离子，水中 SO_4^{2-}浓度较高，其矿化度与硬度也因酸的作用而增高。

⑤含特殊污染物矿井水：主要包括高氟矿井水、含微量有毒有害元素矿井水、放射性矿井水或含油类矿井水等。

据相关文献资料，山西矿井水中约 50%为高矿化度矿井水，约 42%为洁净矿井水和含悬浮物的矿井水，约 8%为酸性矿井水。

（2）矿石堆场、废石场淋滤水

矿石堆场、废石场一般为半封闭或露天堆存，特别是含硫化物的矿石、废石在露天堆放时会与空气和水或水蒸气接触，经氧化、分解并与水化合后，生成金属离子和硫酸根离子，在雨季会产生淋滤水，形成含 SS、金属离子等污染物的酸性废水。

（3）煤层气采出水

国内外的煤层气开采多以排水降压的方法进行。煤层气在开采过程中需从煤层中排出地层水。开采过程中始终伴随着排水，排水持续时间长、水量较大、水质成分复杂。

美国煤层气开采区，单井排水量为 3.98～66.62 m^3/d，每开采 1 000 m^3 的煤层气排水量在 0.17～13.07 m^3，单井排水量波动范围较大，总气水比值为 5.75∶1 000。山西沁水区块每口井采出水量为 5～6 m^3/d，水量最大的井达到 40～50 m^3/d 煤层气采出水。

煤层气采出水主要以矿化度高、盐度高和悬浮物浓度高为特征，其主要化学组分包括碳酸氢盐、硫酸盐、氯化物，含钙、镁和钠离子的化合物等并含有少量重金属和硫化物。影响煤层气采出水水质的因素很多，不同地区，甚至同一地区不同埋藏深度，其水质也不一样。

根据《沁水县煤层气井排出水水质评价及预防措施》对沁水马必区块柿园西开采井、沁水潘庄 04 水平井组 5 号井、沁水杨树庄村南煤层气井、沁水县李庄村煤层气井 HD-009、沁水县王圪罗村煤层气井 HX3-13 5 个正常运行煤层气井排出水水质的检测分析结果，煤层气井排出水中溶解性总固体、氟化物、氯化物、氨氮、亚硝酸盐、硫酸盐等指标存在超过《地下水质量标准》Ⅲ类标准的情况，且各水样综合水质评价结果为极差或较差。

根据《煤层气开发环境污染特征及防治对策研究》，对山西省沁水盆地煤层气采出水的取样分析，煤层气排采原液中 pH 为 8，COD、悬浮物、矿化度、总磷含量较高，分别为 947 mg/L、2 692 mg/L、1 585 mg/L 和 0.554 mg/L，数值均高于污水综合排放二级标准。排采原液中 Cr、Cu、Fe、Mn、As 等元素含量（除 Zn、Pb 外）也均高于污水综合排放二级标准中重金属限值的要求，尤其 Mn 元素含量是污水综合排放二级标准 Mn 含量的 5 倍；煤层气排采原液经沉淀池沉降后，COD、悬浮物和重金属含量均降到污水综合排放二级标准限值的要求以下，而矿化度、总磷含量仍高于污水综合排放二级标准。

此外，还有些煤层属于深埋藏煤层（如沁水煤田太原组煤层），其煤系地层及上覆地下水含水层水质较差，硫化物等含量较高，故该水层属原生污染严重的地下水含水层。

（4）钻井废水

煤层气开发钻井过程中的废水污染源主要是钻井废水（废弃钻井液），一般每口井钻井工艺用水量 200 m^3，钻井过程中泥浆经处理后可循环使用，所以钻井废水排放量较小，一般每口井为 20～30 m^3。钻井液主要由黏土、钻屑、加重材料、化学添加剂、无机盐、油组成，其形成一种多相稳定悬浮液、有比较高的 pH。其中对环境有害的成分包括油类、盐类、杀菌剂、某些化学添加剂、重金属（Hg、Cu、Cr、Cd、Zn 及 Pb 等）、高分子有机化合物生物降解产生的低分子有机化合物和碱性物质。

根据《煤层气开发环境污染特征及防治对策研究》，对山西省沁水盆地煤层气钻井废液采样分析结果，其 COD 含量较高，为 1 985.5 mg/L，As、Cr、Cu、Zn、Fe、Pb、Mn 等重金属元素含量均在污水综合排放二级标准限值要求以内。

（5）压裂液

根据煤层气抽气生产机理，抽气井在固井、测井完成后，为加大采气产能，要对煤层进行压裂处理工艺。压裂工艺主要材料为砂和水，一般每口井压裂工艺用水量 300 m^3 左右。此外，压裂液中往往添加稠化剂、交联剂、pH 调节剂、杀菌剂、黏土稳定剂、破乳剂、助排剂等 11 大类 20 余种化学物质，成分极为复杂。

6.2.1.2　选矿废水

一般来说，开采出来的矿产资源必须经过选矿、除杂、富集才能利用，所以这些工序都会产生大量废水，平均处理每吨矿石需要水量 4～6 t，我国选矿厂每年排放的废水多达 2 亿 t，排放量占我国工业废水的 10%以上。

通常每吨原煤需要水量 3～5 m^3；有色金属选矿中，处理 1 t 矿石浮选用水 4～7 m^3，重选用水 20～26 m^3，浮磁联选用水 23～27 m^3，重浮联选用水 20～30 m^3，除去循环使用的水量，绝大部分消耗的水量伴随尾矿以尾矿浆的形式从选矿厂流出。选矿废水主要包括：碎矿除尘及场地冲洗水、洗矿废水、冷却水、选矿废水等。

（1）碎矿除尘及场地冲洗水

碎矿过程中包括湿法除尘产生的排水，碎矿及筛分车间、皮带走廊和矿石转运站的地面冲洗水。这类废水中主要含原矿粉末状悬浮物，因此，废水一般经物理沉淀后即可回用，水中的沉淀物可进入选矿系统回收其中的有用矿物。

（2）洗矿废水

洗矿废水中的主要杂质为粉末悬浮物，通常经沉淀后澄清水回用于洗矿，沉淀物根据其成分进入选矿系统后排入尾矿系统。有时洗矿废水呈酸性并含重金属离子，则需作进一步处理，其废水性质与矿山酸性废水相似，因而处理方法也相同。

（3）冷却用水

冷却水主要是选矿时某些工艺需在高温条件下进行，机器设备需要靠水流带走热量，包括碎、磨矿设备油冷却器的冷却水和真空泵排水，这种废水只是温度高，基本未受污染，往往被直接外排或直接回用。

（4）选矿废水

选矿废水是选矿厂废水的主要来源，占选矿厂废水总量的95%以上，包括选厂排放的尾矿废水、精矿浓密池溢流水、精矿脱水车间过滤机的滤液、主厂房冲洗地面和设备的废水，有时还有中矿浓密溢流水和选矿过程中脱药排水等。选矿废水具有水量大、悬浮物含量高、含有毒有害物质种类多且浓度低等特点。

选矿废水中的污染物及其含量，取决于矿石性质、磨矿粒度、选矿方法和选矿过程中加入的药剂品种和数量。通常，重选和磁选过程外排的废水主要污染是悬浮物，浮选外排废水中则还含有选矿药剂和重金属离子等。

6.2.2 废水及水污染物排放量

6.2.2.1 废水及水污染物排放现状

根据2015年环境统计数据，2015年山西省矿产资源采选用排水情况见表6-11；水污染物排放情况见表6-12。

表6-11 2015年山西省矿产资源采选用排水情况 单位：万t/a

序号	矿种类别	现状开采量	工业用水量	工业废水排放量	重复用水量	废水回用率/%
1	煤炭	96 680	47 999.19	13 304.79	31 721.84	70
2	铝土矿	450	2.67	0.00	0.00	
3	铁矿	3 808	22 218.80	651.40	19 971.27	97
4	铜矿	551	2 253.33	263.79	1 908.53	88

序号	矿种类别	现状开采量	工业用水量	工业废水排放量	重复用水量	废水回用率/%
5	金矿		74.93	9.15	52.86	85
6	银矿		156.18	13.85	133.94	91
7	其他金属矿		4.99	0.00	3.85	100
8	非金属矿		110.80	0.00	89.41	100
9	其他采矿业		1.40	0.00	0.62	100
合计			72 822.29	14 242.98	53 882.32	79

表 6-12　2015 年山西省矿产资源采选水污染物排放情况

序号	矿种类别	COD/（t/a）	氨氮/（t/a）	石油类/（t/a）	CN^-/（kg/a）	As/（kg/a）	Pb/（kg/a）	Cd/（kg/a）	Hg/（kg/a）	Cr/（kg/a）	Cr^{6+}/（kg/a）
1	煤炭	12 224.73	1 516.61	200.02	0.00	0.00	0.00	0.00	0.00	0.00	0.00
2	铝土矿	0.00	0.00	0.00	0.00	0.00	0.00	0.00	0.00	0.00	0.00
3	铁矿	744.45	28.54	0.00	0.00	0.00	0.00	0.00	0.00	0.00	0.00
4	铜矿	700.42	14.77	0.14	0.081 0	22.192 6	0.295 9	0.290 4	28.989 2	0.007 9	0.004 6
5	金矿	16.92	1.60	0.00	0.700 0	0.008 0	0.030 0	0.002 0	0.002 0	0.040 0	0.012 0
6	银矿	64.65	0.00	0.00	0.00	0.00	0.00	0.00	0.00	0.00	0.00
7	其他金属矿	0.00	0.00	0.00	0.00	0.00	0.00	0.00	0.00	0.00	0.00
8	非金属矿	0.00	0.00	0.00	0.00	0.00	0.00	0.00	0.00	0.00	0.00
9	其他采矿业	0.00	0.00	0.00	0.00	0.00	0.00	0.00	0.00	0.00	0.00
合计		13 751.17	1 561.52	200.16	0.781 0	22.200 6	0.325 9	0.292 4	28.991 2	0.047 9	0.016 6

6.2.2.2　规划废水及水污染物排放量

未来新增开采规模的污染物排放量可采用排污系数法估算。排放系数基于 2015 年环境统计数据中的水污染物排放数据计算（即假设未来治污水平没有提升，新增开采矿石的污染物排放强度与 2015 年环境统计中的单位矿产品污染物排放强度相同）。规划期山西省矿产资源用排水情况见表 6-13，水污染物排放情况见表 6-14。

由表 6-13 可知，2020 年山西省矿产资源采选工业用水量约 81 648.22 万 t/a，较 2015 年增加 8 825.93 万 t/a；2020 年工业废水排放量 14 242.98 万 t/a，较 2015 年增加 684.25 万 t/a。

由表 6-14 可知，2020 年山西省矿产资源采选水污染物排放量中 COD 为 14 466.29 t/a，较 2015 年增加 715.12 t/a；氨氮为 1 623.84 t/a，较 2015 年增加 62.32 t/a；石油类为 207.04 t/a，较 2015 年增加 6.88 t/a；CN^-为 0.788 2 t/a，较 2015 年增加 0.007 2 t/a；As 为 24.174 2 t/a，

较 2015 年增加 1.973 6 t/a；Pb 为 0.352 2 t/a，较 2015 年增加 0.026 3 t/a；Cd 为 0.318 2 t/a，较 2015 年增加 0.025 8 t/a；Hg 为 31.569 2 t/a，较 2015 年增加 2.578 0 t/a；Cr 为 0.048 6 t/a，较 2015 年增加 0.000 7 t/a；Cr^{6+}为 0.017 0 t/a，较 2015 年增加 0.000 4 t/a。

表 6-13 规划期山西省矿产资源采选行业用排水情况 单位：万 t/a

序号	矿种类别	规划开采量	工业用水量	工业废水排放量	重复用水量
1	煤炭	100 000	49 647.49	13 761.68	31 721.84
2	铝土矿	4 200	24.87	0.00	0.00
3	铁矿	5 000	29 173.84	855.30	19 971.27
4	铜矿	600	2 453.72	287.25	1 908.53
5	金矿[1]	600	74.93	9.15	52.86
6	银矿		156.18	13.85	133.94
7	其他金属矿		4.99	0.00	3.85
8	非金属矿		110.80	0.00	89.41
9	其他采矿业		1.40	0.00	0.62
2015 年现状			72 822.29	14 242.98	61 392.89
2020 年规划			81 648.22	14 927.23	53 882.31
增量			8 825.93	684.25	7 510.58

注：[1]金矿、银矿等无现状开采量统计数据，其排水量及水污染物排放量占总量比例较小，本次评价按照现状排水量和水污染物排放量进行估算。

表 6-14 规划期山西省矿产资源采选行业水污染物排放情况

序号	矿种类别	COD/（t/a）	氨氮/（t/a）	石油类/（t/a）	CN^-/（kg/a）	As/（kg/a）	Pb/（kg/a）	Cd/（kg/a）	Hg/（kg/a）	Cr/（kg/a）	Cr^{6+}/（kg/a）
1	煤炭	12 644.53	1 568.69	206.89	0.00	0.00	0.00	0.00	0.00	0.00	0.00
2	铝土矿	0.00	0.00	0.00	0.00	0.00	0.00	0.00	0.00	0.00	0.00
3	铁矿	977.48	37.47	0.00	0.00	0.00	0.00	0.00	0.00	0.00	0.00
4	铜矿	762.71	16.08	0.152 5	0.088 2	24.166 2	0.322 2	0.316 2	31.567 2	0.008 6	0.005 0
5	金矿	16.92	1.60	0.00	0.700 0	0.008 0	0.030 0	0.002 0	0.002 0	0.040 0	0.012 0
6	银矿	64.65	0.00	0.00	0.00	0.00	0.00	0.00	0.00	0.00	0.00
7	其他金属矿	0.00	0.00	0.00	0.00	0.00	0.00	0.00	0.00	0.00	0.00
8	非金属矿	0.00	0.00	0.00	0.00	0.00	0.00	0.00	0.00	0.00	0.00
9	其他采矿业	0.00	0.00	0.00	0.00	0.00	0.00	0.00	0.00	0.00	0.00
2015 年现状		13 751.17	1 561.52	200.16	0.781 0	22.200 6	0.325 9	0.292 4	28.991 2	0.047 9	0.016 6
2020 年规划		14 466.29	1 623.84	207.04	0.788 2	24.174 2	0.352 2	0.318 2	31.569 2	0.048 6	0.017 0
增量		715.12	62.32	6.88	0.007 2	1.973 6	0.026 3	0.025 8	2.578	0.000 7	0.000 4

注：[1]金矿、银矿等无现状开采量统计数据，其排水量及水污染物排放量占总量比例较小，本次评价按照现状排水量和水污染物排放量进行估算。

根据 2015 年环境统计数据，山西省除煤炭外，其他矿种的废水回用率均达到了 85%以上，煤炭采选废水相对较低，约为 70%。煤炭采选废水中，洗煤废水基本上全部循环使用，外排废水主要是矿井水。按照《山西省“十三五”循环经济发展规划》的要求，山西省矿井水综合利用率应达到 80%。如果 2020 年煤矿矿井水回用率提高到 80%，则废水排放量将会减少 3 762.86 t/a，较 2015 年现有废水排放量将削减 26.42%；COD 排放量将减少 2 951.18 t/a，较 2015 年现有 COD 排放量将削减 21.46%；氨氮排放量将减少 392.51 t/a，较 2015 年现有氨氮排放量将削减 25.13%。

6.2.3 地表水环境影响分析

矿井水和选矿水为主的矿产资源开发所产生的废水对地表水的环境影响体现在对水资源量和水质两个方面。矿井水及选矿水直接排放不仅会导致水资源浪费，还会对周边的地表水造成污染。

矿山开采过程中产生的地表塌陷将对地表水环境造成一定的影响，主要表现在两个方面：一方面，矿层开采后上部岩层被破坏，产生的裂隙带到达地表，这样就会使大气降水和地表水沿裂隙直接下渗进入矿层，使地表径流减少或干枯；另一方面，矿山地下开采导致地下含水层结构被破坏，大量的疏干排水导致区域地下水位下降，矿井水的增加会形成以矿山采区为中心的降落漏斗，使地表水和地下水动态平衡遭到破坏，该范围内的地表水将会由原来的水平流动变为垂直流动，使地表水量减少。因此，矿山开采期在一定程度上会改变地面降水的径流与汇水条件，从而直接或间接影响周边地表水的水量。

矿井水若不经处理排入地表水体，则其中的悬浮物会影响地表水体的自净，使水质恶化；酸性矿井水排入地表水体，会降低地表水的 pH，抑制细菌和微生物的生长，妨碍水体自净，pH 小于 4 时，鱼类会死亡；矿井水中的某些重金属离子由不溶性化合物变为可溶离子状态，毒性会增大；酸性矿井水中通常含有 Fe^{2+}，氧化时消耗水中的溶解氧；高矿化度矿井水会严重污染地面环境，淤塞河流湖泊，破坏地表景观，抑制水生生物的生长和繁衍。

选矿废水中含种类众多的有毒有害物质，硫醇类、磺酸盐类和胺类捕收剂具有中等到剧毒的毒性；起泡剂中聚丙烯乙二醇几乎无毒，较短链的醇类具有轻微毒性，而甲酚酸类具有较大毒性，长链聚合物往往无毒；调整剂如氰化物含有剧毒；黄药对中枢神经系统有明显的抑制作用，动物可死于呼吸衰竭，其肝脏和肾脏有不同程度的营养不良性改变；废水中的重金属离子具有毒性和不可降解性。因此，选矿废水如不经处理随意排放，不仅会对周围的地表水体造成污染，而且会给水域范围内的人民身体健康带来巨大的威胁，对环境危害极大。

6.2.4 小结

选矿水经净化处理后循环回用，不仅能够减少选矿过程中的水资源消耗量，还能够减少废水的排放，降低选矿对周边水环境的污染和影响。因此，矿井水、选矿废水的净化回收利用具有双重意义，能够真正做到“变废为宝，化害为利”，是保护矿区水资源和防治水环境污染的必然选择。

根据 2015 年环境统计数据，煤矿废水回用率为 70%，煤炭废水回用率提升不同情境下废水及水污染物减排量预测见表 6-15。由表 6-15 可知，如 2020 年煤矿废水回用率提高到 80%，则废水排放量将会减少 4 447.11 t/a，总体废水排放量将会减少 3 762.86 t/a，较 2015 年现有废水排放量将削减 26.42%；COD 排放量将会减少 4 086.1 t/a，总体排放量减少 3 370.98 t/a，较 2015 年现有 COD 排放量将削减 24.51%；氨氮排放量将减少 506.92 t/a，总体排放量减少 444.59 t/a，较 2015 年现有氨氮排放量将削减 28.47%。这些都有利于水环境质量的进一步改善，与山西省“十三五”总量减排指标（2020 年化学需氧量、氨氮“十三五”总量减排比例分别为 17.6%和 18%）相协调。

表 6-15 不同情境下（煤炭废水回用率提升）废水及水污染物减排量预测

<table>
<tr><th>序号</th><th colspan="2">煤炭废水回用率</th><th>工业废水排放量/（万 t/a）</th><th>COD/（t/a）</th><th>氨氮/（t/a）</th><th>石油类/（t/a）</th></tr>
<tr><td rowspan="2">1</td><td rowspan="2">维持现有水平（70.45%）</td><td>2015 年总排放量</td><td>14 242.98</td><td>13 751.17</td><td>1 561.52</td><td>200.16</td></tr>
<tr><td>煤炭废水预测排放量</td><td>13 761.68</td><td>12 644.53</td><td>1 568.69</td><td>206.89</td></tr>
<tr><td rowspan="4">2</td><td rowspan="4">75%</td><td>排放量</td><td>11 643.21</td><td>10 698.04</td><td>1 327.21</td><td>175.04</td></tr>
<tr><td>煤炭废水减排量</td><td>2 118.47</td><td>1 946.49</td><td>241.48</td><td>31.85</td></tr>
<tr><td>总体减排量</td><td>1 434.22</td><td>1 231.37</td><td>179.15</td><td>24.97</td></tr>
<tr><td>削减率</td><td>10.07%</td><td>8.95%</td><td>11.47%</td><td>12.48%</td></tr>
<tr><td rowspan="4">3</td><td rowspan="4">80%</td><td>排放量</td><td>9 314.57</td><td>8 558.43</td><td>1 061.77</td><td>140.03</td></tr>
<tr><td>煤炭废水减排量</td><td>4 447.11</td><td>4 086.1</td><td>506.92</td><td>66.86</td></tr>
<tr><td>总体减排量</td><td>3 762.86</td><td>3 370.98</td><td>444.59</td><td>59.98</td></tr>
<tr><td>削减率</td><td>26.42%</td><td>24.51%</td><td>28.47%</td><td>29.97%</td></tr>
</table>

6.3　《规划》地下水环境影响分析

6.3.1　区域水文地质概况

6.3.1.1　区域地质概况

（1）地层

山西省地层发育较为齐全。由老至新为：太古界（阜平群、五台群），元古界（滹沱群），震旦亚界（震旦系），古生界（寒武系、奥陶系、石炭系、二迭系），中生界（三迭系、侏罗系、白垩系），新生界（新近系、第四系）。地层中缺失志留系、泥盆系及下石炭系，上奥陶系地层。

据统计，山西省变质岩类和岩浆岩类出露面积为 25 800 km^2，碳酸岩类出露面积 31 000 km^2，碎屑岩类出露面积 55 700 km^2，松散岩类出露面积 43 500 km^2。

山西省地层展布状况大致是以五台山、恒山、云中山、吕梁山、中条山、太行山出露的前震旦系地层为核心，向外面依次分布震旦系、寒武系、奥陶系地层和以云岗、宁武—静乐、沁水、陕甘宁等构造盆地中央分布的侏罗系、三迭系为中心，向四周依次出露二迭系、石炭系地层。二者相结合就是山西省地层展布的基本格局。该格局形成于侏罗纪之后。白垩系、下新近系在山西省不发育，仅见零星分布。上新近系和第四系，除厚度不大的分布于全省各地外，巨大厚度的堆积则集中于几个大的新生界断陷盆地中。

（2）地质构造

山西地处阴山东西构造带以南，秦岭东西褶带以北，河东（指黄河以东）和石家庄—安阳两个南北向构造带之间的一个较活动的地块——山西陆台。

山西的太行山脉是新华夏系构造的隆起带。祁吕弧形构造带斜贯山西陆台，其展布范围内主要为吕梁山和恒山。而滹沱—汾河陆槽则是与太行陆梁相辅而行的复式向斜，呈 NNE 向，南北两端因与祁吕裙带的多字型槽地复合而转弯，总体上呈拉长的“S”形。东西向构造主要集中于山西陆台的南北两端。南北向构造在山西陆台的内部表现并不突出。由此可见，区内主要受新华夏构造体系和祁吕弧型构造带及其复合的控制。外貌上由西向东逐渐昂起，附带局部陷落。

总观全区，在山西陆台之上有 5 个主要构造单元，即河东南北向挠褶带、吕梁—恒山褶带、滹沱—汾河陆槽、晋东台凹、太行陆梁。

6.3.1.2 区域水文地质

（1）含水岩组

①松散岩类孔隙含水岩组。

松散岩类孔隙含水岩组主要分布于新生代断陷盆地、山间盆地、山区河流谷地及黄土高原等地区。

a. 新生代断陷盆地：是指分布在山西中部的阳高、大同、忻定、太原、临汾、运城及长治等盆地。各盆地的含水岩层分布特征及富水性有很多相似之处，这是由于各盆地外围的地貌、构造、岩性等条件的相似性所决定。

构成新生代断陷盆地的含水岩组主要由全新统（Q4）、上更新统（Q3）、中更新统（Q2）、下更新统（Q1）及新近系上新统（N2）等诸含水岩层所组成。其岩性展布特点是：盆地边缘主要河流入口处的冲洪积扇含水层粒度较粗；盆地中部及洪积扇间含水层粒度较细；边山洪积扇有的是连续的砂卵砾石层、盆地中部有的是连续的黏性土层。

含水岩组的富水程度受岩性、地貌和补给条件所控制。边山黄土丘陵富水程度多为极弱的，含水岩层多为砂卵石透镜体及中更新统钙质结核层。洪积扇群（包括埋没古洪积扇）富水程度多为强或中等，含水岩层多为下、中、上更新统砂砾石层。黄土台地富水程度多为中或弱，含水岩层一般为中、下更新统和上更新统砂砾石层。冲洪积倾斜平原富水程度多为强或中等，含水岩层多为中上更新统及全新统砂砾石层。冲积平原岩相较稳定，富水程度多为中等，含水岩层以中上及下更新统为主。运城盆地因上部水质不佳，主要含水岩层为下更新统；长治盆地主要含水岩层为中、上更新统及全新统。在盆地上游河流出口地带，含水岩层多为中上更新统及全新统砂砾石层。

新生代断陷盆地开采深度内主要含水层埋深和厚度较为复杂，不同地段差别较大。据统计黄土丘陵含水层埋深多为大于 50 m，含水层厚度 2～5 m；洪积扇倾斜平原含水层埋深一般 3～70 m，含水层厚 0～60 m；冲积平原含水层埋深 1～3 m，含水层厚 2～87 m。

b. 山间盆地：山间盆地在山西分布较为普遍，如岚县盆地、盂县盆地、五台盆地等均属此类。山间盆地主要含水岩层为中、上更新统砂卵石或下更新统砂层，富水程度不一，中、强、弱均有，主要由岩性和补给条件决定。山间盆地基底埋深较浅，一般 200～400 m。含水层埋深 10～370 m，含水层厚 2～87 m。

c. 山区河流谷地：山区河流谷地包括朱家川、县川河等唐县期宽谷和山区广泛分布的板桥期侵蚀谷。唐县期宽谷底部往往有较厚的上新统（N2）红色黏土，主要含水层为中、上更新统砂砾石层，埋深 30～180 m，含水层薄者仅 2～3 m，厚者大于 80 m；板桥期侵蚀谷主要含水岩层为上更新统及全新统砂卵石层，埋深一般小于 50 m，富水程度多为中等，含水层厚 5～20 m。

d. 黄土高原：黄土高原分布于山西西部黄河以东、吕梁山以西的黄土垣梁峁地。黄土高原主要含水岩层为上新统（N2）及中更新统（Q2）砂卵石层及钙质结核层。由于地形切割严重，黄土高原地下水赋存条件不佳，富水程度多为极弱的。上新统（N2）在河谷占据有利地位，富水程度可达中等；上更新统（Q3）在山西普遍分布，含水极微，大部分分布地势较高或以帽状分布，为透水而基本不含水地层。

②碎屑岩类裂隙含水岩组。

碎屑岩类裂隙含水岩组主要分布于沁水盆地和吕梁山等地区。该类含水岩组主要由白垩系（K）、侏罗系（J）、三迭系（T）及二迭系（P）的一套不同厚度、不同粒级的砂岩、泥岩及页岩等组成。构成该类含水岩组的主要含水层为砂岩。

在地下水补给强度相同的前提下，砂岩富水程度的大小受岩石粒级变化及岩石物理力学属性所制约。一般粗粒度砂岩及硅质胶结的脆性岩石裂隙数量较少，但规模较大，延伸较远，岩层富水程度强；泥质胶结的细粒度砂岩及弹塑性类岩石，裂隙虽较为发育，但规模较小，岩层富水程度弱。

由同一粒级岩石组成的岩层，当岩石的矿物成分不同时，富水程度也不同，如含钙质的粉细砂岩比不合钙质的粉细砂岩富水性强。

山西境内，碎屑岩类裂隙含水岩组富水程度普遍较弱，据统计单位涌水量一般小于 1 m^3/（h·m），泉水涌水量一般小于 5 m^3/h。

山西碎屑岩类裂隙含水岩组富水程度较佳的含水岩层为三迭系二马营统和上二迭系石千峰统。

分布于风化裂隙带中的风化裂隙水，其富水程度受地形控制并随深度变化，一般富水程度较弱，如大同地区煤田抽水资料表明，钻孔单位涌水量为 0.72 m^3/（h·m）。

分布于沁水盆地、黄河东斜地、宁静盆地等地下水多为承压自流水。

碎屑岩类裂隙含水岩组由石炭系（C）及震旦系（Zc）含水岩层所组成。主要含水层为上石炭系（C3）薄层灰岩、砂岩及震旦系（Zc）白云岩、石英砂岩。

上石炭系含水岩层，一般夹 3～5 层薄层灰岩，最多达 10 层，单层厚度一般小于 4 m，自晋东南向晋西北，厚度变小，层次变少。各地主要赋水层位不一，如晋东南阳城、晋城地区为 K1（砂岩）K2（四节石灰岩）及 K5（猴石灰岩）；昔阳地区主要赋水层位为 K2 及 K3（钱石灰岩）。富水程度往往决定于赋水构造和补给条件，一般富水程度为中或弱，个别地段为强。

中石炭系（C2）底部的铝土矿和黄铁矿层，在很多情况下，起了隔水和托水作用。这对石炭系的赋水条件起了良好作用。

震旦系含水岩层，厚度颇大，总的趋势是自西向东变薄。一般多分布在山地高处，其上往往被巨厚的寒武系等地层所覆盖，补给条件不佳，故富水程度为弱，但在岩层裸露，直接承受大气降水补给的地段，则富水程度较强。

③碳酸盐岩类裂隙岩溶含水岩组。

该含水岩组分布山西省各地，为主要含水岩组，具有富水程度强且极不均一的特点。总体来看，太行山区富水性较强，晋西北富水性较弱；排泄区富水性较强，补给径流区富水性较弱。碳酸盐岩类裂隙岩溶含水岩组地下水赋存规律严格受构造、地貌条件控制，这是导致富水程度不均的主要因素。

在裸露的岩溶地区地下水多属潜水，在泄水区地下水多具承压性。

碳酸盐岩类裂隙岩溶含水岩组中的中奥陶系（O2）含水岩层富水程度最强，中寒武系（∈2）亦强，下奥陶系（O1）和震旦系（ZK）一般相对较弱。

④变质岩类裂隙含水岩组。

变质岩类裂隙含水岩组主要分布在五台山、吕梁山、太行山及中条山等地，该含水岩组包括上太古界（W）及中太古界（F）等含水岩层，其含水岩层分别以五台群为代表的杂岩及以阜平群为代表的混合岩化片麻岩。

该含水岩组富水程度多数较弱，部分地区因所处构造条件有利，补给条件较佳，富水程度可达中等。如左权县桐峪、栗城、拐儿一带，泉水出露较普遍，流量一般为 10.8～36 m^3/h。天镇六墩地区，地下水出自于片麻岩裂隙带中，钻孔最大自流量为 25 m^3/h。

就山西省来看，变质岩类裂隙含水岩组主要为风化裂隙水，其特点是分布面积广，单泉流量小，汇集流量大，流量不稳定，受季节影响较大。风化带深度一般 20～50 m，个别达 100 m。在构造条件有利的沟谷低洼处，有时有承压自流水。

⑤变质岩类夹碳酸盐岩类裂隙含水岩组。

变质岩类夹碳酸盐岩类裂隙含水岩组分布于五台、中条等古陆的核心部位，由滹沱系 H（中条山为中条系）含水岩层所组成，主要含水层为白云岩、大理岩及石英岩。

该含水岩组上部（H3）以变质砾岩为主，中部（H2）以白云岩、大理岩为主，下部（H1）以石英岩、大理岩为主。

该含水岩组富水程度一般为弱和中等，泉水流量较大。如原平从中部（H2）白云岩中出露的姑姑山泉，涌水量达 360 m^3/h；平陆从下部（H1）大理岩中出露的李铁沟泉 187 m^3/h；定襄县宏殿井，地下水出自中部（H2），白云岩中井深仅 7.1 m，涌水量达 214 m^3/h。

⑥岩浆岩类裂隙含水岩组。

岩浆岩类包括侵入岩和喷出岩，这两种岩零星分布山西省各地。岩浆岩类裂隙含水岩组根据岩性和含水特征可分为玄武岩（β）、花岗岩（γ）、安山岩（ZA）及其他岩浆岩（M）等含水岩层。

玄武岩含水岩层遍布于山西省各地，但主要分布在雁北地区的第三系、第四系玄武岩含水层中。其富水程度一般较弱，有些地段富水程度可达中等，如大同市以东松散岩类下伏玄武岩。

花岗岩含水岩层在山西省分布普遍，因岩石的物理性质所致，风化构造裂隙较为发育，泉水普遍分布，但单泉流量不大。富水程度普遍较弱，单泉涌水量一般小于 5 m^3/h。

安山岩含水岩层，主要分布于中条山地区。

其他岩浆岩含水岩层，裂隙发育不如花岗岩含水岩层，富水程度较弱，泉水流量多小于 3.6 m^3/h。

总体来说，山西各含水岩组中富水程度的主导因素为岩性。松散岩类富水程度相对较为均一，富水程度主要决定于岩性、地貌和补给条件；基岩类富水程度极不均一，富水程度主要决定于岩性，而地貌、构造及补给条件是重要因素。

（2）地下水补给与排泄

山西高原居高临下，地形隆起，基岩裸露。大气降水的渗入补给是地下水的主要补给源，有些地区尤其是碳酸盐类地区，地表水对地下水的补给也是主要补给源之一。

从整体看，山西高原是华北平原及鄂尔多斯台地的补给源地。山西地下水具低矿化度之特点。它反映了补给区地下水质的特点。

山西高原西、南部有黄河围绕，东部为标高 100 m 以下的河北平原，中部为新生代断陷盆地，由于标高不一，因而形成不同的地下水侵蚀基准面。地下水的排泄主要有 3 个地带：东、东南以太行山山前大断裂为通道，向河北、河南省排泄。泉水分布的特征显示了大断裂的泄水特点，如太行山东麓出露许多流量大于 1 800 m^3/h 的泉群（威州泉、邢台泉、涉县泉、珍珠泉及辉县泉等）。

中部新生代断陷盆地，其黄河水系地下水向西南排泄到黄河，海河水系也系排泄地下水的干流。西部排泄带，向黄河或通过黄河谷底向鄂尔多斯台地排泄。山西中部新生代断陷盆地的地下水，主要有三种补给源，一是大气降水垂直渗入；二是边山基岩的侧渗；三是地表水的补给。其蒸发是地下水垂直排泄的重要途径。

盆地中地下水运动的总趋势是：由盆地四围向中心运动；由上游向下游运动；由深层向浅层运动（顶托补给）。长治盆地较为特殊，地下水由北、西、南向东运动，由浅层向深层运动，通过东部边山大断裂补给基岩。

各断陷盆地间的水力联系，主要由两盆地间的地质、岩性和构造条件决定，另外也由地表水系流域系统的发育特征来决定。

大同与忻定盆地间的雁门关的隆起由前震旦系杂岩组成，二者虽同处海河水系，却被隆起隔断了水力联系。候马与运城盆地间的水力联系同样也被紫金山杂岩构成的隆起所隔断。

中条山是运城盆地与芮城盆地的隔水屏障。太原、临汾、候马各盆地间的水力联系与上述各盆地间的水力联系有所不同，构造隆起多出露石炭、二迭系砂页岩和奥陶系灰岩，盆地间通过深部岩溶水有一定水力联系。如太原盆地与临汾盆地间，自两渡至东湾村，中奥陶系地下水以水力坡度 2‰，自太原盆地向临汾盆地排泄。太原北部的石岭关东西长垣是山西高原上黄河水系与海河水系的分水岭，忻定盆地与太原盆地间是两个流域系统的地表水系，从现有资料分析，它们之间基本无水力联系。

涑水河下游因受中条山西端及孤峰山的上升影响泄水不畅，在中条山山前形成闭流区，闭流区内由于古湖盆的收缩残留有盐池、硝池、鸭子池等湖群。

山西西部黄土高原中的地下水，主要补给源为大气降水和吕梁山基岩的侧向补给。因黄土高原区沟壑深切，地下水大部分排泄到黄河与下伏基岩中。

山西碳酸盐岩类裂隙岩溶水除受大气降水渗入补给，河流漏失补给也极为重要。如汾河古交至河下段，河水平均漏失 1.6 m^3/h，补给上兰村泉和晋祠泉；浊漳河王桥的河水漏失量 6.15 m^3/s，补给辛安村泉；桃河阳泉至岩会段河流清水流量全部漏失，补给娘子关泉。

碳酸盐岩类裂隙岩溶水，向华北平原、黄河河谷及新生代断陷盆地排泄，除以大泉的形式为主排泄外，向围岩排泄也为重要形式。

山西碳酸盐岩类裂隙岩溶水的运动形式主要有：单向运动如沿河泉；双向运动如洪山泉及广胜寺泉；辐聚运动如辛安村泉。

山西碳酸盐岩类裂隙岩溶水的水力坡度，在补给径流排泄地区有较为明显的规律。据统计，泉域水力坡度多为 1‰～13‰，补给径流区水力坡度一般 1‰～8‰；排泄区水力坡度相对较大，一般为 3‰～13‰。以娘子关泉为例，补给径流区的阳泉平定一带为 2‰，排泄区为 5‰。

另外，顺岩层走向和顺岩层倾向，水力坡度也有所不同，根据轩岗一带石灰岩钻孔资料，地下水顺岩层走向水力坡度较缓为 1.6‰，而顺岩层倾向水力坡度较陡为 5‰。

碎屑岩类、变质岩类及岩浆岩类的补给排泄条件较为简单。大气降水垂直渗入补给和围岩的侧向补给为地下水主要补给源；以盆地边缘断裂带，山区河谷及泉排泄。围绕山西西部的黄河是排泄碎屑岩类裂隙水的重要途径之一。

有些构造承压自流水盆地或斜地，如沁水承压自流水盆地、宁武静乐承压自流水盆地、河东承压自流水斜地等，都自下而上存在不同程度的顶托补给。

6.3.2 地下水环境影响特征识别

6.3.2.1 地下水环境敏感目标识别

《山西省矿产资源总体规划》实施过程中的地下水敏感目标主要为城镇集中式饮用地下水水源地以及泉域重点保护区。与本《规划》有关的地下水饮用水水源地保护区、泉域重点保护区及其与重点勘查开发区、勘查规划区、开采规划区之间的空间关系进行 GIS 空间叠置。《规划》范围涉及整个山西省，为了减缓和防止矿产资源开发对这些敏感目标的影响，判断《规划》的地下水环境合理性，为具体项目建设过程中地下水资源保护措施及防污措施水平的升级提供指导，现对《规划》涉及的地下水环境敏感目标识别见表 6-16。

表 6-16　新设勘查规划区、开采规划区周边地下水环境敏感目标识别

规划分区	保护区级别	涉及集中式地下水饮用水水源		涉及岩溶泉域	
		数量	对应名称	数量	对应名称
勘查规划区	地下水源地一级保护区/泉域重点保护区	15	和顺县九京水库水源地—KQ097（部分重叠），昔阳县秦山水库水源地—KQ095（部分重叠），霍州市大张水源地—KQ053（勘查规划区内），洪洞县霍泉水源地—KQ056（部分重叠），安泽县高壁水源地—KQ078（勘查规划区内），KQ116（勘查规划区内）—沁水县大坪水源地—沁水县县城水源地—沁水县万庆元水源地，襄汾县河西水源地—KQ059（勘查规划区内），吉县阳儿原水源地—KQ041（勘查规划区内），吉县十里河水源地—KQ041（勘查规划区内），蒲县城区水源地—KQ034（勘查规划区内），稷山县山底水源地—KQ363（勘查规划区内），垣曲县五龙泉水源地—KQ422（勘查规划区内），长子县河头水源地—KQ104（勘查规划区内）	2	城头会泉域：KQ287 晋祠泉域：KQ159，KQ158
	地下水源地二级保护区/泉域保护区	12	灵丘县黑龙河水源地—KQ287（部分重叠），五寨县李家口水源地—KQ451（部分重叠），岢岚县城西后备水源地—KQ475（部分重叠），静乐县偏梁水源地（部分重叠）—KQ153—KQ017，KQ018—汾河水源地（部分重叠），霍州市主城区水源地—KQ053（部分重叠），大宁县县城水源地—KQ031，KQ241—尧都区龙祠水源地（部分重叠）—KQ240，侯马市上马～驿桥水源地—KQ420（部分重叠），左云县暖泉湾水源地—KQ001（部分重叠），右玉县王家堡水源地—KQ270（部分重叠），KQ389—夏县白沙河水库水源地—KQ460（部分重叠）	—	—
开采规划区	地下水源地一级保护区/泉域重点保护区	1	左云县暖泉湾水源地—CQ09（开采规划区内）	2	郭庄泉域：CQ20（部分重叠）柳林泉域：CQ17（部分重叠）
	地下水源地二级保护区/泉域保护区	3	左云县暖泉湾水源地—CQ10（部分重叠），CQ20—霍州市主城区水源地（部分重叠），长子县河头水源地—CQ22（部分重叠）	—	—

注：“—”表示不作统计。

各重点勘查开发区由于外边框勾画较大，煤炭、铝土矿、铁、金、煤层气、石墨各矿种均与部分饮用水水源地有重叠；煤炭、煤层气、铝土、金矿的重点勘查开发区与相关泉域重点保护区存在部分重叠。鉴于《规划》实施中，逐步会由“重点勘查开发区→勘查规划区→开采规划区”进行过渡，外边界的范围也将更进一步明确与细化，因此随着规划的

深入进行，可用勘查规划区及开采规划区布局与地下水敏感目标的关系来判断《规划》合理性。

各重点勘查开发区与水源地保护区及泉域重点保护区存在重叠的，在规划向勘查及开采深入的过程中，应进一步论证勘查及开采区块的地下水环境合理性，对水源地保护区及泉域重点保护区可能造成重大影响的相应矿产区块建议纳入矿产资源战略储备，在相应外部环境条件成熟时，再进行规划开采。

从表 6-16 可以看出，部分勘查规划区边界与水源地一级、二级保护区存在重叠，可能受到重大影响的水源地共计 27 个；另有部分勘查规划区块边界与泉域重点保护区有重叠，可能受到重大影响的泉域重点保护区有 2 个；相应矿种涉及山西省煤、铁、铝土、金、铜、白云岩等矿种。

部分开采规划区边界与水源地一级、二级保护区存在重叠，可能受到重大影响的水源地共计 4 个；另有部分开采规划区块边界与泉域重点保护区有重叠，可能受到重大影响的泉域重点保护区有 2 个；涉及的矿种主要为煤矿。

6.3.2.2 地下水环境影响因素识别

（1）影响识别

矿产资源总体规划的实施对山西省区域地下水的影响主要来自两个方面：一是对地下水资源量的影响，包括矿产开采引发的地下水资源量疏干，选矿工业生产及后加工需求加剧对地下水资源的影响。二是矿产资源总体规划的实施对地下水质的潜在影响，包括以下几个方面。

①矿山开采对地下水资源量的影响。

a. 地下水水量均衡被破坏会引起区域地下水位持续下降及严重后果，包括区域地下水位持续下降，水资源枯竭；生态环境的破坏，主要指由于水位下降，导致的河流流量减少，泉群消失，湖泊沼泽干涸，生态系统恶化，土壤资源破坏等。

b. 地下水水质均衡被破坏会导致水质状况日趋恶化。主要因为地下水在开采过程中，产生了水动力、水化学条件的改变，进而使得地下水中的某些化学、微生物成分含量不断增加，引发水质恶化。

c. 含水层天然应力状态的破坏会导致各种环境地质灾害的发生，主要有地面沉降、岩溶地面塌陷、地裂缝。

②矿产资源规划的实施对地下水质的潜在影响。

矿山企业污染源对地下水污染的潜在情景主要有以下 3 种：

a. 正常工况下防渗措施有效，污染物缓慢入渗穿透防渗设施，进而造成地下水污染。

b. 非正常工况下，污染物持续不断入渗进入包气带，进而污染地下水。

c. 非正常工况下，污染物发生泄漏并且很快被发现并处理，此时为瞬时投入型污染。

《山西省矿产资源总体规划》的实施，分析各大生产单元对地下水污染的可能途径见表 6-17。

表 6-17　《规划》实施对地下水影响途径与来源

生产单元	污染来源	污染方式
生产装置区	选矿生产	事故、风险排放，可能通过下渗或地表径流污染
堆场	原料场、废石堆场及尾矿库	遇雨水淋沥下渗或地表径流污染
水处理单元	污水处理站及废水输送管线	池体防渗不当/管线破裂
化学原料储存区	管线输送、储存、装卸过程中	下渗或地表径流（主要适用于氧化铝及下游工业）

根据《规划》，山西省重点矿山规划区不同工程单元产生的废水特征因子识别如表 6-18 所示。在正常工况下，由于污水处理设施的防渗措施及维护管理等，这些废水污染物质不会向地下水泄漏，因此不会污染地下水；非正常工况和事故状况发生泄漏时会造成地下水污染。

表 6-18　重点矿山企业采选地下水污染因子识别

规划基地名称	地下水特征污染因子
煤炭基地	pH、COD、砷、悬浮物、硫化物
煤层气	悬浮物、石油类、COD、氨氮
铝土矿	pH、悬浮物、COD、硫化物、氟化物、挥发性酚、氰化物、石油类、铜、锌、铅、砷、镉、汞
铁矿	pH、悬浮物、硫化物、铜、铅、锌、镉、汞、铬
其他金属矿	pH、悬浮物、COD、硫化物、氟化物、挥发性酚、氰化物、石油类、铜、锌、铅、砷、镉、汞
非金属矿	pH、悬浮物、硫化物、铅、砷（硫铁矿含：铜、锌、镉、铬、汞；磷矿含氟化物）
矿泉水	pH、悬浮物、COD、氨氮

（2）影响情景

基于《规划》基期山西省各矿种产能规模，对比“十三五”《规划》确定的预期产量目标，按照《山西省用水定额》（DB 14/T 1049.2—2015）第 2 部分对各矿种新水增加量进行核算。

《山西省矿产资源总体规划》对于地下水资源量的疏干影响，煤矿开采规划采用“单位矿产开采量—疏干水量”的排水系数法进行预测。计算并分析比较山西省的地下水资源量、地下水资源供水量、新增需水量（新增需水量=新水增加量+煤炭开采疏干水量）之间的关系。

6.3.3 地下水环境影响预测与评价

6.3.3.1 《规划》实施对水资源量的影响预测与评价

（1）《规划》对各矿种开采地下水新水增加量预测

根据《山西省用水定额》（DB 14/T 1049.2—2015）第2部分：工业企业用水定额，对山西省各矿种《规划》新增产能新水增加量核算见表6-19。其中：金、银矿无用水定额，参考铜矿计算；石灰石、高岭土、花岗岩、石英岩、白云岩、片麻岩、大理岩、磷矿无用水定额，参考土砂石开采估算。

表6-19 《规划》各矿种开采新水增加量预测　　单位：万t/a

矿种名称	基期产能	规划目标	产能增加量	规划新水增加量
煤矿	96 680	100 000	3 320	1 162
铁矿	3 808	5 000	1 192	238.4
铝土矿	450	4 200	3 750	750
铜矿	551	600	49	17.64
金矿		600	600	216
水泥用灰岩	1 305	2 500	1 195	119.5
耐火黏土矿		100	100	10
芒硝		120	120	12
硫铁矿		140	140	14
冶镁白云岩		375	375	37.5
地热		3 100	3 100	3 100
合计	—	—	—	5 677.04

（2）《规划》实施地下水资源供水状况

基于《规划》基期山西省地下水资源量，对比《规划》实施新增需水量，分析山西省《规划》实施地下水资源的供水状况及其规划新增需水量部分的占比，见表6-20。

表6-20 《规划》实施地下水资源消耗表

规划基期地下水资源量/亿 m^3	规划基期地下水供水量/亿 m^3	《规划》新增需水量①/亿 m^3	占地下水资源量百分比/%
86.39	33.25	1.39	1.61

注：①新增需水量=新水增加量+煤炭开采疏干水量。

（3）水资源供需平衡分析

通过表6-20分析可以看出，《规划》实施新增需水量1.39亿 m^3（其中包括煤矿开采产生的矿坑水量），新增部分占整个山西省《规划》基期地下水资源量的1.61%，占山西省地下水的比例较小。另外，根据相关资料统计，《规划》基期2015年，山西省地表水源供水量占总供水量的50.3%，实际情况是《规划》实施新增需水量势必将由地表水、地下水源共同分担。因此《规划》实施对山西省地下水资源产生的压力将更进一步减小。

根据相关统计，“十二五”期间，山西省各地市矿井水利用率仍有更进一步提高的潜力，矿井水利用率高（利用率超过80%）的地市分别是大同、运城、太原；但晋中、朔州、忻州、临汾等城市矿井水利用潜力大，尚待进一步开发。

因此，“十三五”期间，综合考虑《规划》实施过程中地表水、地下水、矿井水协同补充采选需水的情形下，《规划》对山西省地下水资源需求占比会更小，不会产生地下水资源制约性因素。

6.3.3.2 《规划》实施对地下含水层的影响预测分析

煤炭开采根据煤矿重点矿区涉及的地下含水层的不同类型，可分为碳酸盐岩类含水层组、碎屑岩夹碳酸盐类含水层组、碎屑岩类含水层组和松散岩类含水层4个类型。

由于煤层厚度千差万别，所以不同矿区的上覆岩层的顶底板岩性也会有差别，其可以导致导水裂缝带发育高度的不同；结合当地含水层与煤系地层之间的相对空间位置关系，可以判断导水裂缝带对上覆碎屑及松散岩类含水层的影响情况。导水裂缝带延及的含水层在煤矿开采时，其相应含水层的地下水会沿着裂缝带进入采煤层，因此煤炭开采可能造成相应含水层水量减少；对于带压开采的煤层，下覆碳酸盐岩类含水层赋存在煤系地层下部，若其与煤系地层之间有连续稳定、隔水性良好的隔水层存在，则隔水层会阻隔奥陶系灰岩对上覆煤系地层的影响。因此，一般来说矿区重点煤矿规划区煤炭开采对碳酸盐类含水层造成影响不大，但在构造断裂带不排除由于煤炭开采导致沟通煤系地层与奥陶系灰岩含水层之间的水力联系，进而对碳酸盐岩类含水层造成影响。

只要在开采过程中，加强在构造断裂破碎带的防探水工作，严格遵循“有疑必探、先探后掘”的原则，煤炭开采对碳酸盐岩含水层总体影响就会可控。

6.3.3.3 《规划》实施对地下水流场的影响分析

矿区浅部松散岩类含水层地下水流场主要受地势和流水侵蚀切割影响，总体流场与地势一致，由地势较高的部位向地势较低的部位径流，在受地形切割较深的部位向地表水排泄。

对于煤层埋深较大的地区，采矿造成的地表沉陷对于矿区的总体地形地貌和水系分布特征改变不大，由于煤层深度大，采煤产生的导水裂缝带不会导通浅部含水层，则对浅部松散含水层地下水流场影响较小。但在煤层埋深较浅的地区，煤炭开采所形成的导水裂缝带将直接导通浅部松散含水层或通过对浅部碎屑岩类含水层导通而间接影响浅部松散含水层，加之采煤沉陷形成地表裂缝，在这些区域煤炭开采将对浅部松散含水层及浅部碎屑岩类含水层造成疏干影响，进而影响浅部含水层地下水的天然流场。

深层煤炭开采及金属矿等矿产资源开采主要影响深部碎屑岩类含水层，可能会造成其直接的导通疏干影响，深部碎屑岩类含水层地下水流场，将由原先自然流场状态转而向煤矿井下排泄。

6.3.3.4 《规划》实施对岩溶泉域影响分析

目前山西省重要岩溶泉地下水环境的潜在问题主要表现为泉水流量衰减及干涸，区域岩溶地下水位持续下降，水质污染及水质总体趋势恶化，泉域水环境质量变差。

《规划》实施可能造成的泉域水环境问题主要为：

①泉域上游区矿山开发取用地表水、浅层地下水，改变系统内水资源循环过程，进而不同程度地影响岩溶地下水的补给来源。

②采矿对下垫面以及含水系统结构的改变。多数山西省大泉泉域内大面积分布有石炭—二叠纪煤系地层，经过数十年煤矿的大规模开采，造成大量的采空塌陷、地表开裂，使地表下垫面发生根本改变，原有砂岩地层含水、隔水系统被破坏。在自然状态下矿区的降水、地表水与地下水补排关系完全打破，导致“三带”连通，使地表水转化为地下水，涌入矿坑被井下消尘利用或直接排出地表，极大地缩短了地下水循环周期。这种改变在加剧水资源时空分布不均衡的同时，也使过去成百上千的泉点消亡，进而破坏上层含水系统对岩溶地下水的补给与涵养作用。

根据勘查规划区与泉域重点保护区的叠图分析，受勘查规划影响的主要岩溶泉域有城头会泉域—KQ287（铁矿详查区），晋祠泉域—KQ159（铝土矿普查区）—KQ158（铝土矿详查区）等。

根据开采规划区与泉域重点保护区的叠图分析，受开采规划影响的主要岩溶泉域有郭庄泉域—CQ20（部分重叠）、柳林泉域—CQ17（部分重叠）。这两个区块均为煤矿开采规划区，煤矿开采以及矸石场堆放，洗煤厂对泉水水质均有潜在影响，应做好地下水环境防护工作。

在《规划》调整过程中，应妥善调整相关的勘查规划区及开采区块边界，避免其与岩溶重点保护区产生重叠，以避免对岩溶泉域产生不良环境影响。

6.3.3.5 《规划》实施对饮用水水源地的影响分析

（1）对重要集中式饮用地下水水源地的影响分析

采矿活动对重要饮用水水源地的影响主要分为如下两方面：

①地下采矿的疏干排水可改变地下水的流态，使地下水流场分布复杂化，地下水资源流失，水量减少，大幅度降低地下水位，同时还会使较大范围内的地下水呈现疏干状态，使这些地区的供水井水量减少、吊泵甚至干涸，水资源枯竭。

②采矿、选矿以及矿山“三废”排放会污染水质，造成地下水资源破坏。饮用水水源地是供给山西省内所有居民饮用水的重要水资源，在矿山露天开采过程中产生的粉尘、废

矿渣及其他固体废物堆放过程中渗滤液的有害成分重金属及盐类、地下开采矿开采过程中的排水和可能诱发的地质灾害以及矿石运输过程中产生的废气、矿区内的生活污染都有可能对饮用水水源地造成影响。

水源地的污染会导致一系列的环境问题，除了对水质有直接影响，还会对整个水体造成污染，并进一步污染地下水以及周围的农田。

根据勘查规划区与地下水源地的位置关系，空间叠图分析可知，勘查规划区与地下水源地一级、二级保护区发生重叠的共涉及 27 个水源地，在山西省的东西南北各部均有分布，甚至有的地下水源地直接位于勘查规划区内，如沁水县大坪水源地、霍州市大张水源地以及稷山县山底水源地等均位于勘查规划区内，勘查施工过程中会对该水源地产生影响。《规划》调整及矿山开采前需要采取必要措施对边界进行调整，避开水源地一级、二级保护区；勘查施工时，防止勘查钻探等过程中的施工及排水对地下水环境的破坏。

开采规划区与 4 个地下水水源地的保护区发生重叠，如左云县暖泉湾水源地、霍州市主城区水源地等，涉及的矿种主要为煤矿。

建议《规划》落实到项目中时，各区块项目要认真核对水源地的一级、二级保护区边界划分成果，相应调整开采规划区块的边界，避免产生重叠。

（2）对村庄居民饮用水水源的影响分析

根据现场调查，矿区周边村庄水源主要分为以下 3 种：一是来自管网供水；二是自打井取深层奥灰水；三是取用泉水或浅层地下水。管网供水一般采用打深井取奥灰水的方式，对于矿区开发对奥灰水和泉水的影响在前面已有分析，这里主要分析矿区开发对村庄取用浅层地下水的影响。

对于煤矿而言，煤炭开采所形成的导水裂缝带对于第四系松散岩类含水层的导通深度根据不同矿区的水文地质条件存在差异，某些煤层埋深较浅的矿区，煤炭开采所形成的导水裂缝带对第四系松散岩类含水层构成产生影响，加之采煤沉陷形成地表裂缝，因此在这些区域煤炭开采将会对浅部松散含水层造成疏干影响，进而影响浅部含水层地下水流场；有些导水裂缝带对浅部松散岩类含水层影响较大的地区，甚至可能造成浅层地下水被疏干。

金属矿山其分布范围大多位于中高山区，地下水赋存形态以基岩裂隙水为主，仅沟谷可能存在薄层的第四系浅层地下水。矿山开采时，在采取工程措施对断裂带进行突水防护的基础上，金属矿开采疏干的基岩裂隙水及局部浅层孔隙水往往局限于矿区周边所在小水文地质单元区块内，这些区块由于富水性较差，存在重点饮用水水源地的可能性较小，对矿区周边村庄居民饮水造成潜在影响。

故建议在下一轮矿区规划环评过程中，要对周边村庄居民饮用水情况进行调查，明确潜在的影响位置与村庄名称，并对市县级乡镇饮用水水源地分布情况进行调查，以指导规划布局的地下水环境合理性。

6.3.4 小结

“十三五”《规划》实施新增需水量相比“十二五”增加 1.39 亿 m^3（其中包括煤矿开采产生的矿坑水量），新增部分占整个山西省《规划》基期地下水资源量的 1.61%，占用地下水的比例较小。在《规划》实施过程中，地表水、地下水、矿井水协同补充采选工业用水的情形下，《规划》实施对山西省地下水资源需求较小，矿山开采所需的地下水资源量占山西省地下水总量份额较小。

在矿产资源埋深较浅的地区，矿山开采将对规划矿区浅部松散含水层及浅部碎屑岩类含水层造成疏干影响，进而影响浅部含水层地下水的天然流场。在矿产资源埋深较深的地区，矿产开采过程中需加强构造断裂破碎带的防探水工作，严格遵循“有疑必探、先探后掘”的原则，使《规划》实施对碳酸盐岩含水层总体影响可控。

受勘查规划影响的主要岩溶泉域有城头会泉域—KQ287（铁矿详查区），晋祠泉域—KQ159（铝土矿普查区）—KQ158（铝土矿详查区）等。受勘查规划区影响的水源地约 27 个，建议《规划》中的勘查规划区修编时应妥善处理相关勘查规划区与泉域重点保护区及地下水源地的关系，避免规划边界与泉域重点保护区发生重叠，也应避免与地下水源地一级、二级保护区产生重叠。

受开采规划区影响的地下水水源地有 4 个，如左云县暖泉湾水源地，霍州市主城区水源地等。受开采规划影响的主要岩溶泉域为郭庄泉域—CQ20（部分重叠）、柳林泉域—CQ17（部分重叠）。

“十二五”期间，山西省国土厅加强了矿山开采过程中的地下水环境保护工作，郭庄泉域、晋祠泉域、兰村泉域等泉域的地下水位均有不同程度回升，特别是部分泉域的泉水已经复流。但是由于对岩溶地下水的过量开采，古堆泉域、洪山泉域、霍泉泉域、柳林泉域、水神堂泉域、辛安泉域、延河泉域、三姑泉域等泉域的地下水位依然呈现下降趋势；龙子祠泉域受采煤排水影响，泉域的水质也有不同程度的下降。“十三五”期间，《山西省级矿产资源总体规划》环评要严格执行泉域及地下水保护区的准入，杜绝私挖滥采行为，规范化保护泉域地下水资源，建议《规划》调整及实施时，以及在具体项目阶段依据水源地的一级、二级保护区边界划分成果，相应调整开采区块的边界，避免与重要水源地及岩溶泉重点保护区产生重叠，最大限度地保护饮用水水源地的供水安全。

6.4 《规划》大气环境影响分析

根据山西省 2015 年环境统计数据，采矿业 SO_2、NO_x 和烟粉尘的排放量分别占山西省排放总量的 2.7%、1.6%和 5.0%。采矿业中，排放主要来自煤炭采选行业，煤炭采选业 SO_2、NO_x 和烟粉尘的排放量分别占采矿业排放总量的 88.4%、87.8%和 63.7%。

6.4.1 矿产资源采选污染物排放量

气象条件、作业方式、物料特性、堆放形式等都对无组织排放有较大影响，在省级空间尺度上，目前没有好的方法可以计算整个矿产资源采选工业的无组织排放。本节主要估算不同矿产资源采选行业的大气污染物有组织排放量。

由于规划矿种较多且开采工艺不确定，因此采用排污系数法估算未来新增开采规模带来的污染物排放量。排放系数主要基于山西省环境统计数据中的采矿业大气污染物排放数据计算（即假设未来治污水平没有提升，新增开采规模的污染物排放强度与环境统计中的单位产品大气污染物排放强度相同），产品产量取主要矿种的开采总量调控目标与 2015 年实际开采量之差，即：

$$E_{ij} = (P_{i规划} - P_{i2015}) \times \mathrm{ef}_{ij}$$

式中，E_{ij} —— i 行业 j 污染物的排放量；

$P_{i\,规划}$ —— i 行业规划开采总量调控目标；

P_{i2015} —— i 行业 2015 年实际开采量；

ef_{ij} —— i 行业单位产品 j 污染物排放系数。

《规划》对主要矿种的开采总量设立了调控目标，该总量调控目标为预期性指标，不具有约束性，未来的实际开采量可能比调控目标小，也可能比调控目标大。在假设未来各矿种实际开采量恰好等于调控目标的条件下，预计采矿业的二氧化硫、氮氧化物和颗粒物排放量相比现状约分别增加 1 809 t/a、1 126 t/a 和 3 047 t/a（见表 6-21）。

表 6-21 预测主要矿种颗粒物排放增量

矿种	矿石产量		污染物排放量/（t/a）		
	2020 年指标值	2015 年现状值	SO_2	NO_x	颗粒物
煤	10 亿 t	9.7 亿 t	817	411	1 419
铝土矿	4 200 万 t	450 万 t	585	535	650
铁矿	5 000 万 t	3 808 万 t	206	110	244
铜矿	600 万 t	551 万 t	12	3	18
金矿	600 t	—	149	40	226
耐火黏土	100 万 t	—	16	14	17
硫铁矿	140 万 t	—	24	13	29
冶镁白云岩	375 万 t	—	—	—	106
水泥用灰岩	2 500 万 t	1 305 万 t	—	—	338
合计	—	—	1 809	1 127	3 047

6.4.2 煤层气替代煤炭的污染物削减量

按照《规划》，“十三五”期间山西省煤层气生产规模将大幅增大，“十三五”末煤层气年产量达 200 亿～300 亿 m^3，较 2015 年年底新增 160 亿～260 亿 m^3。随着煤层气开采量的增加，社会经济中的一部分燃煤可被煤层气替代，从而减少大气污染物的排放。

保守估计煤层气替代煤炭的污染物削减量，即认为“十三五”末煤层气年产量 200 亿 m^3，较 2015 年增加 160 亿 m^3，其中新增产量中 20%用来替代燃煤，且煤层气的热转化效率与燃煤相同（实际中燃煤热损失较大，热转化效率低于煤层气），则煤层气约可替代 461.7 万 t 的煤炭使用，利用物料衡算法结合排污系数法估算使用煤层气的污染物排放量、替代的燃煤的污染物排放量以及两者对比的污染物削减量，具体计算方法如下，主要参数取值见表 6-22。

表 6-22　主要计算参数

	类别	名称		取值
煤层气	热值[1]/（MJ/m^3）	低位发热量		30.3
	排放系数[2]/（g/m^3）	SO_2		0.18
		NO_x		1.76
		颗粒物		0.14
煤炭	煤质	硫分	$S_{t,ar}$	1.2%
		灰分	A_{ar}	30%
		收到基低位发热量/（MJ/kg）	$Q_{net,ar}$	21
	燃烧过程	不完全燃烧热损失	q_4	20%
		燃料中硫燃烧时氧化成 SO_2 份额	K	80%
		飞灰份额	a_{fh}	15%
	末端处理	脱硫率	η_{S1}	90%
		除尘率	η_c	96%
	其他	NO_x 排放系数[3]（kg/t 煤）	K_{NO_x}	1.88

注：[1]郑贵强，王勃，唐书恒，等. 山西晋城地区煤层气发热量计算[J]. 新疆石油地质，2009，30（5）：626-628，晋城地区煤层气低位发热量在 30.30～33.26 MJ/m^3，这里取较小值 30.30 MJ/m^3。

[2]引自《社会区域类环境影响评价》中天然气的排放因子。

[3]田贺忠，郝吉明，陆永琪，等. 统计的工业燃煤 NO_x 排放系数，中国氮氧化物排放清单及分布特征[J]. 中国环境科学，2001，21（6）：493-497。

（1）使用煤层气的污染物排放计算方法：

$$M_i = \frac{B_g \times K_i}{1\,000}$$

式中，M_i —— 污染物 i 排放量，t；

B_g—— 煤层气使用量，m^3；

K_i—— 污染物 i 排放系数，kg/m^3。

（2）替代的燃煤二氧化硫排放计算方法：

$$M_{SO_2}=2B_g\times(1-\eta_{S1})\times(1-q_4)\times S_{t,ar}\times K$$

式中，M_{SO_2}—— 二氧化硫排放量，t；

B_g—— 燃煤量，t；

η_{S1}—— 烟气脱硫装置的脱硫效率；

K—— 燃料中硫燃烧时氧化成二氧化硫份额；

$S_{t,ar}$—— 燃煤收到基全硫分；

q_4—— 不完全燃烧热损失。

（3）替代的燃煤氮氧化物排放量计算方法：

$$M_{NO_x}=\frac{B_g\times K_{NO_x}}{1\,000}$$

式中，M_{NO_x}—— 氮氧化物排放量，t；

B_g—— 燃煤量，t；

K_{NO_x}—— 排放系数，kg/t。

（4）替代的燃煤烟尘排放计算方法：

$$M_A=B_g\times(1-\eta_c)\times\left(A_{ar}+q_4\times\frac{Q_{net,ar}}{33\,870}\right)\times a_{fh}$$

式中：M_A—— 烟尘排放量，t；

B_g—— 燃煤量，t；

η_c—— 除尘效率；

A_{ar}—— 燃料收到基灰分；

a_{fh}—— 烟气带出的飞灰份额；

q_4—— 不完全燃烧热损失；

$Q_{net,ar}$—— 燃煤收到基低位发热量，kJ/kg。

经估算，如果“十三五”末煤层气年产量 200 亿 m^3，较 2015 年增加 160 亿 m^3，其中新增产量中 20%用来替代燃煤，且煤层气的热转化效率与燃煤相同（实际中燃煤热损失较大，热转化效率低于煤层气），煤层气约可替代燃煤 461.7 万 t。燃煤脱硫率取 90%，除尘率取 96%，可分别减少燃煤 SO_2、NO_x 和颗粒物排放 7 092 t、34 629 t 和 8 314 t，考虑煤层气燃烧中的污染物排放后，煤层气替代燃煤约可分别减少 SO_2、NO_x 和颗粒物 6 516 t、28 997 t 和 7 866 t（见表 6-23）。

表 6-23 煤层气替代燃煤的污染物排放量 单位：t

	SO_2	NO_x	颗粒物
煤层气燃烧排放	576	5 632	448
替代燃煤排放	7 092	34 629	8 314
排污削减量	6 516	28 997	7 866

6.4.3 小结

采矿业污染物排放量贡献率 SO_2、NO_x 和烟粉尘的排放量分别仅占山西省排放总量的 2.7%、1.6%和 5.0%。

采矿业中，排放主要来自煤炭采选行业，煤炭采选业 SO_2、NO_x 和烟粉尘的排放量分别占采矿业排放总量的 88.4%、87.8%和 63.7%。根据《山西省煤炭供给侧结构性改革实施意见》，“十三五”期间，山西省原则上不再新配置煤炭资源。2016 年起，暂停出让煤炭矿业权，暂停煤炭探矿权转采矿权；原则上不再批准新建煤矿项目，不再批准新增产能的技术改造项目和产能核增项目，确保山西省煤炭总产能只减不增。因此，采矿业中的主要大气污染物排放行业——煤炭采选业的大气污染物排放原则上会减少。

《规划》对主要矿种的开采总量设立了调控目标，该总量调控目标为预期性指标，不具有约束性，未来的实际开采量可能比调控目标小，也可能比调控目标大。在假设未来各矿种实际开采量恰好等于调控目标的条件下（调控目标确定的煤炭产量较 2015 年增加了 3 000 万 t/a），预计采矿业的二氧化硫、氮氧化物和颗粒物排放量相比现状约分别增加 1 809 t/a、1 126 t/a 和 3 047 t/a，排放量较小。

按照《规划》，“十三五”末煤层气年产量达 200 亿 m^3，较 2015 年底新增 160 亿 m^3。随着煤层气开采量的增加，社会经济中的一部分燃煤可被煤层气替代，从而减少大气污染物的排放。

保守估计煤层气替代煤炭的污染物削减量，即煤层气年产量为 200 亿 m^3（较 2015 年增加 160 亿 m^3），其中新增产量中仅 20%用来替代燃煤，且煤层气的热转化效率与燃煤相同（实际中燃煤热损失较大，热转化效率低于煤层气），燃煤脱硫率取 90%，除尘率取 96%，估算约可分别减少燃煤 SO_2、NO_x 和颗粒物排放 7 092 t、34 629 t 和 8 314 t，考虑煤层气燃烧中的污染物排放后，煤层气替代燃煤约可分别减少 SO_2、NO_x 和颗粒物 6 516 t、28 997 t 和 7 866 t。煤层气替代燃煤的污染物削减量远大于规划实施带来的新增量，《规划》实施总体上有利于山西省空气质量的改善。

6.5 《规划》土壤环境影响分析

矿产资源开发利用容易造成受影响的区域土地利用性质改变，使水土流失加重，土壤结构的破坏、肥力的下降以及土壤理化性质改变，严重的可导致土壤中重金属累积，造成区域生态系统的破坏，并威胁到受影响区人群健康。

6.5.1 矿产资源开发建设期的土壤环境影响

在矿产资源开发活动中，建设期工程主要包括公路建设、工业场地建设、生活区建设、平整土地等。在该过程中表土剥离使占用面积的植被完全破坏，野生植物丧失，剥离物占用土地，从而导致土壤侵蚀和景观格局的改变；场区建筑物建设的地面整平也将破坏原来的地表植被，造成土壤侵蚀；由于矿山一般处在偏僻山体，其矿区道路路线长，挖填土石方量大，施工临时占地大，因此也会造成较大的土壤侵蚀，在一定程度上造成新的水土流失。

施工机械和施工人员的碾压会破坏土地上植被和土壤的团粒结构，影响土壤耕作层的疏松性和透水性，使土壤地力降低，严重情况下易引起土地沙化等灾害。

6.5.2 矿产资源开发运营期的土壤环境影响

根据《山西省矿产资源总体规划（2016—2020年）》，其中涉及的矿产资源开发包括煤、煤层气、地热、铝土矿、铁矿、铜矿（矿石）、金矿（矿石）、“三稀”元素矿产、水泥用灰岩、耐火黏土矿、芒硝、硫铁矿、冶镁白云岩等。其中涉及铜矿、铁矿、金矿、“三稀”元素矿产等金属矿以及萤石矿等非金属矿，在其采选的过程中会产生含重金属的粉尘和废水，采矿废水主要包括矿坑废水、废石排土场淋溶水和尾矿库渗出水。含重金属的粉尘通过大气沉降的途径进入土壤中，矿坑废水、废石排土场淋溶水和尾矿库渗出水中的少量重金属直接或间接（如废水排入周边地表水体；使用地表水体灌溉农田，使重金属进入到土壤中）进入土壤环境中，使土壤环境中重金属含量升高。土壤中的重金属在土壤环境中会呈现累积效应，当累积到一定程度时，对土壤环境影响较大，使地表不耐受植被呈现生物毒性，造成地表植被大量死亡。

6.6 《规划》固废环境影响分析

6.6.1 固体废物产生情况

6.6.1.1 建设期固体废物产生情况

《规划》实施过程中，建设期产生的固体废物主要是废弃土石方、建筑垃圾、钻井岩屑和废泥浆。这些固体废物绝大多数来自土石方开挖、建筑垃圾等。因此项目区尽量做到挖填平衡，或将弃方用于基地内外其他项目的填方，以尽量减少弃方量；无法利用的弃方可与建筑垃圾统一运往附近指定的建筑垃圾场进行处置。只要做好挖填方平衡工作及弃方的处置管理工作，施工期的废弃土石方和建筑垃圾就不会对周围环境产生影响。

煤层气基地建设过程中会产生钻井岩屑和废泥浆。钻井岩屑可用于平整场地，余下部分可与钻井废泥浆一同处置；钻井废泥浆属于第Ⅱ类一般工业固体废物，钻井期钻井废泥浆暂存于井场防渗泥浆池中，完井后需进行固化处理，然后严格按照《一般工业固体废物贮存、处置场污染控制标准》中Ⅱ类场的要求填埋处置。

6.6.1.2 运营期固体废物产生情况

《规划》实施过程中，运营期产生的固体废物主要是废石（含矸石）、尾矿等，其中尾矿来自铜矿、金矿和铁矿的选矿过程。根据山西省矿产资源开采利用现状、矿山固体废物产生和排放的实际情况，结合《规划》中主要矿产品 2020 年预期产量，同时参考《工业源产排污系数手册（2010 年修订版）》，估算 2020 年主要矿产品固体废物产生量，具体见表 6-24。

表 6-24 《规划》实施固体废物产生量预测

序号	矿产品名称	2020 年预测年产量	主要固废名称	固废属性	主要固废产生量/（万 t/a）
1	煤	10 亿 t	煤矸石	Ⅰ类一般工业固废	10 000
2	煤层气	200 亿 m^3	—	—	—
3	地热	3 100 万 m^3	—	—	—
4	铝土矿	4 200 万 t	废石	Ⅰ类一般工业固废	55 255
5	铁矿	5 000 万 t	废石	Ⅰ类一般工业固废	7075
			尾矿	Ⅰ类/Ⅱ类一般工业固废	8 400
6	铜矿（矿石）	600 万 t	废石	Ⅰ类一般工业固废	270
			尾矿	Ⅰ类/Ⅱ类一般工业固废	552
7	金矿（矿石）	600 万 t	废石	Ⅰ类一般工业固废	153
			尾矿	Ⅰ类/Ⅱ类一般工业固废	541

序号	矿产品名称	2020年预测年产量	主要固废名称	固废属性	主要固废产生量/（万t/a）
8	水泥用灰岩	2 500万t	废石	Ⅰ类一般工业固废	338
9	耐火黏土矿	100万t	废石	Ⅰ类一般工业固废	1.2
10	芒硝	120万t	废石	Ⅰ类一般工业固废	34
11	硫铁矿	140万t	废石	Ⅰ类/Ⅱ类一般工业固废	198
			尾矿	Ⅰ类/Ⅱ类一般工业固废	235
12	冶镁白云岩	375万t	废石	Ⅰ类一般工业固废	137

6.6.2 固体废物处置措施

为减少固体废物堆存对土地资源的占用和环境影响，提高资源利用效率，矿山采洗中产生的大量废石和尾矿首先应考虑综合利用。秉承“减量化、资源化、无害化”原则，充分利用矿山尾矿、废石等废弃物中的有用成分，最大限度地减少矿业固体废物堆存占用土地、破坏生态环境。

6.6.2.1 煤矸石

根据国家十部委联合发布的《煤矸石综合利用管理办法》（第18号），新建（改扩建）煤矿及选煤厂禁止建设永久性煤矸石堆放场（库）。确需建设临时性堆放场（库）的，原则上占地规模按不超过3年储矸量设计，且必须有后续综合利用方案。根据国土资源部《煤炭资源合理开发利用“三率”指标要求（试行）》，煤矸石综合利用率应达到75%以上。因此，煤炭采选企业应采取有效的综合利用措施消纳煤矸石；对确实难以综合利用的，可采取安全环保措施并进行无害化处置，按照矿山生态环境保护与恢复治理技术规范等要求进行煤矸石堆场的生态保护与修复。

煤矸石综合利用应当坚持减少排放和扩大利用相结合，加强全过程管理，提高煤矸石利用量和利用率。综合利用途径有井下回填、生产建筑材料、矸石电厂发电、筑路、土地复垦等。同时，应鼓励煤炭生产企业积极推广应用煤矸石井下充填开采技术，有效控制地面沉陷，减少煤矸石排放量。

山西省国土厅应组织编制山西省煤矸石综合利用发展规划（或实施方案），并且煤炭采选项目的核准申请报告中须有煤矸石综合利用和治理方案。

6.6.2.2 废石

采矿前期产生的废石送至废石场堆存；采矿后期产生的废石全部用于回填采空区，即可以减轻地表沉陷的影响、减少占地，又提高了固体废物综合利用率，减轻了对环境的影响。废石场堆存需根据废石的属性（Ⅰ类、Ⅱ类一般工业固废），严格按照《一般工业固体废物贮存、处置场污染控制标准》（GB 18599—2001）的要求进行处置。

6.6.2.3 尾矿

尾矿的处置以综合利用为主，不能利用部分要送到尾矿库堆存。根据国土资源部《铁矿资源合理开发利用“三率”最低指标要求（试行）》，尾矿综合利用率不低于20%。

尾矿的成分比较复杂，其综合利用形式也多种多样。通过对尾矿资源的综合评价，对元素类尾矿可通过开发应用新的选矿技术，充分回收有价元素；对建材类尾矿，可开展加工利用和延长产业链技术研究，开发建筑、陶瓷、耐火新材料或替代材料等；对化学矿山类尾矿，主要开发矿物肥料和土壤改良剂技术，并进行土壤改良和矿物废料利用研究。另外，要充分利用尾矿进行矿山采空区回填、土地复垦回填，加强矿区生态环境恢复治理，避免水土流失。

矿区产生的固体废物根据其种类及特性，要分别得到妥善处理和合理利用，同时制定完善的土地复垦与植被恢复计划，使废石场和尾矿库服务期满后覆土恢复植被。

6.6.3 固废堆放场选址分析

在废石堆场、尾矿库选址建设前需对废石、尾矿根据《固体废物浸出毒性浸出方法》（GB 50586.1～5086.2—1997）、《危险废物鉴别标准—浸出毒性鉴别》（GB 5085.3—2007）、《污水综合排放标准》（GB 8978—1996）进行鉴别。若废石或尾矿属于Ⅰ类、Ⅱ类一般工业固废的，按照下列要求进行选址：

①所选场址应符合当地城乡建设总体规划要求。

②所选场址应依据环境影响评价结论确定场址的位置及其与周围人群的距离，并经具有审批权的环境保护行政主管部门批准，并可作为规划控制的依据。在对一般工业固体废物贮存、处置场场址进行环境影响评价时，应重点考虑处置场产生的渗滤液以及粉尘等污染因素，根据其所在地区的环境功能区类别，综合评价其对周围环境、居住人群的身体健康、日常生产生活活动产生的影响，合理确定处置场与常住居民居住场所、农用地、地表水体、交通干线等敏感对象之间的位置关系。

③所选场址应选在满足承载力要求的地基上，以避免地基下沉的影响，特别是不均匀或局部下沉的影响。

④所选场址应避开断层、断层破碎带、溶洞区以及天然滑坡或泥石流影响区。

⑤所选场址禁止选在江河、湖泊、水库最高水位线以下的滩地和洪泛区。

⑥所选场址禁止选在自然保护区、风景名胜区和其他需要特别保护的区域。

⑦Ⅰ类场应优先选用废弃的采矿坑、塌陷区。

⑧Ⅱ类场应避开地下水主要补给区和饮用水水源含水层，应选在防渗性能好的地基上，天然基础层地表距地下水位的距离不得小于1.5 m。

此外，国家安全生产监督管理总局第 6 号令《尾矿库安全监督管理规定》《尾矿库安全技术规程》（AQ 2006—2005）对尾矿库选址要求做了规定；国务院国发〔2010〕23 号文《国务院关于进一步加强企业安全生产工作的通知》、环境保护部《尾矿库环境应急管理工作指南（试行）》要求，对尾矿库存在的环境风险进行评估，制定环境应急管理预案；在尾矿库建设的选址方面应考虑尾矿库周围有利于建设尾矿库环境应急处置设施。这些规定要求在尾矿库选址、规划设计阶段应当充分考虑尾矿库下游安全防护要求。

6.6.4 固废排放对环境的影响分析

矿山采选产生的固体废物主要是废石（含矸石）、尾矿。固体废物排放对环境的影响主要表现在对生态、大气、水体和土壤等环境要素的影响，其影响程度的大小取决于固体废物的理化性质、处理措施及处置场的场地选择。

6.6.4.1 固体废物排放对生态环境的影响

矿山固体废物排放对生态环境的影响主要体现在景观及土地利用方面，具体表现在固体废物堆存占用土地，影响区域景观，改变土地原有功能等方面。

矿产采选过程排放的固体废物主要是废石（矸石）和尾矿，其在固废处置场堆放后不仅不利于植物的生长，同时还对原土地上生长的各种植物及植被压倒和覆盖，改变了原有生长条件使植物死亡，加剧水土流失，对局部的生态环境造成严重破坏。

因此，在固体废物的堆存、处置过程中，要采取相应的截排水和生态防护措施，处置场服务期满后，要及时进行覆土绿化，以减少固体废物堆放对生态环境的影响。

6.6.4.2 固体废物排放对大气环境的影响分析

固体废物排放对环境空气的影响主要表现在两个方面：固废运输和堆放扬尘、矸石自燃废气。

道路运输扬尘是比较显著的，通过在运输道路定期洒水降尘，保持路面清洁和相对湿度，可有效控制固废运输过程产生的扬尘污染。

固废堆放扬尘主要是风吹造成的，其产尘条件取决于其粒度，表面含水量和风速的大小。类比有关的风洞实验结果，当地面风速大于 4.0 m/s 时可产生扬尘。因此，在具备起尘风速条件时，固废堆放会对周围局部地区形成影响。所以可从以下几方面控制堆场扬尘：固废运至排土场后，及时用推土机推平压实，并配专门洒水车洒水降尘，提高固废的含水率来有效控制堆场扬尘的影响；当固废堆放场平台上形成一定面积后，在不影响排放作业的情况下及时覆土绿化恢复植被；在固废堆放场四周进行必要的绿化林带建设，以减轻堆场扬尘产生的污染影响。

矸石自燃会排放 SO_2、CO、烟尘等并污染大气环境，在雨季还会产生酸性淋溶水，污染地表水环境。矸石自燃的影响因素除含硫量之外，还包括可燃成分、通风状况、氧化蓄热条件、堆积处理方式等方面。对其防治对策一般采用：“分层压实”的排矸工艺，即每堆放 3 m 厚的矸石覆盖一层 50 cm 厚的黄土（配比 1∶1 石灰），分层堆置、压实、黄土覆土的措施，使矸石隔绝空气，杜绝自燃现象发生。

6.6.4.3 固废淋溶对水环境的影响分析

各类废石（矸石）、尾矿，在进入堆放场前需根据浸出实验结果进行属性鉴别。针对不同的固体废物属性类别，按照相关规定进行固废排放场的选址、建设。当浸出液 pH 呈中性或偏碱性时，不需要对淋溶水进行专门处理；当浸出液 pH 呈明显酸性时，需对固废排放场淋溶水进行治理，因为酸性条件有利于废石和尾矿中重金属离子的溶解，不利于重金属离子在废石和尾矿中的稳定存在，这类废水中重金属浓度相对较高，如直接排放则会对周围环境产生不利影响。因此，在矿山废石堆场和尾矿库建设中，要求修建挡土墙、截洪沟和沉淀池，阻止周围雨水径流进入堆场。

此外，在非正常情况下，如发生尾矿库的垮坝、洪水漫顶、坝坡渗水等事故，尾矿库废水中重金属会对环境的影响较大。因此，一方面，要严格规范尾矿库的选址、建设和运行管理；另一方面，要按规定编制《尾矿库企业环境应急预案》，构建尾矿库突发环境事件防范和应急处置体系，实现尾矿库环境应急管理的专业化、科学化和规范化。

6.7 《规划》地质环境影响分析

6.7.1 《规划》地质环境稳定性影响分析

地质环境稳定性是指在一定类型成因作用影响下，保持其性能和成分、结构、状态不变的能力和强度，或者其在不会引起自然体系功能破坏或产生有害生态后果的范围内变化的能力和强度。影响山西地质环境稳定的主要因素为原生的地质环境条件因素，包括岩土体工程类型、地形地貌条件、地震因素等。

本次研究在山西省地质环境稳定性的基础上，结合《规划》的勘查开发矿区进行评价。对处于不同地质环境稳定性的矿区进行分类总结并提出相关的治理防护措施。

6.7.1.1 山西省地质环境稳定性

地质环境稳定性评价是一项很复杂的工作，它涉及的因素很多，各因素之间又相互制约、相互牵连，用经典的数学难以定量描述。本次研究选择采用模糊综合评价法来进行评价。结合山西省地质环境特点，地质环境稳定性评价选择岩土体工程类型、地形地貌类型、地震烈度 3 个主要指标，并分良好、较好、一般、较差、差 5 级进行评价（见表 6-25），指标权重的确定采用层次分析法。评价结果见图 6-4。

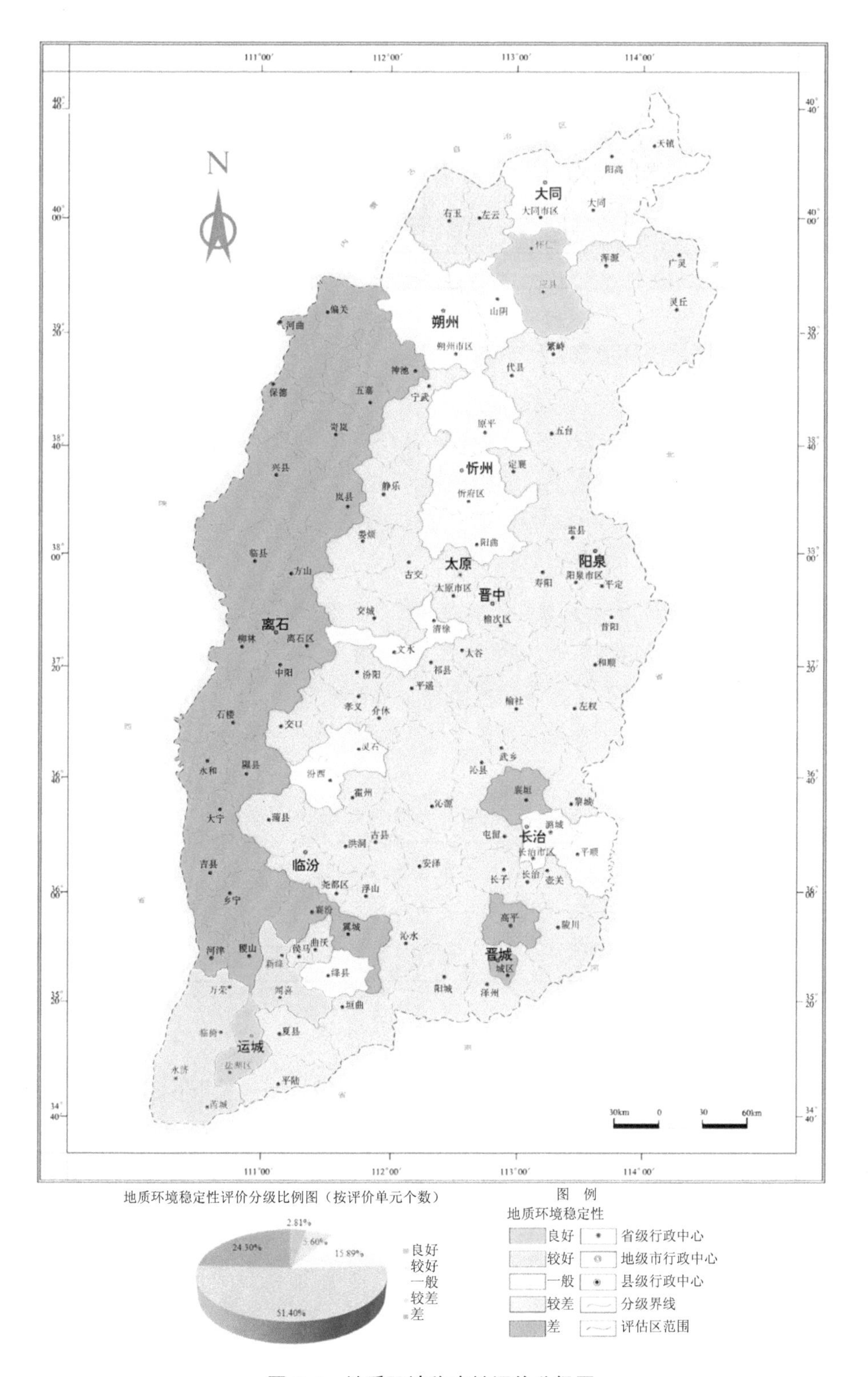

图 6-4 地质环境稳定性评价分级图

表 6-25 地质环境稳定性评价指标及评价分级

指标（权重）	地质环境稳定性分级				
	良好	较好	一般	较差	差
岩土体工程类型（0.37）	坚硬块状岩浆岩体	坚硬块状变质岩体	坚硬厚层状碳酸盐岩体	半坚硬厚薄互层状碎屑岩体	黄土及冲积层松散土体
地形地貌类型（0.35）	断陷盆地	黄土台地	低山	中山	丘陵
地震烈度（0.28）	Ⅴ	Ⅵ	Ⅶ	Ⅷ	Ⅸ

6.7.1.2 煤炭规划区地质环境稳定性分析

山西省地质环境稳定性划分为良好、较好、一般、较差、差 5 个级别，分别约占山西省总县（市、区）的 2.81%、5.60%、15.89%、51.40%、24.30%。山西省约 75.70%的区域地质环境稳定性较差。本次规划中，煤炭规划矿区共有 17 个，主要分布于地质环境稳定性一般、较差、差的区域，并大部分位于地质环境稳定性较差的区域（见图 6-5）。

（1）地质环境稳定性一般的煤炭规划区

共有 2 个煤炭规划矿区位于地质环境稳定性一般的区域（见表 6-26）。平朔煤炭规划矿区全部位于地质环境稳定性一般的朔州市。朔南煤炭规划区基本都位于地质环境稳定性一般的朔州市，只有少部分位于地质环境稳定性差的神池县。朔州市的岩土工程类型为黄土及冲积层松散土体，地貌类型多为中山，地震烈度Ⅷ级，故地质环境稳定性一般。

表 6-26 地质环境稳定性一般的煤炭规划区统计表

编号	名称	所在行政区	等级
1	平朔煤炭规划矿区	朔州市	一般
2	朔南煤炭规划矿区	朔州市	一般
		神池县	差

（2）地质环境稳定性较差的煤炭规划区

共有 11 个煤炭规划矿区位于地质环境稳定性较差的区域（见表 6-27）。这些规划区，北部分布在大同市、朔州市和忻州市，中部分布在太原市、晋中市、阳泉市、吕梁市，南部分布在运城市、长治市、晋城市、临汾市。这些地区多数为半坚硬厚薄互层状碎屑岩体岩土体类型、中山地貌类型、地震烈度Ⅵ～Ⅶ级，故地质环境稳定性较差。

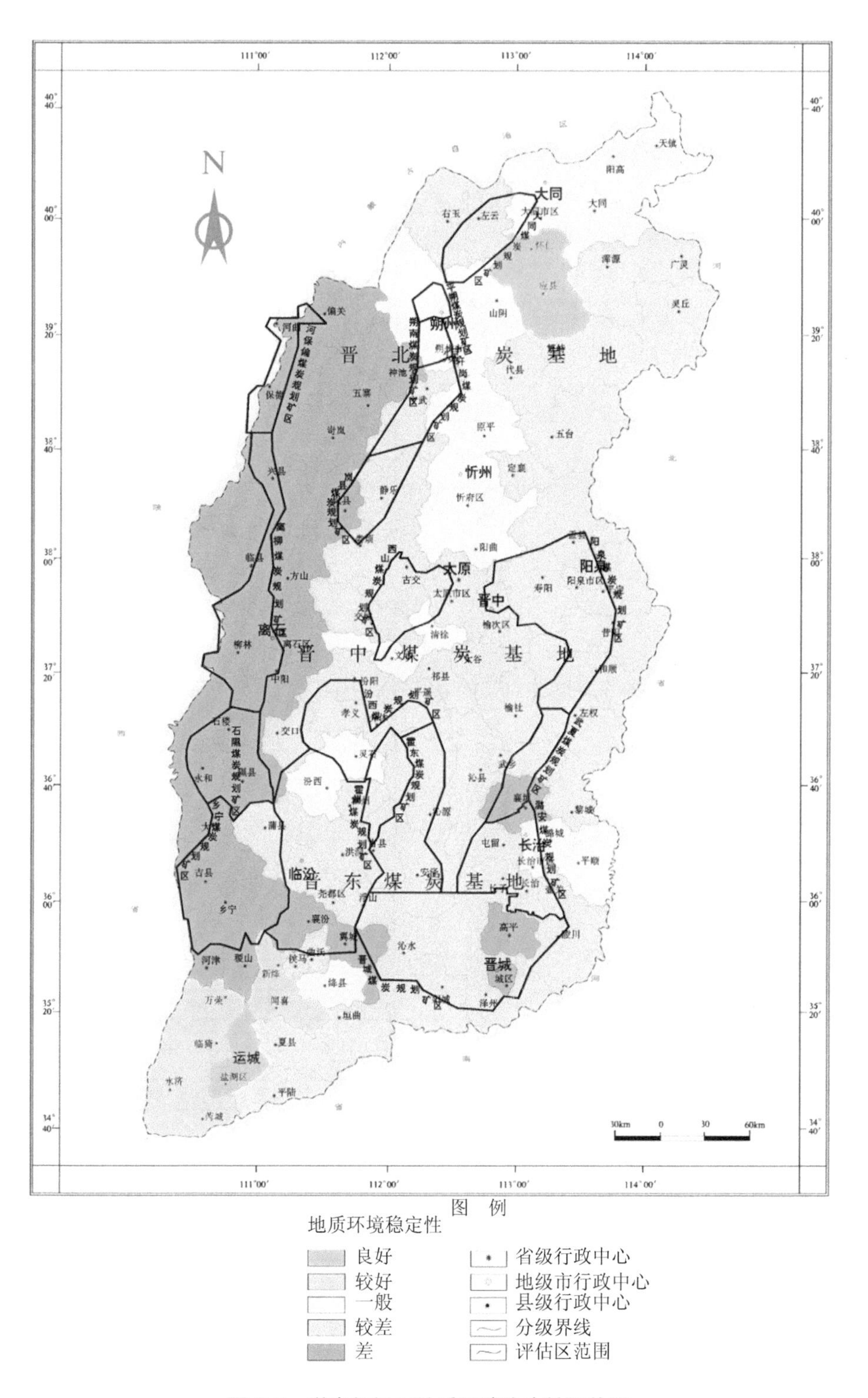

图 6-5　煤炭规划区地质环境稳定性评价图

表 6-27 地质环境稳定性较差的煤炭规划区统计表

编号	名称	所在行政区	等级
1	大同煤炭规划矿区	左云县	较差
		大同市	一般
		山阴县	一般
2	轩岗煤炭规划矿区	宁武县	较差
		原平市	一般
		朔州市	一般
		神池县	差
3	岚县煤炭规划矿区	宁武县	较差
		静乐县	较差
		娄烦县	较差
		岚县	差
4	西山煤炭规划矿区	古交市	较差
		交城县	较差
		太原市	较差
		清徐县	一般
		文水县	一般
5	阳泉煤炭规划矿区	阳泉市	较差
		盂县	较差
		寿阳县	较差
		晋中市	较差
		平定县	较差
		昔阳县	较差
		和顺县	较差
		左权县	较差
6	汾西煤炭规划矿区	汾阳市	较差
		孝义市	较差
		介休市	较差
		平遥县	较差
		交口县	较差
		灵石县	一般
7	霍州煤炭规划矿区	灵石县	一般
		汾西县	一般
		交口县	较差
		霍州市	较差
		蒲县	较差
		洪洞县	较差
		临汾市	较差
		古县	较差
		浮山县	较差
		曲沃县	较差
		襄汾县	差
		翼城县	差
8	霍东煤炭规划矿区	平遥县	较差
		沁源县	较差
		古县	较差
		安泽县	较差

编号	名称	所在行政区	等级
9	武夏煤炭规划矿区	左权县	较差
		榆社县	较差
		武乡县	较差
		襄垣县	差
10	潞安煤炭规划矿区	襄垣县	差
		长治市	一般
		潞城市	一般
		屯留县	较差
		长子县	较差
		壶关县	较差
11	晋城煤炭规划矿区	浮山县	较差
		安泽县	较差
		长子县	较差
		沁水县	较差
		阳城县	较差
		泽州县	较差
		陵川县	较差
		晋城市	差
		高平市	差
		翼城县	差

（3）地质环境稳定性差的煤炭规划区

共有4个煤炭规划矿区位于地质环境稳定性差的区域（见表6-28）。这些规划区位于北部忻州市的河曲县、保德县，西部吕梁市的兴县、临县等及南部临汾的隰县、乡宁县等。这些地区多数为黄土及冲积层松散土体岩土体类型、丘陵地貌类型，故地质环境稳定性差。

表6-28 地质环境稳定性差的煤炭规划区统计表

编号	名称	所在行政区	等级
1	河保偏煤炭规划矿区	河曲县	差
		保德县	差
2	离柳煤炭规划矿区	兴县	差
		临县	差
		方山县	差
		离石县	差
		柳林市	差
		中阳县	差
3	石隰煤炭规划矿区	石楼县	差
		隰县	差
		永和县	差
4	乡宁煤炭规划矿区	乡宁县	差
		大宁县	差
		吉县	差
		蒲县	较差
		临汾市	较差

6.7.1.3 铝土矿规划区地质环境稳定性分析

本次规划，铝土矿勘查开发规划区共有 11 个，主要分布于地质环境稳定性一般、较差、差的区域，并大部分位于地质环境稳定性较差的区域（见图 6-6）。

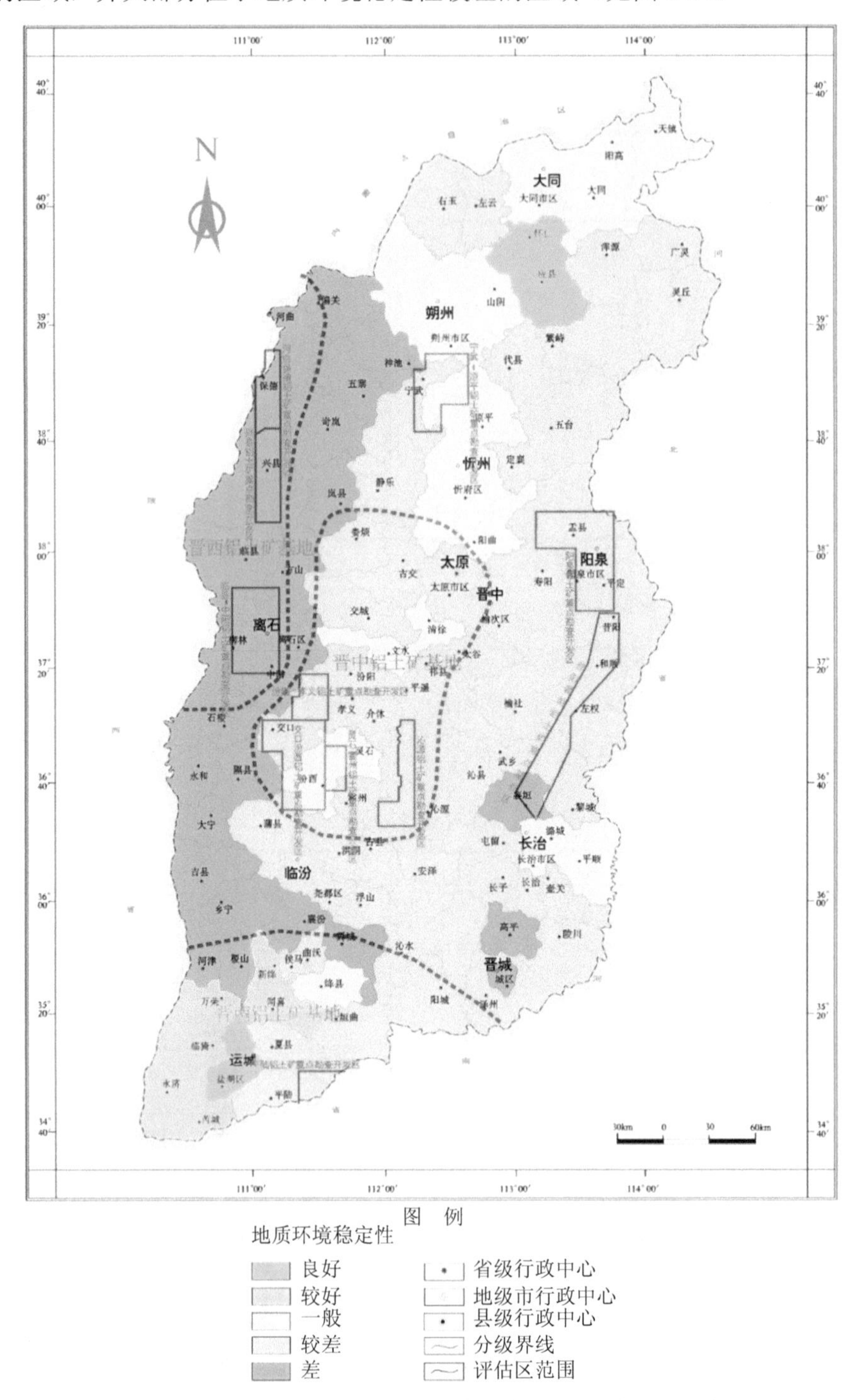

图 6-6 铝土矿规划区地质环境稳定性评价图

（1）地质环境稳定性一般的铝土矿规划区

共有 3 个铝土矿规划矿区位于地质环境稳定性一般的区域（见表 6-29）。宁武原平铝土矿规划区主要位于原平市和宁武县，这两个地区岩土体工程类型分别为黄土及冲积层松散土体和半坚硬厚薄互层状碎屑，地貌类型为中山，地震烈度Ⅷ级和Ⅴ级，地质环境稳定性为一般和较差，总体为一般；交口汾西铝土矿规划区主要位于交口县和汾西县，这两个地区岩土体工程类型分别为坚硬厚层状碳酸盐岩体和黄土及冲积层松散土体，地貌类型为中山，地震烈度Ⅵ级和Ⅶ级，地质环境稳定性为差和一般，总体为一般；灵石霍州铝土矿规划区位于灵石县和霍州市，这两个地区岩土体工程类型为黄土及冲积层松散土体，地貌类型为低山和黄土台地，地震烈度Ⅷ级，地质环境稳定性为一般和较差，总体为一般。

表 6-29 地质环境稳定性一般的铝土矿规划区统计表

编号	名称	所在行政区	等级
1	宁武原平铝土矿重点勘查开发区	原平市	一般
		朔州市	一般
		宁武县	较差
2	交口汾西铝土矿重点勘查开发区	交口县	较差
		汾西县	一般
		灵石县	一般
		蒲县	较差
3	灵石霍州铝土矿重点勘查开发区	灵石县	一般
		霍州市	较差

（2）地质环境稳定性较差的铝土矿规划区

共有 5 个铝土矿规划矿区位于地质环境稳定性较差的区域（见表 6-30）。这些规划区位于中部吕梁市的汾阳市、孝义市，中东部阳泉市的市区、盂县，晋中市的昔阳县、和顺县等及南部运城市的平陆县、夏县。这些地区多数为半坚硬厚薄互层状碎屑岩和黄土及冲积层松散土体岩体岩土体类型、中山和丘陵地貌类型，地震烈度Ⅴ～Ⅶ级，地质环境稳定性较差。

（3）地质环境稳定性差的铝土矿规划区

共有 3 个铝土矿规划矿区位于地质环境稳定性差的区域（见表 6-31）。河曲保德铝土矿规划区位于忻州市的河曲县和保德县，为黄土及冲积层松散土体岩体岩土体类型，丘陵地貌类型，地震烈度Ⅶ级，地质环境稳定性差；兴县铝土矿规划区位于吕梁市的兴县，为黄土及冲积层松散土体岩体岩土体类型，丘陵地貌类型，地震烈度Ⅴ级，地质环境稳定性差；临县中阳铝土矿规划区位于吕梁市的临县、中阳县等，这些地区多为黄土及冲积层松散土体岩体岩土体类型，中山和丘陵地貌类型，地震烈度Ⅴ级和Ⅵ级，地质环境稳定性差。

表 6-30 地质环境稳定性较差的铝土矿规划区统计表

编号	名称	所在行政区	等级
1	阳泉铝土矿重点勘查开发区	阳泉市	较差
		盂县	较差
		平定县	较差
2	昔阳襄垣铝土矿重点勘查开发区	昔阳县	较差
		和顺县	较差
		左权县	较差
		武乡县	较差
		襄垣县	差
3	汾阳孝义铝土矿重点勘查开发区	汾阳市	较差
		孝义市	较差
		中阳县	较差
4	沁源铝土矿重点勘查开发区	沁源县	较差
		古县	较差
		安泽县	较差
5	平陆铝土矿重点勘查开发区	平陆县	较差
		夏县	较差

表 6-31 地质环境稳定性差的铝土矿规划区统计表

编号	名称	所在行政区	等级
1	河曲保德铝土矿重点勘查开发区	河曲县	差
		保德县	差
2	兴县铝土矿重点勘查开发区	兴县	差
3	临县中阳铝土矿重点勘查开发区	临县	差
		离石区	差
		柳林县	差
		中阳县	差

6.7.1.4 铁矿规划区地质环境稳定性分析

本次规划，铁矿勘查开发规划区共有 7 个，主要分布于地质环境稳定性一般、较差、差的区域，并大部分位于地质环境稳定性较差的区域（见图 6-7）。

（1）地质环境稳定性一般的铁矿规划区

共有 1 个铁矿规划矿区位于地质环境稳定性一般的区域（见表 6-32）。平顺铁矿规划矿区位于长治市的平顺县，土体类型为坚硬厚层状变质岩体岩土体类型，中山地貌类型，地震烈度Ⅴ级，地质环境稳定性一般。

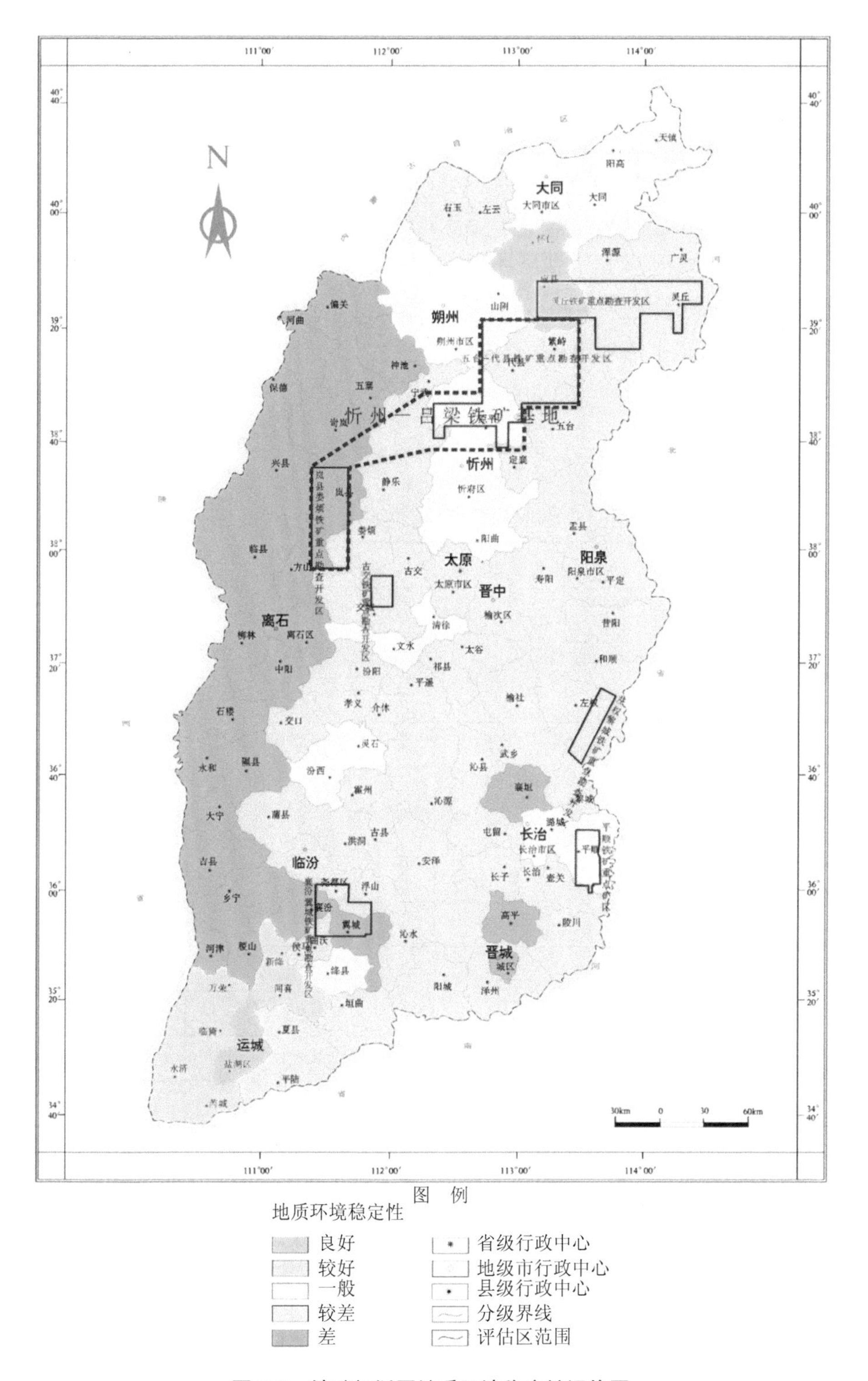

图 6-7　铁矿规划区地质环境稳定性评价图

表 6-32 地质环境稳定性一般的铁矿规划区统计表

编号	名称	所在行政区	等级
1	平顺铁矿重点勘查开发区	平顺县	一般

（2）地质环境稳定性较差的铁矿规划区

共有 4 个铁矿规划矿区位于地质环境稳定性较差的区域（见表 6-33）。这些规划区的北部分布在大同市的灵丘县、忻州市的代县、繁峙县等，中部分布在古交市，东部分布在晋中市的左权县和长治市的黎城县。这些地区多数为半坚硬厚薄互层状碎屑岩和黄土及冲积层松散土体岩体岩土体类型、多为中山地貌类型，地震烈度Ⅵ～Ⅷ级，地质环境稳定性较差。

表 6-33 地质环境稳定性较差的铁矿规划区统计表

<table>
<tr><th>编号</th><th>名称</th><th>所在行政区</th><th>等级</th></tr>
<tr><td rowspan="3">1</td><td rowspan="3">灵丘铁矿重点勘查开发区</td><td>灵丘县</td><td>较差</td></tr>
<tr><td>繁峙县</td><td>较差</td></tr>
<tr><td>应县</td><td>良好</td></tr>
<tr><td rowspan="5">2</td><td rowspan="5">五台代县铁矿重点勘查开发区</td><td>代县</td><td>较差</td></tr>
<tr><td>繁峙县</td><td>较差</td></tr>
<tr><td>五台县</td><td>较差</td></tr>
<tr><td>朔州市区</td><td>一般</td></tr>
<tr><td>原平市</td><td>一般</td></tr>
<tr><td rowspan="2">3</td><td rowspan="2">古交铁矿重点勘查开发区</td><td>古交市</td><td>较差</td></tr>
<tr><td>交城县</td><td>较差</td></tr>
<tr><td rowspan="2">4</td><td rowspan="2">左权黎城铁矿重点勘查开发区</td><td>左权县</td><td>较差</td></tr>
<tr><td>黎城县</td><td>较差</td></tr>
</table>

（3）地质环境稳定性差的铁矿规划区

共有 2 个铁矿规划矿区位于地质环境稳定性差的区域（见表 6-34）。岚县娄烦铁矿规划矿区主要位于吕梁市的岚县和方山县，这两个地区主要为黄土及冲积层松散土体岩体岩土体类型，中山地貌类型，地震烈度Ⅴ级，地质环境稳定性差；襄汾翼城铁矿规划矿区主要位于临汾市的襄汾县、翼城县等，这些地区主要为黄土及冲积层松散土体岩体岩土体类型，中山和盆地地貌类型，地震烈度Ⅶ级和Ⅷ级，地质环境稳定性差。

表 6-34 地质环境稳定性差的铁矿规划区统计表

编号	名称	所在行政区	等级
1	岚县娄烦铁矿重点勘查开发区	岚县	差
		方山县	差
		娄烦县	较差
2	襄汾翼城铁矿重点勘查开发区	襄汾县	差
		翼城县	差
		浮山县	较差
		曲沃县	较差
		尧都区	较差

6.7.1.5 铜（金）矿规划区地质环境稳定性分析

本次规划，铜（金）矿勘查开发规划矿区共有 4 个，主要分布于地质环境稳定性较差的区域（见图 6-8）。其中，北部有位于繁峙县、灵丘县、浑源县等地区的繁峙灵丘铜（金）矿规划矿区和位于五台县和代县的五台铜（金）矿规划矿区；南部有位于垣曲县、闻喜县、绛县等地区的垣曲铜（金）矿规划矿区和位于平陆县和芮城县的运城铜（金）矿规划矿区（见表 6-35）。这些地区多为黄土及冲积层松散土体岩体岩土体类型，中山地貌类型，地震烈度Ⅶ级和Ⅷ级，地质环境稳定性差。

表 6-35 地质环境稳定性差的铜（金）矿规划区统计表

编号	名称	所在行政区	等级
1	繁峙灵丘铜（金）矿重点勘查开发区	繁峙县	较差
		灵丘县	较差
		浑源县	较差
		广灵县	较差
		应县	良好
2	五台铜（金）矿重点勘查开发区	五台县	较差
		代县	较差
3	垣曲铜（金）矿重点勘查开发区	垣曲县	较差
		夏县	较差
		绛县	一般
		闻喜县	较好
4	运城铜（金）矿重点勘查开发区	平陆县	较差
		芮城县	较差
		盐湖区	良好

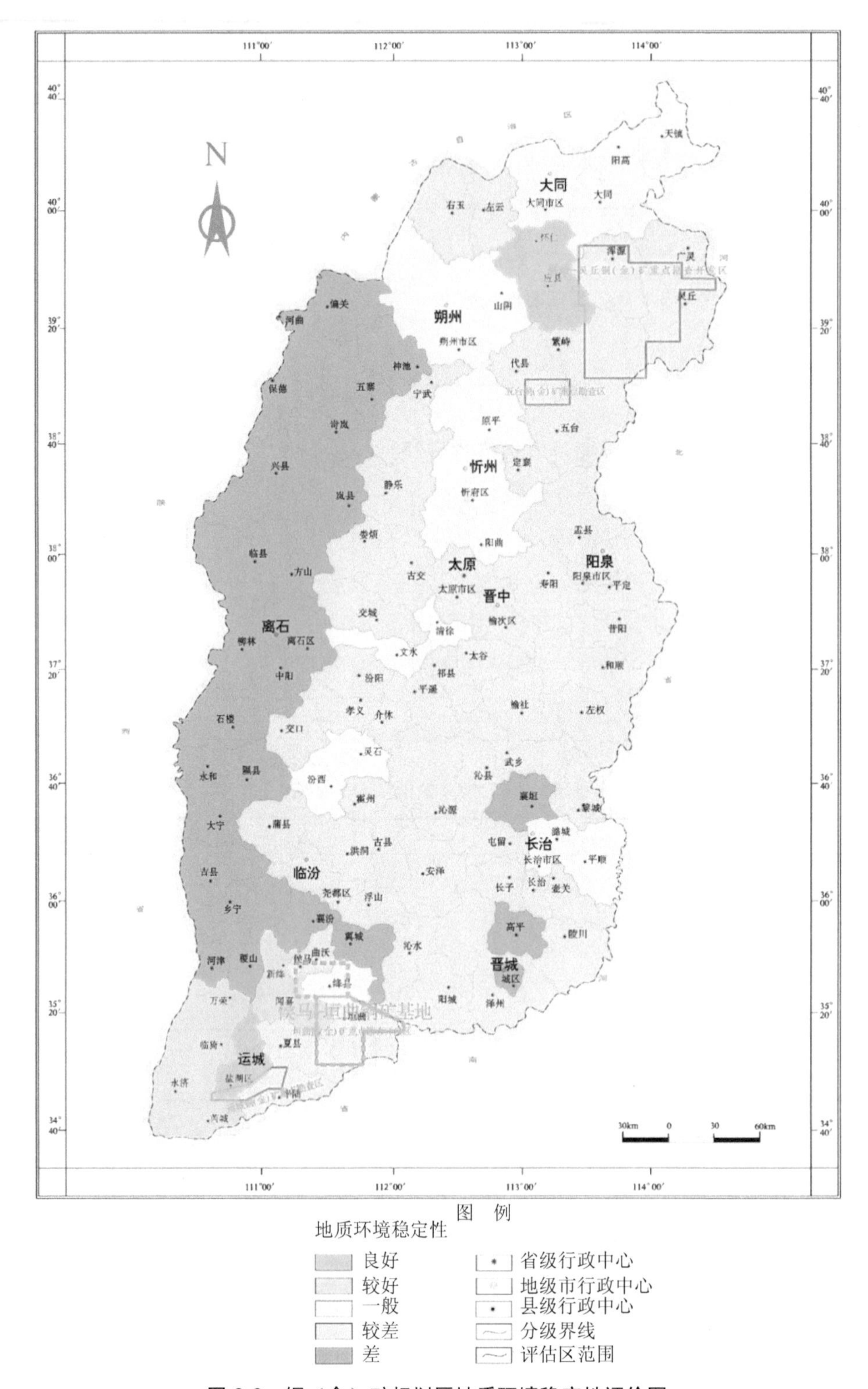

图 6-8　铜（金）矿规划区地质环境稳定性评价图

6.7.1.6 《规划》地质环境稳定性分析与评价

山西省境内地形多样，山地、丘陵、残塬、谷地、平原等交错分布，而且以山地、丘陵为主，山区面积占山西省总面积的80%。山西省内岩土体工程多为黄土及冲积层松散土体，几乎占山西省国土总面积的一半。全省大部分地区地质环境稳定性都较差，只有北部朔州的怀仁县、应县及南部运城的盐湖区地质环境稳定性良好。

本次规划划分出的重点勘查开采规划区有煤炭、铝土矿、铁矿、铜（金）矿、石墨规划区，这些规划区大部分位于地质环境稳定性较差的地区。在地质环境稳定性差的区域进行矿业开发，易造成崩塌、滑坡、泥石流、地面塌陷等一系列地质问题。从上述情况分析，规划区内地形地貌以山地、丘陵为主，高低起伏的山地为崩塌、滑坡、泥石流的发生提供了前提条件；岩性多为黄土及冲积层松散土体，岩石的抗剪强度比较低，很容易发生变形和滑坡且为泥石流提供了丰富的松散固体物质来源；地震烈度较高、地质构造复杂，褶皱断裂变动强烈，易造成岩石破裂或破碎，使之在不同部位、不同坡段发育有方向、规模各异的结构面，使岩块易于与母岩脱落，开采时极易产生崩塌滑坡和矿井落石崩落。

因此，在进行矿业开发时应尽量避免在地质环境稳定性差的区域开采。对在地质环境稳定性一般、较差、差的区域不可规避进行开采时，应适度开采并加强矿山地质环境保护。

6.7.2 《规划》矿山地质灾害影响分析

地质灾害是指在自然或人为因素的作用下形成的，对人类生命财产、环境造成破坏和损失的地质作用或现象。它的主要类型有滑坡、崩塌、泥石流、地面塌陷和地裂缝等。地质灾害发生的范围和强度是衡量地质环境质量现状的主要指标。矿山地质灾害是指自然地质作用和矿山地质作用（也称人为地质作用）导致的矿山生态地质环境恶化，并造成人类生命和财产损失或人类赖以生存的资源、环境严重破坏的灾害事件。其破坏作用主要表现在危害矿区人民生命和财产安全；破坏采矿设施，影响矿业正常生产；破坏土地资源和水环境、矿区生态环境等。

本节主要研究规划区内矿山地质灾害问题，在山西省地质灾害分布图的基础上，结合规划的勘查开发矿区进行评价，对各类型规划矿区内现存地质灾害点进行分类统计。

6.7.2.1 矿山地质灾害问题分析

山西省发育的地质灾害类型主要有崩塌、滑坡、泥石流、地面塌陷、地裂缝及地面沉降等。为了更加明确采矿引起的矿山地质灾害问题的分布与规律，目前收集的现状矿山的典型且破坏较严重的地质灾害点共有1 251处，其中地裂缝共570处，占矿山地质灾害总数的45.56%；地面塌陷分布有513处，占灾害总数的41.01%；崩塌共98处，占灾害总数的7.83%；滑坡共65处，占灾害总数的5.20%；泥石流5处，占灾害总数的0.40%，由此可以看出山西省矿山地质灾害主要以地裂缝和地面塌陷为主（见表6-36、图6-9）。

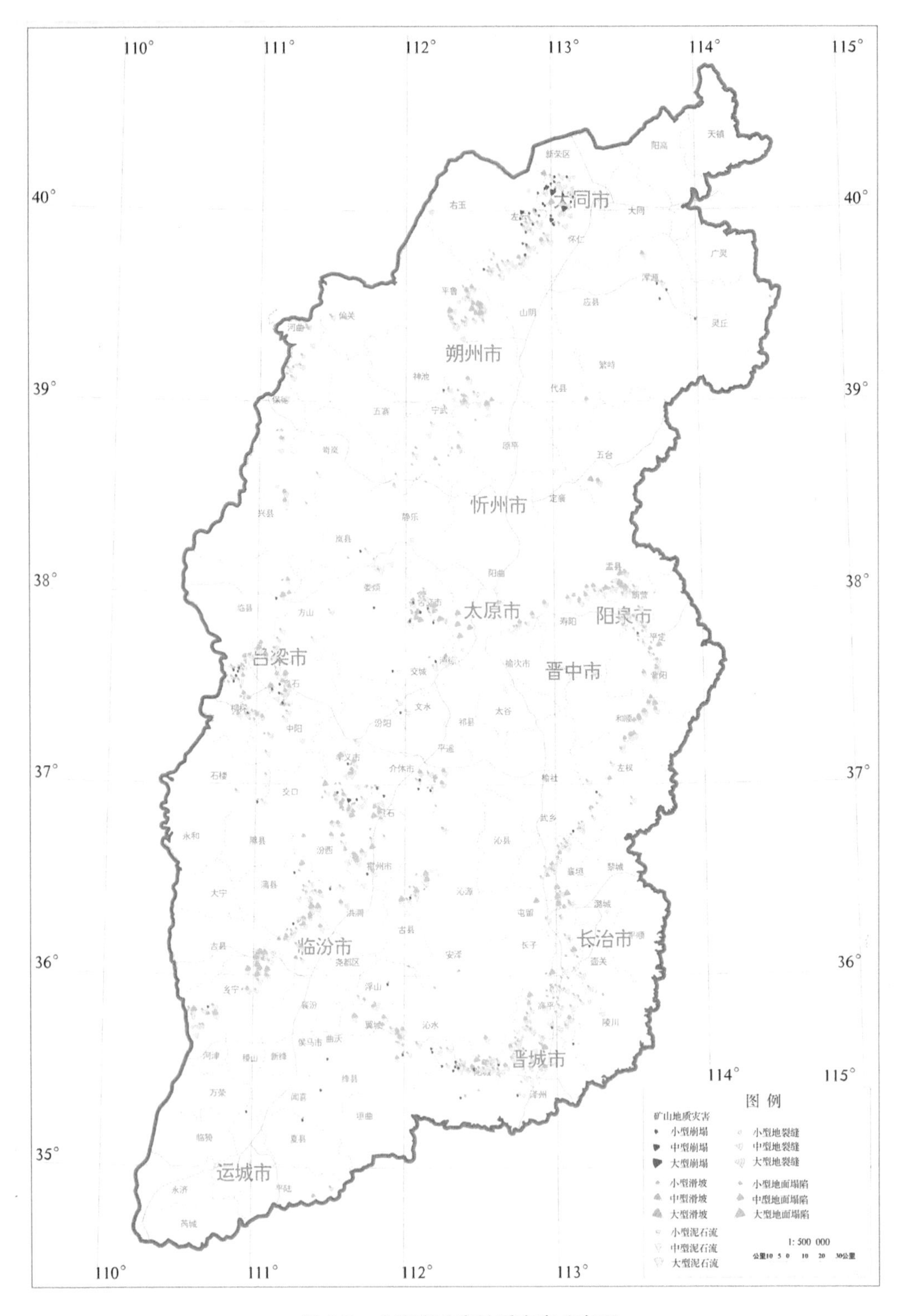

图 6-9 山西省矿产地质灾害分布图

表 6-36　山西省地质灾害情况统计表

地灾类型	地质灾害规模				占全部灾害比例/%
	大型	中型	小型	合计	
崩塌	2	4	92	98	7.83
滑坡	5	8	52	65	5.20
泥石流	0	0	5	5	0.40
地面塌陷	59	136	318	513	41.01
地裂缝	303	159	108	570	45.56
总计	369	307	575	1 251	100

6.7.2.2　煤炭规划区地质灾害问题分析

煤炭规划矿区的地质灾害问题主要为地面塌陷和地裂缝，这是因为在开采过程中，原生矿体和伴生的废石采出后会形成大小规模不等的地下空间，这些空间在重力作用和地应力不均衡等因素的影响下，首先在采空区域产生地裂缝，逐渐发展为采空区的地面塌陷。采空区塌陷造成矿区内及其周边居民点房屋裂缝、耕地损毁等。

山西省共划分出煤炭勘查开采规划区 17 个，目前共存在地质灾害 1 139 处。其中，地面塌陷共有 486 处，占灾害总数的 42.67%，多为中小型地面塌陷；地裂缝共有 519 处，占灾害总数的 45.56%，多为大中型地裂缝；崩塌共有 79 处，占灾害总数的 6.94%，多为小型崩塌；滑坡共有 53 处，占灾害总数的 4.65%，多为小型滑坡；泥石流共有 2 处，占灾害总数的 0.18%，为小型泥石流。地面塌陷和地裂缝灾害点数量最多，泥石流数量最少（见表 6-37）。

表 6-37　煤炭规划矿区地质灾害情况统计表

矿名灾害名称	崩塌				滑坡				泥石流				地面塌陷				地裂缝				总计
	大	中	小	合计	大	中	小	合计	大	中	小	合计	大	中	小	合计	大	中	小	合计	
大同煤炭规划矿区	2	3	25	30	0	0	3	3	0	0	1	1	1	4	24	29	18	16	7	41	104
平朔煤炭规划矿区	0	0	0	0	0	0	0	0	0	0	0	0	3	9	5	17	12	2	3	17	34
朔南煤炭规划矿区	0	0	0	0	0	0	0	0	0	0	0	0	0	0	5	5	5	4	0	9	14
河保偏煤炭规划矿区	0	0	0	0	0	0	2	2	0	0	0	0	0	1	11	12	9	1	2	12	26
轩岗煤炭规划矿区	0	0	1	1	0	0	0	0	0	0	0	0	1	6	14	21	11	5	0	16	38
岚县煤炭规划矿区	0	0	1	1	0	0	1	1	0	0	0	0	0	0	7	7	7	1	2	10	19
离柳煤炭规划矿区	0	0	11	11	2	0	12	14	0	0	0	0	4	16	29	49	29	13	9	51	125
西山煤炭规划矿区	0	0	6	6	2	0	6	8	0	0	0	0	9	4	13	26	10	8	6	24	64
阳泉煤炭规划矿区	0	0	1	1	0	0	0	0	0	0	0	0	6	29	30	65	37	20	7	64	130
石隰煤炭规划矿区	0	0	1	1	0	0	1	1	0	0	0	0	0	0	3	3	1	1	2	4	9

矿名灾害名称	崩塌				滑坡				泥石流				地面塌陷				地裂缝				总计
	大	中	小	合计	大	中	小	合计	大	中	小	合计	大	中	小	合计	大	中	小	合计	
乡宁煤炭规划矿区	0	0	2	2	0	5	2	7	0	0	0	0	10	5	15	30	17	11	4	32	71
汾西煤炭规划矿区	0	1	6	7	0	0	6	6	0	0	0	0	5	16	19	40	18	11	7	36	89
霍东煤炭规划矿区	0	0	1	1	0	0	1	1	0	0	1	1	4	0	5	9	7	3	7	17	29
霍州煤炭规划矿区	0	0	3	3	0	1	2	3	0	0	0	0	7	20	19	46	28	9	8	45	97
武夏煤炭规划矿区	0	0	2	2	0	0	0	0	0	0	0	0	0	4	24	28	13	4	4	21	51
潞安煤炭规划矿区	0	0	1	1	0	0	0	0	0	0	0	0	7	1	15	23	8	3	4	15	39
晋城煤炭规划矿区	0	0	12	12	1	0	6	7	0	0	0	0	3	15	58	76	48	33	24	105	200
总计	2	4	73	79	5	6	42	53	0	0	2	2	60	130	296	486	278	145	96	519	1 139

山西省煤炭规划矿区地质灾害点数量有 0～200 处，按值的大小可分为地质灾害点数量多、中等、少 3 个等级（见表 6-38、图 6-10）。

表 6-38 煤炭规划区地质灾害评价分级表

地质灾害点数量/处	(100，200]	(50，100]	(0，50]
评价分级	多	中等	少

（1）地质灾害点数量多的煤炭规划矿区

该区地质灾害点数量 100～200 处，共有 4 个煤炭规划矿区。分别为晋城煤炭规划矿区、阳泉煤炭规划矿区、离柳煤炭规划矿区、大同煤炭规划矿区。其中，晋城煤炭规划矿区地质灾害点数量最多，有 200 处，占灾害总数的 17.56%；阳泉煤炭规划矿区地质灾害有 130 处，占灾害总数的 11.41%；离柳煤炭规划矿区地质灾害有 125 处，占灾害总数的 10.97%；大同煤炭规划矿区地质灾害有 104 处，占灾害总数的 9.13%。

（2）地质灾害点数量中等的煤炭规划矿区

该区地质灾害点数量 50～100 处，共有 5 个煤炭规划矿区。分别为霍州煤炭规划矿区、汾西煤炭规划矿区、乡宁煤炭规划矿区、西山煤炭规划矿区、武夏煤炭规划矿区。其中，霍州煤炭规划矿区地质灾害有 97 处，占灾害总数的 8.52%；汾西煤炭规划矿区地质灾害有 89 处，占灾害总数的 7.81%；乡宁煤炭规划矿区地质灾害有 71 处，占灾害总数的 6.23%；西山煤炭规划矿区地质灾害有 64 处，占灾害总数的 5.62%；武夏煤炭规划矿区地质灾害有 51 处，占灾害总数的 4.48%。

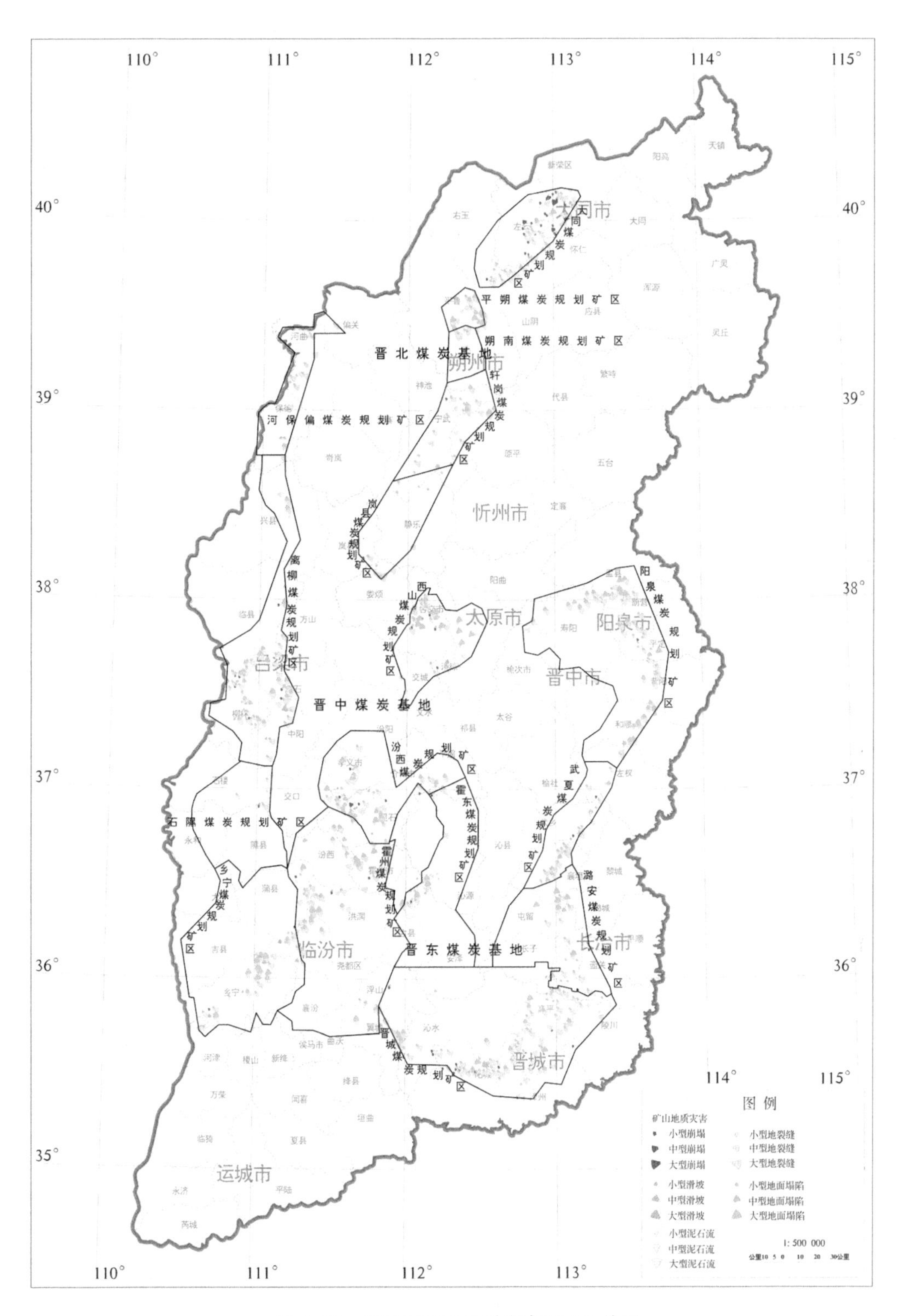

图 6-10　煤矿规划区地质灾害问题评价图

（3）地质灾害点数量少的煤炭规划矿区

该区地质灾害点数量 0～50 处，共有 8 个煤炭规划矿区。分别为潞安煤炭规划矿区、轩岗煤炭规划矿区、平朔煤炭规划矿区、霍东煤炭规划矿区、河保偏煤炭规划矿区、岚县煤炭规划矿区、朔南煤炭规划矿区、石隰煤炭规划矿区。其中，潞安煤炭规划矿区地质灾害有 39 处，占灾害总数的 3.42%；轩岗煤炭规划矿区地质灾害有 38 处，占灾害总数的 3.34%；平朔煤炭规划矿区地质灾害有 34 处，占灾害总数的 2.99%；霍东煤炭规划矿区地质灾害有 29 处，占灾害总数的 2.55%；河保偏煤炭规划矿区地质灾害有 26 处，占灾害总数的 2.28%；岚县煤炭规划矿区地质灾害有 19 处，占灾害总数的 1.67%；朔南煤炭规划矿区地质灾害有 14 处，占灾害总数的 1.23%；石隰煤炭规划矿区地质灾害点数量最少，有 9 处，占灾害总数的 0.79%。

6.7.2.3 铝土矿规划区地质灾害问题分析

铝土矿规划矿区的地质灾害问题主要为地面塌陷和地裂缝，这是因为铝土矿开采早期会形成采空区，在重力、降水等诱因长期作用下，这些未进行处理的采空区可能发生坍塌，并继续对其上覆岩体的稳定性产生影响，一旦坍塌波及地表，即会造成地面裂缝、沉降或地面塌陷。

山西省共划分出铝土矿勘查开采规划区 11 个，目前共存在地质灾害 348 处。其中，地面塌陷共有 157 处，占灾害总数的 45.11%，多为中小型地面塌陷；地裂缝共有 160 处，占灾害总数的 45.98%，多为大中型地裂缝；崩塌共有 12 处，占灾害总数的 3.45%，都是小型崩塌；滑坡共有 19 处，占灾害总数的 5.46%，多为小型滑坡；泥石流共有 0 处。规划区内地面塌陷和地裂缝灾害点数量最多，没有泥石流发生（见表 6-39）。

表 6-39　铝土矿规划矿区地质灾害情况统计表

矿名灾害名称	崩塌				滑坡				泥石流				地面塌陷				地裂缝				总计
	大	中	小	合计	大	中	小	合计	大	中	小	合计	大	中	小	合计	大	中	小	合计	
宁武—原平铝土矿重点勘查开发区	0	0	1	1	0	0	0	0	0	0	0	0	1	5	10	16	11	4	1	16	33
河曲—保德铝土矿重点勘查开发区	0	0	0	0	0	0	1	1	0	0	0	0	0	1	6	7	7	0	2	9	17
兴县铝土矿重点勘查开发区	0	0	0	0	0	0	0	0	0	0	0	0	0	2	0	2	2	1	1	4	6
临县—中阳铝土矿重点勘查开发区	0	0	5	5	2	0	5	7	0	0	0	0	3	9	17	29	20	10	4	34	75
汾阳—孝义铝土矿重点勘查开发区	0	0	1	1	0	0	1	1	0	0	0	0	2	2	1	5	2	1	0	3	10
交口—汾西铝土矿重点勘查开发区	0	0	1	1	0	1	2	3	0	0	0	0	2	10	7	19	8	3	3	14	37

矿名灾害名称	崩塌				滑坡				泥石流				地面塌陷				地裂缝				总计
	大	中	小	合计	大	中	小	合计	大	中	小	合计	大	中	小	合计	大	中	小	合计	
灵石—霍州铝土矿重点勘查开发区	0	0	0	0	0	0	3	3	0	0	0	0	3	3	2	8	2	2	3	7	18
沁源铝土矿重点勘查开发区	0	0	1	1	0	0	4	4	0	0	0	0	3	2	5	10	7	2	9	18	33
昔阳—襄垣铝土矿重点勘查区	0	0	2	2	0	0	0	0	0	0	0	0	1	18	17	36	20	10	5	35	73
阳泉铝土矿重点勘查开发区	0	0	1	1	0	0	0	0	0	0	0	0	4	5	15	24	12	5	2	19	44
平陆铝土矿重点勘查开发区	0	0	0	0	0	0	0	0	0	0	0	0	0	0	1	1	0	1	0	1	2
合计	0	0	12	12	2	1	16	19	0	0	0	0	19	57	81	157	91	39	30	160	348

山西省铝土矿规划矿区地质灾害点数量在0～80处，按值的大小可分为地质灾害点数量多、中等、少3个等级（见表6-40、图6-11）。

表6-40 土矿规划区地质灾害评价分级表

地质灾害点数量	(50，80]	(30，50]	(0，30]
评价分级	多	中等	少

（1）地质灾害点数量多的铝土矿规划矿区

该区地质灾害点数量为50～80处，共有2个铝土矿规划矿区。分别为临县—中阳铝土矿规划矿区和昔阳—襄垣铝土矿规划矿区。其中，临县—中阳铝土矿规划矿区地质灾害点数量最多，有75处，占灾害总数的21.55%；昔阳—襄垣铝土矿规划矿区次之，有73处，占灾害总数的20.98%。

（2）地质灾害点数量中等的铝土矿规划矿区

该区地质灾害点数量为30～50处，共有4个铝土矿规划矿区。分别为阳泉铝土矿规划矿区、交口—汾西铝土矿规划矿区、沁源铝土矿规划矿区、宁武—原平铝土矿规划矿区。其中，阳泉铝土矿规划矿区地质灾害有44处，占灾害总数的12.64%；交口—汾西铝土矿规划矿区地质灾害有37处，占灾害总数的10.63%；沁源铝土矿规划矿区地质灾害有33处，占灾害总数的9.48%；宁武—原平铝土矿规划矿区地质灾害有33处，占灾害总数的9.48%。

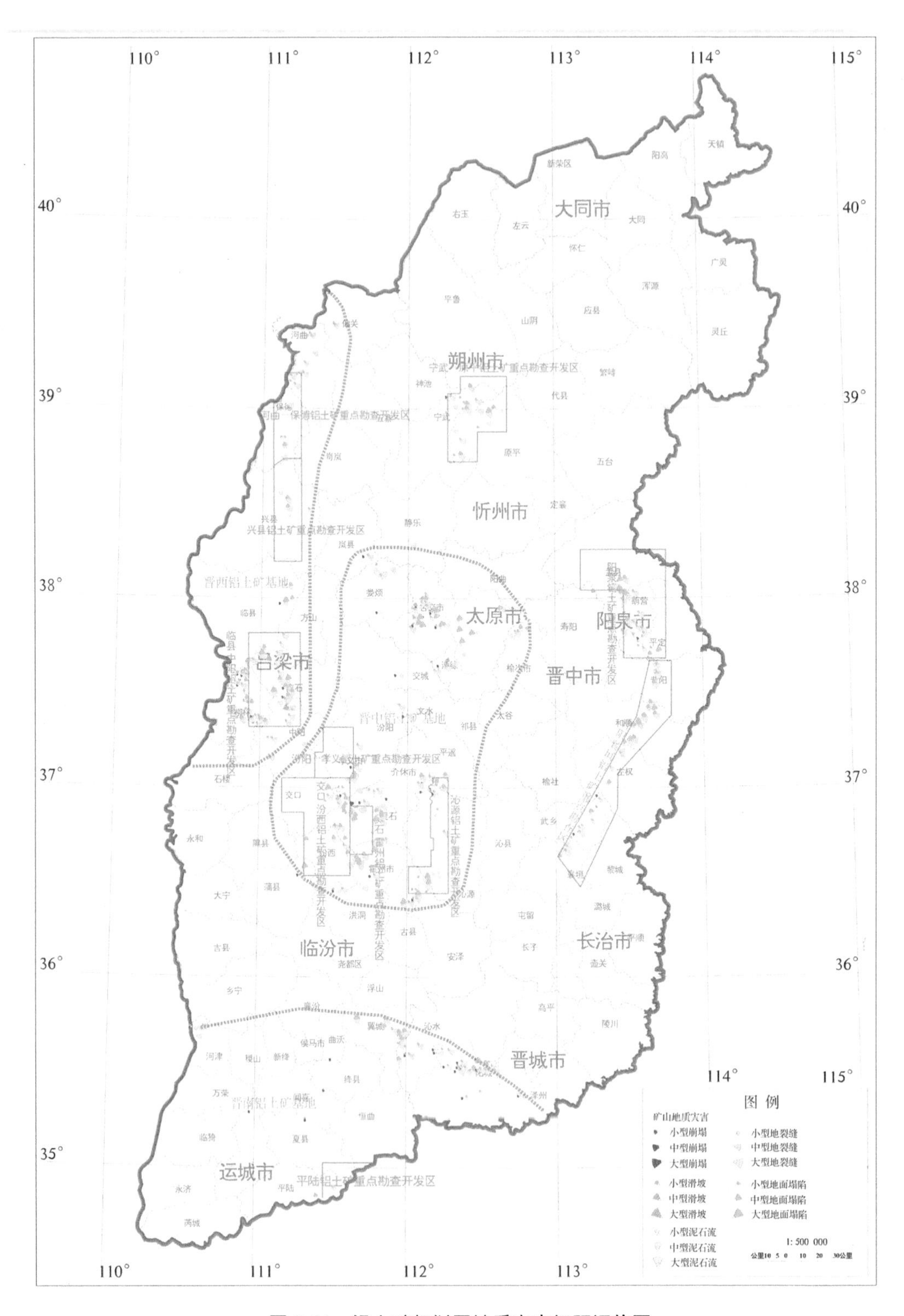

图 6-11　铝土矿规划区地质灾害问题评价图

（3）地质灾害点数量少的铝土矿规划矿区

该区地质灾害点数量为0～30处，共有5个铝土矿规划矿区。分别为灵石—霍州铝土矿规划矿区、河曲—保德铝土矿规划矿区、汾阳—孝义铝土矿规划矿区、兴县铝土矿规划矿区、平陆铝土矿规划矿区。其中，灵石—霍州铝土矿规划矿区地质灾害有18处，占灾害总数的5.17%；河曲—保德铝土矿规划矿区地质灾害有17处，占灾害总数的4.89%；汾阳—孝义铝土矿规划矿区地质灾害有10处，占灾害总数的2.87%；兴县铝土矿规划矿区地质灾害有6处，占灾害总数的1.72%；平陆铝土矿规划矿区地质灾害点数量最少，有2处，占灾害总数的0.57%。

6.7.2.4 铁矿规划区地质灾害问题分析

铁矿规划矿区的地质灾害问题主要为崩塌、地面塌陷和地裂缝。铁矿崩塌主要指矿石开采过程中地层地质结构的变化而引起矿道顶部的突然塌陷。崩塌的位置位于矿坑或矿道的顶部，上层岩石或矿层大量落入矿坑之中，导致一系列的矿山安全事故和人身伤亡事故。地面塌陷和地裂缝是由于地下开采疏干地下水，从而形成采空区逐渐发展成地裂缝、地面塌陷。

山西省共划分出铁矿勘查开采规划区7个，目前共存在地质灾害43处。其中，地面塌陷共有19处，占灾害总数的44.19%，多为小型地面塌陷；地裂缝共有16处，占灾害总数的37.21%，多为大型地裂缝；崩塌共有6处，占灾害总数的13.95%，都是小型崩塌；滑坡共有2处，占灾害总数的4.65%，都是小型滑坡；泥石流共有0处。地面塌陷和地裂缝灾害点数量最多，泥石流不发育（见表6-41）。

表6-41 铁矿规划矿区地质灾害情况统计表

矿名灾害名称	崩塌				滑坡				泥石流				地面塌陷				地裂缝				总计
	大	中	小	合计	大	中	小	合计	大	中	小	合计	大	中	小	合计	大	中	小	合计	
灵丘铁矿重点勘查开发区	0	0	4	4	0	0	1	1	0	0	0	0	0	0	1	1	0	1	0	1	7
五台—代县铁矿重点勘查开发区	0	0	0	0	0	0	0	0	0	0	0	0	0	1	1	2	2	0	1	3	5
岚县—娄烦铁矿重点勘查开发区	0	0	1	1	0	0	0	0	0	0	0	0	0	0	2	2	2	0	0	2	5
古交铁矿重点勘查开发区	0	0	1	1	0	0	1	1	0	0	0	0	2	0	1	3	1	0	0	1	6
左权—黎城铁矿重点勘查开发区	0	0	0	0	0	0	0	0	0	0	0	0	0	0	2	2	1	0	0	1	3
平顺铁矿重点勘查开发区	0	0	0	0	0	0	0	0	0	0	0	0	0	0	0	0	0	0	0	0	0
襄汾—翼城铁矿重点勘查开发区	0	0	0	0	0	0	0	0	0	0	0	0	1	3	5	9	4	0	4	8	17
总计	0	0	6	6	0	0	2	2	0	0	0	0	3	4	12	19	10	1	5	16	43

山西省铁矿规划矿区地质灾害点数量有 0～20 处，按值的大小可分为地质灾害点数量多、中等、少 3 个等级（见表 6-42、图 6-12）。

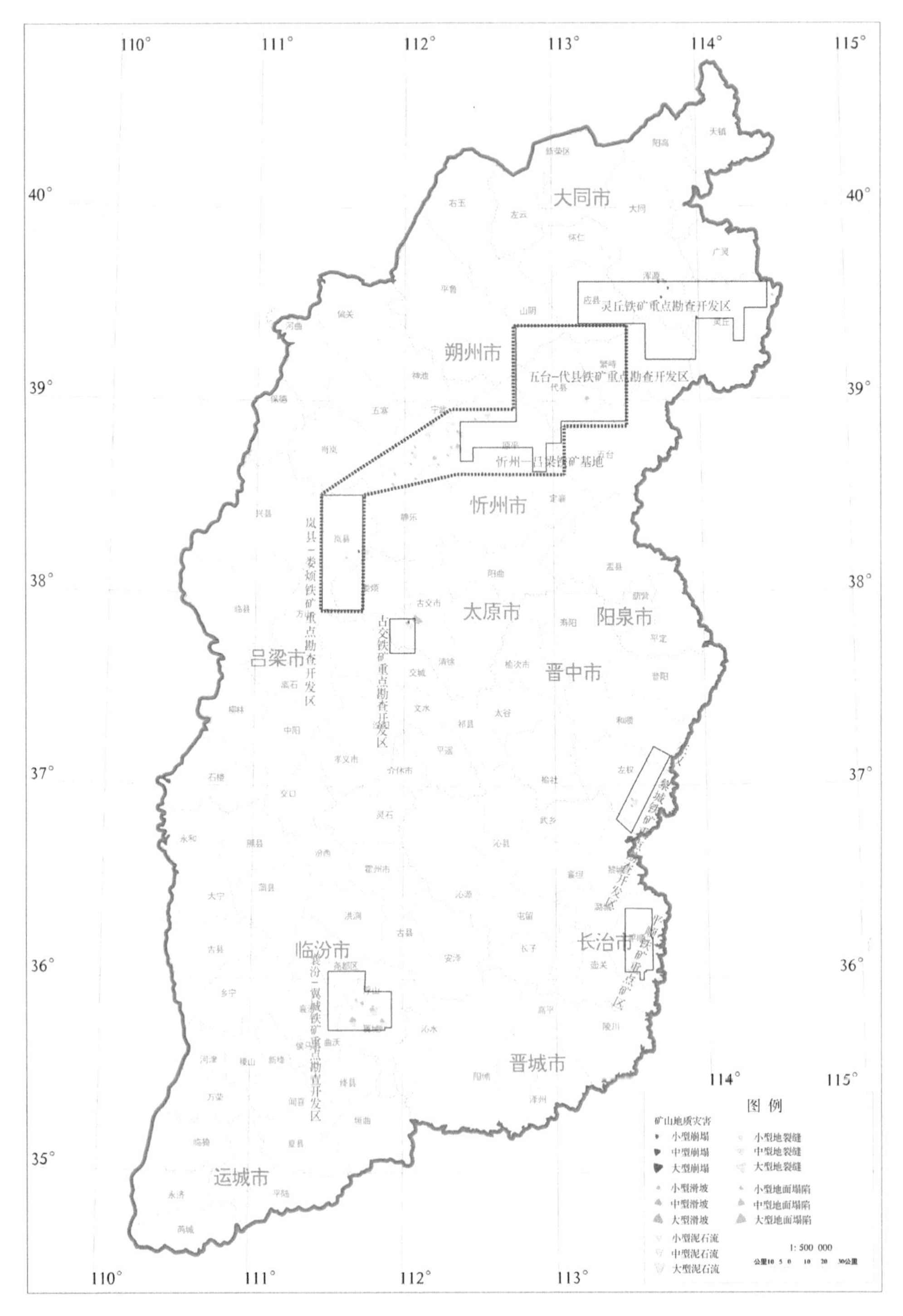

图 6-12 铁矿规划区地质灾害问题评价图

表6-42　铁矿规划区地质灾害评价分级表

地质灾害点数量	(10，20]	(5，10]	(0，5]
评价分级	多	中等	少

（1）地质灾害点数量多的铁矿规划矿区

该区地质灾害点数量为10～20处，共有1个铝土矿规划矿区。为襄汾—翼城铁矿规划矿区，有17处地质灾害点，占总数的39.53%。

（2）地质灾害点数量中等的铁矿规划矿区

该区地质灾害点数量为5～10处，共有2个铝土矿规划矿区。分别为灵丘铁矿规划矿区和古交铁矿规划矿区。其中，灵丘铁矿规划矿区有7处，占总数的16.30%；古交铁矿规划矿区有6处，占总数的13.95%。

（3）地质灾害点数量少的铁矿规划矿区

该区地质灾害点数量为0～5处，共有4个铝土矿规划矿区。分别为五台—代县铁矿规划矿区、岚县—娄烦铁矿规划矿区、左权—黎城铁矿规划矿区、平顺铁矿规划矿区。其中，五台—代县铁矿规划矿区有5处，占总数的11.63%；岚县—娄烦铁矿规划矿区有5处，占总数的11.63%；左权—黎城铁矿规划矿区有3处，占总数的6.98%；平顺铁矿规划矿区目前没有产生地质灾害问题。

6.7.2.5　铜（金）矿规划区地质灾害问题分析

铜金矿规划矿区的地质灾害问题主要为崩塌、地面塌陷和地裂缝。崩塌主要是指金矿开采所引发的崩塌，这是矿山常见的突发性地质灾害之一。因为采矿会导致高陡边坡，进而形成悬空危岩体及山体开裂等，尤其是遇见暴雨，易出现山体的崩塌等情况。金矿山开采引发地面塌陷也被称为采空塌陷，采空塌陷的原因很复杂，受到矿体的形态、采空区的埋深与采厚比、金矿围岩的地质构造以及地下水状况等诸多因素之影响。

山西省共划分出铜（金）矿勘查开采规划区4个，目前共存在地质灾害12处。其中，崩塌共有5处，占灾害总数的41.67%，都是小型崩塌；地面塌陷共有3处，占灾害总数的25%，多为中型地面塌陷；地裂缝共有3处，占灾害总数的25%，大中小型地裂缝各有1处；滑坡共有1处，占灾害总数的8.33%，为小型滑坡；泥石流共有0处。崩塌灾害点数量最多，目前没有发生泥石流（见表6-43、图6-13）。

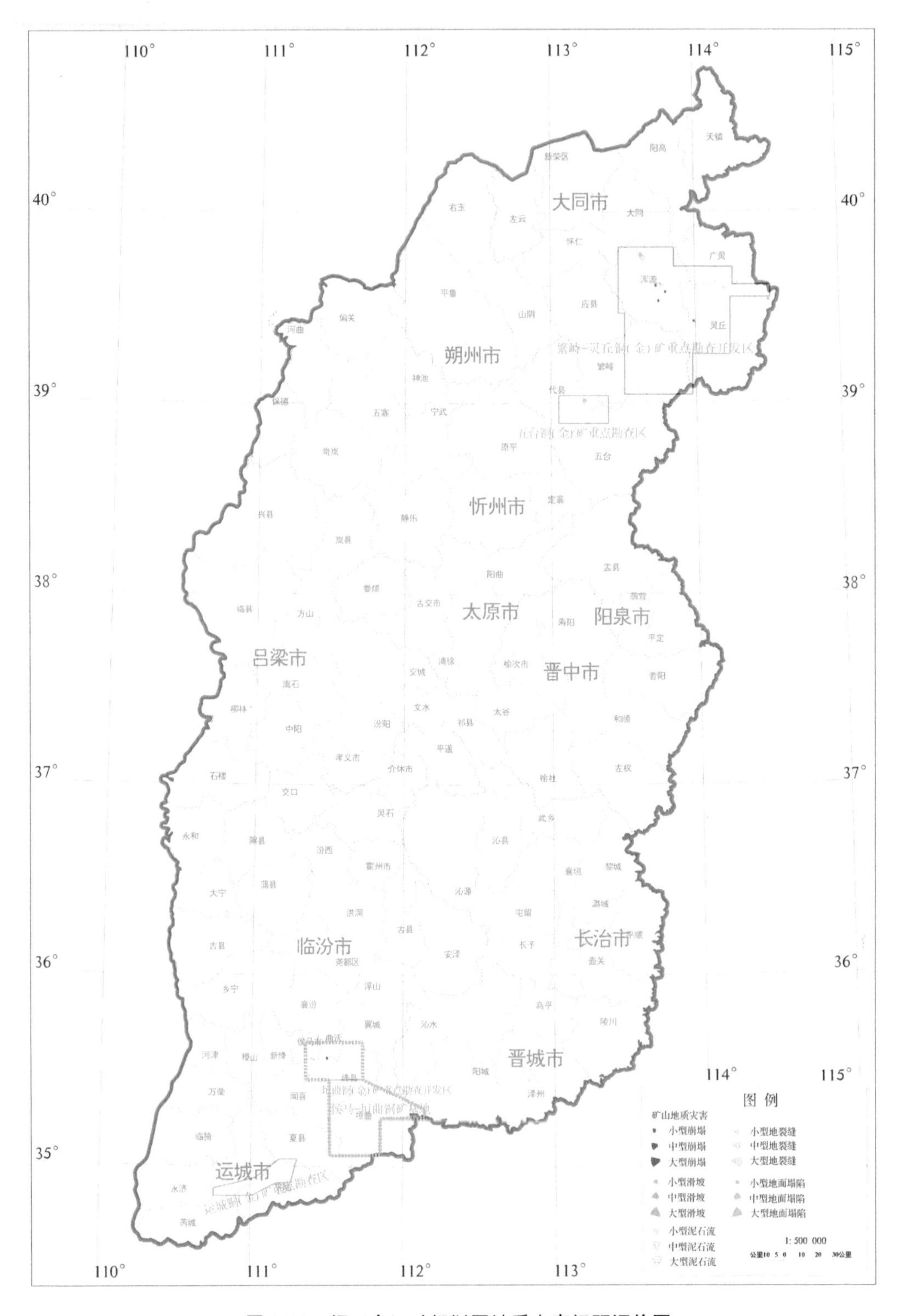

图 6-13 铜（金）矿规划区地质灾害问题评价图

表6-43 铜（金）矿规划矿区地质灾害情况统计表

矿名灾害名称	崩塌				滑坡				泥石流				地面塌陷				地裂缝				总计
	大	中	小	合计	大	中	小	合计	大	中	小	合计	大	中	小	合计	大	中	小	合计	
繁峙—灵丘铜（金）矿重点勘查开发区	0	0	4	4	0	0	1	1	0	0	0	0	0	1	1	2	1	1	0	2	9
五台铜（金）矿重点勘查区	0	0	0	0	0	0	0	0	0	0	0	0	0	1	0	1	0	0	1	1	2
垣曲铜（金）矿重点勘查开发区	0	0	1	1	0	0	0	0	0	0	0	0	0	0	0	0	0	0	0	0	1
运城铜（金）矿重点勘查区	0	0	0	0	0	0	0	0	0	0	0	0	0	0	0	0	0	0	0	0	0
总计	0	0	5	5	0	0	1	1	0	0	0	0	0	2	1	3	1	1	1	3	12

山西省铜（金）矿规划矿区地质灾害点数量为0～10处，目前已形成的数量不多。其中，繁峙—灵丘铜（金）矿规划矿区现存地质灾害数量最多，有9处，占总数的75%；五台铜（金）矿规划矿区、垣曲铜（金）矿规划矿区次之，分别有2处和1处，占总数的16.67%和8.33%；运城铜（金）矿规划矿区目前还没有产生地质灾害问题。

6.7.2.6 《规划》地质灾害问题分析与评价

山西省处于黄土高原地区，地形变化强烈，因采矿引发的地质灾害遍布山西省各地。在地形平缓的地区，地面塌陷灾害较发育，其规模与采煤的厚度、方法与采出量成正比关系，在塌陷周围，常伴随有地裂缝的发育；而在丘陵与山区，地质灾害主要以地裂缝、滑坡、崩塌为主，地裂缝一般长度从几十米至几百米，宽度0.05～5 m不等。

从上述描述中可知，矿山资源规划区已发生数量较多的地质灾害。其中，以煤炭规划矿区内地质灾害数量最多，这是因为在各种矿井中，以煤矿最严重，其矿井地质灾害种类多，发生频率高，分布广，破坏损失最大。铝土矿规划矿区内地质灾害数量次之，铁矿和铜（金）矿规划矿区内地质灾害数量相对较少。

矿山资源规划区内崩塌和滑坡以中小型规模为主，少见大型。只有煤炭规划区内的大同煤炭规划矿区、离柳煤炭规划矿区、西山煤炭规划矿区、晋城煤炭规划矿区内有少许崩塌、滑坡属大型规模；铝土矿规划区内的临县—中阳铝土矿规划矿区有2处大型规模滑坡。泥石流产生数量很少且均为小型规模，只有大同煤炭规划矿区和霍东煤炭规划矿区内各有1处小型泥石流。地面塌陷和地裂缝灾害数量很多，地面塌陷以中小型规模为主，地裂缝以大中型规模为主，多为采煤活动所引起。

综上所述，从现状看，矿山资源规划区内地质灾害存在点多、面广、规模多中小型的特点。今后山西省的地质灾害仍将是人为因素诱发的地质灾害为主，特别是因采矿诱发的地质灾害，随着矿山开采强度的增大，大量采空区的存在使地质灾害仍将呈多发的趋势。在矿产资源规划区内继续对矿产资源进行开采极可能诱发新的地质灾害。因此，以后矿山开采应加强采矿管理，科学施工，同时对诱发的地质灾害进行及时的治理，减少采矿诱发地质灾害的发生。

第7章

资源环境承载力分析

区域资源环境承载力是联系区域人类活动与自然环境的纽带和中介，是人类活动与自然环境协调发展的桥梁，也可以作为衡量某一区域可持续发展的重要依据。资源环境承载力分析是规划环境影响评价的关键性内容之一，也是区域可持续发展的基础，其根本目的不仅仅是掌握区域资源和环境条件能否支撑区域开发方案的实施，也是制定合理的区域发展目标的重要依据和前提。

山西省是一个矿业大省，各类矿产资源遍布山西省各地，能源矿产（煤）、金属矿产（铜、铝、金、银、锰、铁等）、非金属矿产（高凌岩、膨润土、石膏等）等矿山企业众多。矿山企业开发在为山西省经济发展做出巨大贡献的同时，也诱发了大量的矿山生态环境问题，使本就十分脆弱的生态环境急剧恶化，严重制约了矿区矿产资源的进一步开发利用和社会经济可持续发展。

本次研究主要利用曹金亮等著的《典型资源型地区资源环境承载力综合评价与区划研究》成果。

7.1 资源环境承载力评价指标体系构建

资源环境承载力评价指标体系是由若干个能够反映资源环境特点的指标所组成的相互联系的有机体，指标体系的构建是进行承载力评价的前提和基础，它是将资源环境承载力这一抽象的研究对象按照其本质属性和特征分解成为具有层次的、可操作的结构，并对指标体系结构中每一个构成元素（即指标）赋予相应权重的过程。

资源环境承载力评价指标体系可从矿产资源、水资源、土地资源、地质环境、水环境、大气环境和生态环境 7 个主要方面着手构建，最终确定的指标体系可分为目标层和指标层。目标层为资源环境承载力，指标层包括一级指标（资源和环境）、二级指标（矿产资源、水资源、土地资源地质环境、水环境、大气环境和生态环境）、三级指标（矿产资源保障程度、矿产资源潜在总值等共 19 个单指标），选取的指标说明见表 7-1，指标体系框架见图 7-1。

表 7-1　评价指标选取说明表

指标		指标说明
资源	矿产资源（A_1）	矿产资源对山西省经济社会发展起着举足轻重的作用，它是典型资源型地区资源环境承载力的重要组成部分。山西省矿产资源种类丰富，矿产资源的开发、利用对经济社会做出了重大贡献。 矿产资源对资源环境承载力的影响主要体现在矿产资源禀赋、矿产资源开发利用对经济的贡献等方面，即分指标选择矿产资源保障程度、矿产资源潜在总值
资源	水资源（A_2）	水资源承载力是通过一定社会经济条件和一定状态下水环境系统的水资源供给量等来体现的，其与自然地理及水资源条件、水环境质量和水资源可开发利用率等有关。影响水资源承载力因素有地表水、地下水、大气降水等，即分指标选择水资源总量、水资源年利用量；再者，考虑到矿山开采对水资源的影响，选择采矿破坏的水资源量作为其中的一个分指标
	土地资源（A_3）	耕地是土地资源的基本属性，因此，要分指标选择人均耕地面积；再者山西省多年的矿山开采使土地资源遭到不同程度的破坏，选择采矿破坏的耕地面积和采矿破坏土地资源的面积作为另外两个分指标
环境	地质环境（B_1）	地质环境作为人类生产生活的重要基础，对人类活动分布、区域产业布局和经济发展起着重要的作用。山西省矿产资源的开发和利用对经济社会做出了重大贡献，然而与此同时也不可避免地对地质环境产生了强烈的负面影响。因此，应分指标选择地质环境稳定性、采空区面积、地质灾害易发程度、地质灾害隐患点影响面积
	水环境（B_2）	水环境是指水对固体和液体污染物的吸纳净化能力。作为社会、经济系统存在和发展的基本因素，水环境承载力状况对地区的发展起着重要作用，尤其对缺水地区而言。即应分指标选择 COD 排放量、废水排放量
	大气环境（B_3）	大气环境主要考虑大气对人类社会经济活动在开发利用资源的过程中所排放污染气体的吸纳能力，即选择 SO_2 排放量和体现大气环境质量的整体水平的空气质量 II 级以上天数作为分指标
	生态环境（B_4）	生态环境状况是资源型地区社会经济可持续发展的重要基础，就山西省典型资源型地区而言，采矿活动对生态环境的影响是不容忽视的，即应分指标选择生态环境质量、森林覆盖率、植被破坏指数

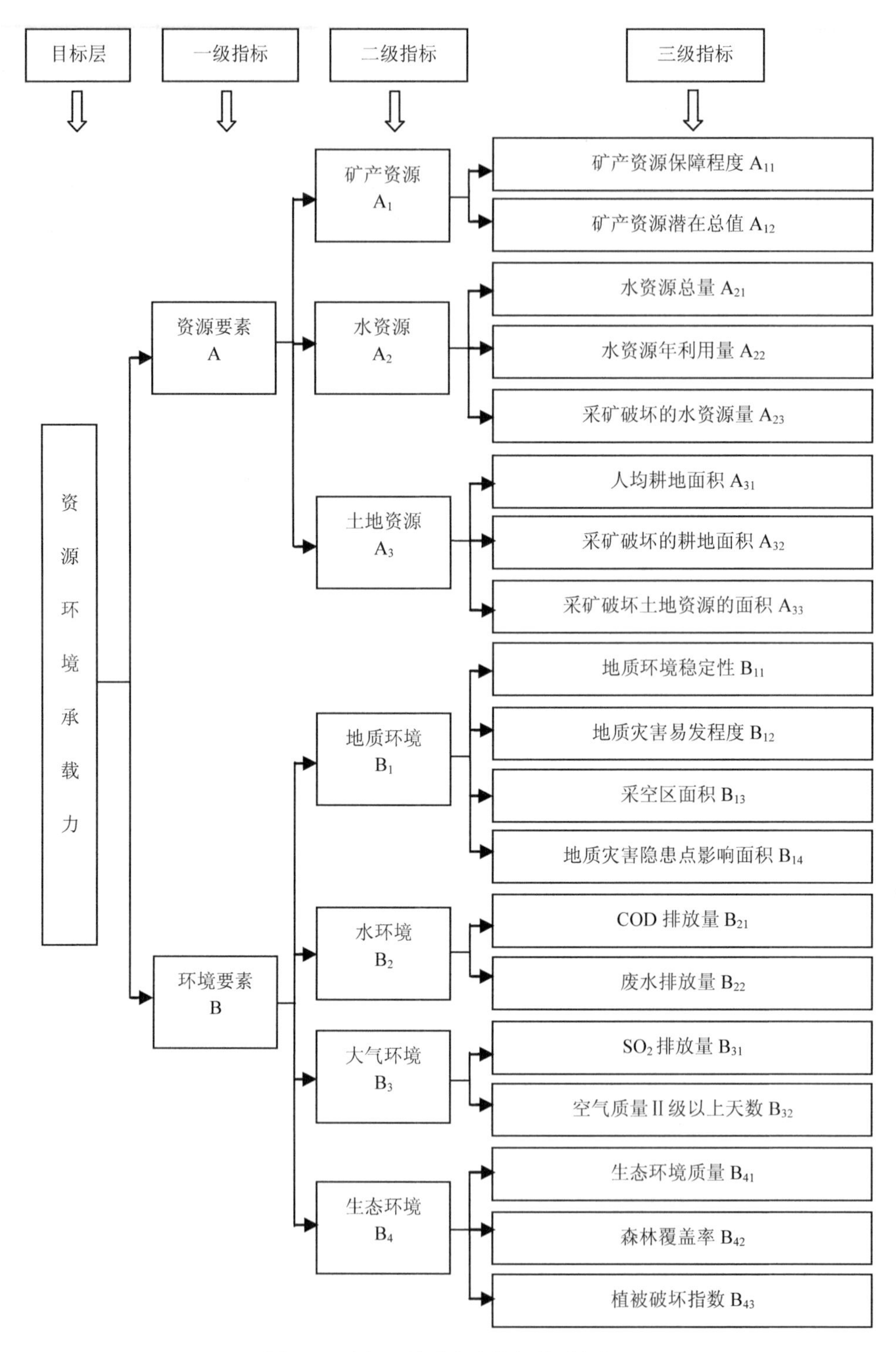

图 7-1 资源环境承载力指标体系框架图

7.2　评价指标权重的确定

7.2.1　评价指标权重计算方法

本书采用层次分析法确定指标的权重。AHP 方法本质上是一种决策思维方式，它体现了人们的决策思维“分解—判断—综合”的基本特征（见表 7-2）。

表 7-2　判断矩阵标度及含义

标度	含义
1	对上层指标而言，i，j 两指标具有同等重要性
3	对上层指标而言，i 指标比 j 指标稍微重要
5	对上层指标而言，i 指标比 j 指标明显重要
7	对上层指标而言，i 指标比 j 指标强烈重要
9	对上层指标而言，i 指标比 j 指标极端重要
2、4、6、8	上述相邻判断的中间值
倒数	若 i 指标与 j 指标的重要性比较为 a_{ij}，则 j 指标与 i 指标的重要性比较为 $a_{ji}=1/a_{ij}$

7.2.2　评价指标权重计算结果

根据建立的评价指标，可对各指标的相对重要性程度进行判断，得到目标层、资源承载力指标层、土地资源承载力指标层、水资源承载力指标层、矿产资源承载力指标层、地质环境承载力指标层、水环境承载力指标层、生态环境承载力指标层和大气环境承载力指标层的两两比较判断矩阵（见表 7-3～表 7-12）。

表 7-3　目标层判断矩阵

指标层	资源承载力	环境承载力
资源承载力	—	1
环境承载力	1	—

表 7-4　资源承载力单指标层判断矩阵

指标层	土地资源	水资源	矿产资源
土地资源	—	3/4	3/5
水资源	4/3	—	4/5
矿产资源	5/3	5/4	—

表 7-5 环境承载力单指标层判断矩阵

指标层	地质环境	水环境	生态环境	大气环境
地质环境	—	5/3	5/4	5/4
水环境	3/5	—	3/4	3/4
生态环境	4/5	4/3	—	1
大气环境	4/5	4/3	1	—

表 7-6 土地资源单指标层判断矩阵

指标层	人均耕地面积	采矿破坏耕地面积	采矿破坏土地资源的面积
人均耕地面积	—	3/4	3/4
采矿破坏的耕地面积	4/3	—	1
采矿破坏土地资源的面积	4/3	1	—

表 7-7 水资源单指标层判断矩阵

指标层	水资源总量	水资源年利用量	采矿破坏的水资源量
水资源总量	—	5/4	5/3
水资源年利用量	4/5	—	4/3
采矿破坏的水资源量	3/5	3/4	—

表 7-8 矿产资源单指标层判断矩阵

指标层	矿产资源潜在总值	矿产资源保障程度
矿产资源潜在总值	—	1
矿产资源保障程度	1	—

表 7-9 地质环境单指标层判断矩阵

指标层	地质灾害易发程度	采空区面积	地质灾害隐患点影响面积	地质环境稳定性
地质灾害易发程度	—	5/3	5/4	1
采空区面积	3/5	—	3/4	3/5
地质灾害隐患点影响面积	4/5	4/3	—	4/5
地质环境稳定性	1	5/3	5/4	—

表 7-10 水环境单指标层判断矩阵

指标层	COD 排放量	废水排放量
COD 排放量	—	5/4
废水排放量	4/5	—

表 7-11 生态环境单指标层判断矩阵

指标层	生态环境质量	森林覆盖率	植被破坏指数
生态环境质量	—	5/4	5/3
森林覆盖率	4/5	—	4/3
植被破坏指数	3/5	3/4	—

表 7-12 大气环境单指标层判断矩阵

指标层	SO_2 排放量	空气质量 II 级以上天数
SO_2 排放量	—	1
空气质量 II 级以上天数	1	—

根据 7.2 节介绍的评价指标权重计算方法，各指标层权重计算结果见表 7-13。

表 7-13 资源环境承载力指标权重

目标层	指标层		归一化权重	指标层	类型	归一化权重
资源环境承载力	资源承载力 0.500 0	矿产资源	0.208 3	矿产资源保障程度	正向	0.104 2
				矿产资源潜在总值	正向	0.104 2
		土地资源	0.125 0	人均耕地面积	正向	0.034 1
				采矿破坏耕地面积	负向	0.045 5
				采矿破坏土地资源面积	负向	0.045 5
		水资源	0.166 7	水资源总量	正向	0.069 4
				水资源年利用量	正向	0.055 6
				采矿破坏的水资源量	正向	0.041 7
	环境承载力 0.500 0	大气环境	0.125 0	SO_2 排放量	负向	0.062 5
				空气质量 II 级以上天数	正向	0.062 5
		水环境	0.093 8	COD 排放量	负向	0.041 7
				废水排放量	负向	0.052 1
		地质环境	0.156 3	地质环境稳定性	正向	0.046 0
				地质灾害易发程度	负向	0.046 0
				采空区面积	负向	0.027 6
				地质灾害隐患点影响面积	负向	0.036 8
		生态环境	0.125 0	生态环境质量	正向	0.052 1
				森林覆盖率	正向	0.041 7
				植被破坏指数	负向	0.031 3

7.3 评价方法与模型确定

承载力评价是一项很复杂且模糊的工作，它涉及的因素多并且各因素之间又相互联系、相互制约。本书采用综合模糊评价法与层次分析法即综合评价法对资源环境承载力进行评价。

7.4 资源承载力分析

7.4.1 矿产资源承载力分析

矿产资源承载力评价主要通过矿产资源保障程度、矿产资源潜在总值 2 个分指标来反映山西省矿产资源对人类活动的承载能力。

7.4.1.1 矿产资源保障程度

一般来说，矿产资源保障程度是指矿产资源满足社会经济发展需求的程度，也可用区域探明的矿产资源保有储量对满足社会经济发展需求的保障程度来表述。矿产资源保障程度是衡量一个地区矿产资源承载力的重要指标之一，其属正向指标，即矿产资源保障程度大，则矿产资源承载能力就大，反之矿产资源承载能力就小，这是典型资源型地区特性指标。

山西省目前查明资源储量的矿产有 63 种，具有资源优势并在经济社会发展中占有重要地位的矿产有 13 种。但这些矿产类型就其价值及对社会经济发展的贡献都远不及煤炭资源，而煤炭资源是山西省最大的优势矿产资源，多年的煤炭开采对山西省环境的破坏程度也是最大的。同时，也为了简化计算，本次评价仅选取煤炭作为评价的矿产资源。在具体表达上，以山西省山西省某年煤炭资源需求量作为基数，各评价单元的煤炭保有资源储量与这个基数的比值的百分数可作为评价单元的矿产资源保障程度。根据《规划》，预测 2020 年山西省煤炭资源需求量为 10 亿 t，各评价单元的煤炭保有资源储量与 10 亿 t 的比值即是该评价单元的保障程度。

经计算，山西省各评价单元矿产资源保障程度在 0～2 500%，并按值的大小及前述分级原则分为：矿产资源保障程度高、矿产资源保障程度较高、矿产资源保障程度中等、矿产资源保障程度较低、矿产资源保障程度低 5 个等级（见表 7-14）。

表 7-14 矿产资源保障程度评价分级

矿产资源保障程度/%	(1 000，2 500]	(500，1 000]	(100，500]	(10，100]	(0，10]
评价分级	高	较高	中等	较低	低

7.4.1.2　矿产资源潜在总值

矿产资源潜在总值是指探明的矿产资源保有储量经开发后所产生的潜在的矿产品价值，它表明矿产储量有可能在将来所带来的经济活动规模和生产总值。矿产资源潜在总值是衡量矿产资源承载能力的重要指标之一，属正向指标，即矿产资源潜在总值大，则矿产资源承载能力就大，反之矿产资源承载能力就小，这是典型资源型地区的特有指标。

在山西省，除了煤炭这一优势矿产资源，区域内可能有多种矿产资源；铝土矿是仅次于煤炭的第二大优势资源，分布广且集中，仅埋深在 400 m 以上的面积约 1.7 万 km^2，储量位居全国之冠；铁矿也是山西省优势矿种，查明资源储量居全国第五位。因此，本次评价选取煤炭、铝土矿、铁矿 3 种主要矿产资源计算区域矿产资源潜在总值。

经计算，山西省各评价单元矿产资源潜在总值在 0～200 000 亿元，按其大小并考虑各评价单元矿产资源总值的分布特征，矿产资源潜在总值可分为矿产资源潜在总值高、矿产资源潜在总值较高、矿产资源潜在总值中等、矿产资源潜在总值较低、矿产资源潜在总值低 5 个等级（见表 7-15）。

表 7-15　矿产资源潜在总值评价分级

矿产资源潜在总值/亿元	(50 000，200 000]	(10 000，50 000]	(1 000，10 000]	(100，1 000]	(0，100]
评价分级	高	较高	中等	较低	低

7.4.1.3　矿产资源承载力评价

根据资源环境承载力评价方法，矿产资源承载指数由矿产资源保障程度、矿产资源潜在总值标准化值及权重计算得到。承载指数越大代表承载力越大，反之则越小。

经计算，山西省评价单元矿产资源承载指数为 0～1.000，并按其值的大小及前述分级原则，分别以 0.20、0.10、0.05、0.025 为阈值。矿产资源承载力评价可分矿产资源承载力高、矿产资源承载力较高、矿产资源承载力中等、矿产资源承载力较低、矿产资源承载力低 5 个等级（见表 7-16）。

表 7-16　矿产资源承载力评价计算表

三级指标（标准化值）	矿产资源保障程度（A_{11}）		矿产资源潜在总值（A_{12}）		
权重	0.500		0.500		
矿产资源承载指数（P）	P=A_{11}×0.500+A_{12}×0.500				
承载力分级	$0.20 \leqslant P < 1.00$	$0.10 \leqslant P < 0.20$	$0.05 \leqslant P < 0.10$	$0.025 \leqslant P < 0.05$	$0 \leqslant P < 0.025$
	高	较高	中等	较低	低

7.4.2 水资源承载力分析

水资源承载力评价主要通过水资源总量、水资源年利用量、采矿破坏的水资源量 3 个分指标来反映水资源对人类活动的承载能力。

7.4.2.1 水资源总量

水资源总量是指降水所形成的地表和地下的产水量，即河川径流量（不包括区外来水量）和降水入渗补给量之和。水资源总量是衡量水资源承载能力的重要指标之一，属正向指标，即水资源总量多，水资源承载能力就大，反之水资源承载能力就小，这是水资源基本属性指标（单位：万 m^3）。

山西省各评价单元水资源总量在 2 000 万～35 000 万 m^3，按其值的大小并依照前述分级原则，水资源总量可分为水资源总量多、水资源总量较多、水资源总量中等、水资源总量较少、水资源总量少 5 个等级（见表 7-17）。

表 7-17 水资源总量评价分级

水资源总量/万 m^3	(20 000，35 000]	(15 000，20 000]	(10 000，15 000]	(5 000，10 000]	(2 000，5 000]
评价分级	多	较多	中等	较少	少

7.4.2.2 水资源年利用量

水资源年利用量是指某区域一年内的用水量。水资源年利用量是衡量水资源承载能力的重要指标之一，属负向指标，即水资源年利用量越高，对水资源承载能力的影响就越大，反之对水资源承载能力的影响就越小（单位：万 m^3）。

山西省各评价单元水资源年利用量处于 400 万～60 000 万 m^3，并按其值的大小参照前述分级标准，可分为水资源年利用量高、水资源年利用量较高、水资源年利用量中等、水资源年利用量较低、水资源年利用量低 5 个等级（见表 7-18）。

表 7-18 水资源年利用量评价分级

水资源年利用量/万 m^3	(20 000，60 000]	(10 000，20 000]	(5 000，10 000]	(2 500，5 000]	(400，2 500]
评价分级	高	较高	中等	较低	低

7.4.2.3 采矿破坏的水资源量

采矿破坏的水资源量是指资源型地区矿山开采破坏含水层导致矿井涌水而消耗的水量。采矿破坏水资源是典型资源型地区采矿破坏生态环境的一种最直接的表现，其严重影响了资源型地区的水资源量，是资源型地区特有的指标，该指标反映了矿山开采对区域水资源的破坏程度，是衡量水资源承载力的重要指标之一，属负向指标，即采矿破坏的水资源量大，水资源承载能力就小，反之水资源承载能力就大（单位：万 m^3）。

根据实际调查资料，山西省各评价单元采矿破坏的水资源量处于 0～2 000 万 m^3，并按其值的大小参照前述分级标准，可分为采矿破坏的水资源量大、采矿破坏的水资源量较大、采矿破坏的水资源量中等、采矿破坏的水资源量较小、采矿破坏的水资源量小 5 个等级（见表 7-19）。

表 7-19 采矿破坏的水资源量评价分级

采矿破坏的水资源量/万 m^3	（500，2 000]	（100，500]	（10，100]	（0.1，10]	（0，0.1]
评价分级	大	较大	中等	较小	小

7.4.2.4 水资源承载力评价

根据上述承载力评价方法，水资源承载指数由水资源总量、水资源年利用量、采矿破坏的水资源量标准化值及权重计算得到，承载指数反映水资源承载力的大小，承载指数越大代表承载力越大，反之则越小。

经计算，山西省评价单元水资源承载指数介于 0.285～0.930，并按其值的大小分别以 0.80、0.70、0.60、0.50 为阈值。水资源承载力分水资源承载力高、水资源承载力较高、水资源承载力中等、水资源承载力较低、水资源承载力低 5 个等级（见表 7-20）。

表 7-20 水资源承载力评价计算表

三级指标（标准化值）	水资源总量（A_{21}）		水资源年利用量（A_{22}）	采矿破坏的水资源量（A_{23}）	
权重	0.417		0.333	0.250	
水资源承载指数（P）	$P=A_{21}\times0.417+A_{22}\times0.333+A_{23}\times0.250$				
承载力分级	$0.80\leq P\leq1.00$	$0.70\leq P<0.80$	$0.60\leq P<0.70$	$0.50\leq P<0.60$	$0\leq P<0.50$
	高	较高	中等	较低	低

7.4.3 土地资源承载力分析

土地资源承载力评价主要通过人均耕地面积、采矿破坏的耕地面积、采矿破坏土地资源的面积 3 个分指标来反映土地资源对人类活动的承载能力。

7.4.3.1 人均耕地面积

人均耕地面积是指区域耕地面积总量与人口的比值。人均耕地面积反映了土地资源的基本属性，是衡量土地资源承载能力的重要指标之一，属正向指标，即人均耕地面积大，土地资源承载能力就大，反之土地资源承载能力就小（单位：hm^2）。

山西省各评价单元人均耕地面积处于 0.007～0.6 hm^2，按其值的大小并参照前述分析原则，人均耕地面积可分为人均耕地面积大、人均耕地面积较大、人均耕地面积中等、人均耕地面积较小、人均耕地面积小 5 个等级（见表 7-21）。

表 7-21 人均耕地面积评价分级

人均耕地面积/hm^2	(0.25，0.60]	(0.20，0.25]	(0.15，0.20]	(0.10，0.15]	(0，0.10]
评价分级	大	较大	中等	较小	小

7.4.3.2 采矿破坏的耕地面积

采矿破坏的耕地面积是资源型地区特有的指标，该指标反映了矿山开采对区域耕地的破坏程度，是衡量土地资源承载力的重要指标之一，属负向指标，即采矿破坏的耕地面积大，土地资源承载能力就小，反之土地资源承载能力就大（单位：hm^2）。

根据实际调查资料，山西省各评价单元采矿破坏的耕地面积处于 0～2 500 hm^2，按值的大小并参照前述分级原则，采矿破坏的耕地面积可分为采矿破坏的耕地面积大、采矿破坏的耕地面积较大、采矿破坏的耕地面积中等、采矿破坏的耕地面积较小、采矿破坏的耕地面积小 5 个等级（见表 7-22）。

表 7-22 采矿破坏的耕地面积评价分级

采矿破坏的耕地面积/hm^2	(2 000，2 500]	(1 000，2 000]	(100，1 000]	(10，100]	(0，10]
评价分级	大	较大	中等	较小	小

7.4.3.3 采矿破坏土地资源的面积

采矿破坏土地资源的面积是指资源型地区由于矿山开采而占用破坏土地资源的面积，包括采矿场、固体废料场、尾矿库占用破坏土地资源面积，这是资源型地区特有的指标。采矿破坏土地资源的面积反映了矿山建设对周边区域土地资源的破坏程度，也是衡量土地资源承载力的重要指标之一，属负向指标，即采矿破坏土地资源的面积越大，土地资源承载能力就越小，反之土地资源承载能力越大（单位：hm^2）。

根据实际调查资料，山西省各评价单元采矿破坏土地资源的面积处于 0～5 000 hm^2，按值的大小分为：采矿破坏土地资源的面积大、采矿破坏土地资源的面积较大、采矿破坏土地资源的面积中等、采矿破坏土地资源的面积较小、采矿破坏土地资源的面积小 5 个等级（见表 7-23）。

表 7-23 采矿破坏土地资源的面积评价分级图

采矿破坏土地资源的面积/hm^2	(1 000，5 000]	(500，1 000]	(100，500]	(50，100]	(0，50]
评价分级	大	较大	中等	较小	小

7.4.3.4 土地资源承载力评价

根据上述资源环境承载力评价方法，土地资源承载指数由人均耕地面积、采矿破坏的耕地面积、采矿破坏土地资源的面积标准化值及权重计算得到，承载指数反映土地资源承载力的大小，承载指数越大代表承载力越大，反之则越小。

经计算，山西省评价单元土地资源承载指数介于 0.238～0.991，并按其值的大小分别以 0.90、0.80、0.70、0.60 为阈值，土地资源承载力分土地资源承载力高、土地资源承载力较高、土地资源承载力中等、土地资源承载力较低、土地资源承载力低 5 个等级（见表 7-24）。

表 7-24 土地资源承载力评价计算表

三级指标（标准化值）	人均耕地面积（A_{31}）		采矿破坏的耕地面积（A_{32}）		采矿破坏土地资源的面积（A_{33}）
权重	0.272		0.364		0.364
土地资源承载指数（P）	P= A_{31}×0.272+ A_{32}×0.364+ A_{33}×0.364				
承载力分级	0.90≤P＜1.0）	0.80≤P＜0.90	0.70≤P＜0.80	0.60≤P＜0.70	0≤P＜0.60
	高	较高	中等	较低	低

7.4.4 资源承载力评价

矿产资源、水资源、土地资源 3 个主要方面反映资源对人类活动的承载能力。资源承载指数由矿产资源、水资源、土地资源及权重计算得到，承载指数反映资源承载力的大小，承载指数越大代表承载力越大，反之则越小。资源承载指数按其值的大小分资源承载力高、资源承载力较高、资源承载力中等、资源承载力较低、资源承载力低 5 个等级（见表 7-25、图 7-2）。

表 7-25 资源承载力评价计算表

二级指标（计算值）	矿产资源（A_1）		水资源（A_2）		土地资源（A_3）
权重	0.417		0.333		0.250
资源承载指数（P）	P= A_1×0.417+ A_2×0.333+ A_3×0.250				
承载力分级	0.55≤P＜1.00	0.50≤P＜0.55	0.45≤P＜0.50	0.40≤P＜0.45	0≤P＜0.40
	高	较高	中等	较低	低

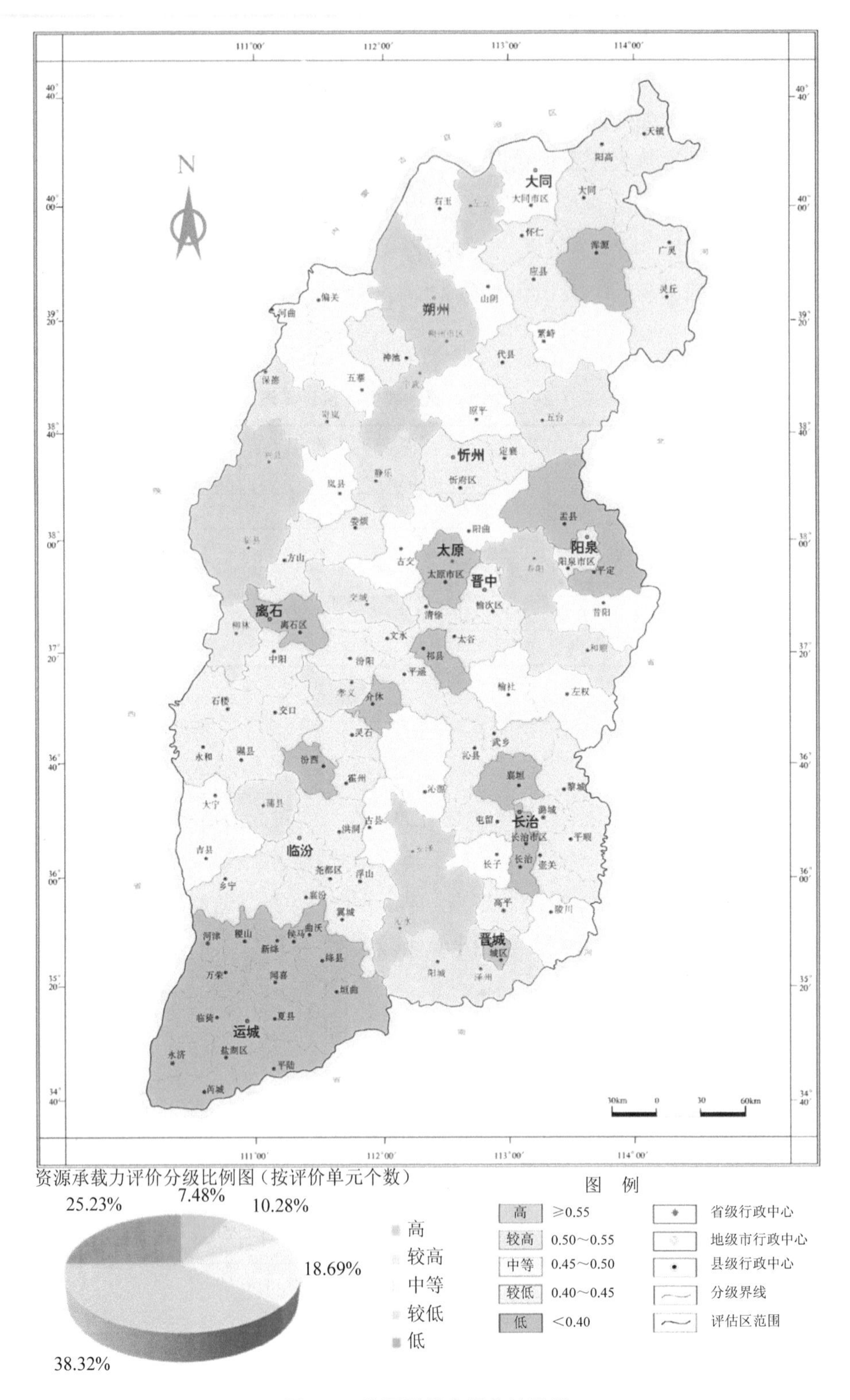

图 7-2 资源承载力评价结果图

7.5　环境承载力分析

7.5.1　地质环境承载力分析

地质环境承载力通常理解为一定时期一定区域范围内，在维持区域地质结构不发生质的改变，不引起地质环境朝着恶化方向发展的条件下，区域地质环境系统的不同地质单元对人类工程活动的相对支持能力。由于本次研究中，有关的水资源、土地资源是另外的研究指标，这里的地质环境承载力主要是指地质环境稳定性对人类工程活动的相对保障能力。根据影响山西地质环境稳定的主要因素，选取原生的地质环境条件因素包括岩土体工程类型、地形地貌条件、地震因素等，矿业开发以及其他人类工程活动引发的采空区分布因素、自然因素及人类工程活动综合影响的地质灾害易发程度、地质灾害隐患点因素等构成地质环境承载力评价指标体系，即原生地质环境稳定性、地质灾害易发程度、采空区面积和地质灾害隐患点面积。

7.5.1.1　地质环境稳定性

地质环境稳定性是指在一定类型成因作用影响下，保持其性能和成分、结构、状态不变的能力和强度，或者其在不会引起自然体系功能破坏或产生有害生态后果的范围内变化的能力和强度。该指标为定性指标，是衡量地质环境承载力的重要指标之一，属正向指标，即地质环境稳定性越好，地质环境承载力就越大，反之地质环境承载力就越小。

地质环境稳定性的 3 个主要指标分 5 级，即良好、较好、一般、较差、差，指标权重的确定采用层次分析法（见表 7-26）。

表 7-26　地质环境稳定性评价指标及评价分级

指标（权重）	地质环境稳定性分级				
	良好	较好	一般	较差	差
岩土体工程类型（0.37）	坚硬块状岩浆岩体	坚硬块状变质岩体	坚硬厚层状碳酸盐岩体	半坚硬厚薄互层状碎屑岩体	黄土及冲积层松散土体
地形地貌类型（0.35）	断陷盆地	黄土台地	低山	中山	丘陵
地震烈度（0.28）	Ⅴ	Ⅵ	Ⅶ	Ⅷ	Ⅸ

7.5.1.2　地质灾害易发程度

地质灾害易发程度是指某区域发生地质灾害的可能性。地质灾害易发程度是衡量地质环境承载力的重要指标之一，属负向指标，即地质灾害易发程度越高，地质环境承载力就越小，反之地质环境承载力就越大。该指标为定性指标，反映了区域地质环境条件的好坏，属于地质环境基本指标。

根据《山西省地质灾害易发程度图》，地质灾害易发程度分高易发，中易发、低易发 3 级，因地质灾害易发程度为定性指标，必须将其定量化，分别赋数值 1、2、3。

7.5.1.3 采空区面积

山西省多年的矿山开采形成了大面积的采空区，破坏了区域原有的岩体力学、地质结构等，破坏了区域原生地质环境条件，使地质环境承载能力下降。采空区面积为资源型地区特有的指标，是衡量地质环境承载力的重要指标之一，属负向指标，即采空区面积越大，地质环境承载力就越小，反之地质环境承载力就越大（单位：hm^2）。

据实际调查资料，山西省各评价单元采空区面积处于 0～400 hm^2，按其值的大小并参照前述分级原则，可分为采空区面积大、采空区面积较大、采空区面积中等、采空区面积较小、采空区面积小 5 个等级（见表 7-27）。

表 7-27 采空区面积评价分级表

采空区面积/hm^2	（100，400]	（80，100]	（40，80]	（20，40]	（0，20]
评价分级	大	较大	中等	较小	小

7.5.1.4 地质灾害隐患点影响面积

自然条件下和采矿影响下的崩塌、滑坡、泥石流、地面塌陷、地裂缝等地质灾害及其隐患点的发生改变了区域原生地质环境条件，使得隐患点周边地质环境受到影响。地质灾害隐患点影响面积是资源型地区衡量地质环境承载力大小的典型指标，属负向指标，即地质灾害隐患点影响面积大，则地质环境承载能力就小，反之地质环境承载能力就大（单位：hm^2）。

山西省各评价单元地质灾害隐患点影响面积在 0～125 hm^2，按值的大小并参照前述分级原则，可分为地质灾害隐患点影响面积大、地质灾害隐患点影响面积较大、地质灾害隐患点影响面积中等、地质灾害隐患点影响面积较小、地质灾害隐患点影响面积小 5 个等级（见表 7-28）。

表 7-28 地质灾害隐患点影响面积评价分级表

地质灾害隐患点影响面积/hm^2	（20，125]	（15，20]	（10，15]	（5，10]	（0，5]
评价分级	大	较大	中等	较小	小

7.5.1.5 地质环境承载力评价

利用已确定的资源环境承载力评价方法，地质环境承载指数由地质环境稳定性、地质灾害易发程度、采空区面积、地质灾害隐患点影响面积标准化值及权重计算得到，承载指数反映地质环境承载力的大小，承载指数越大代表承载力越大，反之则越小。

经计算，山西省评价单元地质环境承载指数介于 0.319～0.965，并按其值的大小分别以 0.80、0.70、0.60、0.50 为阈值。地质环境承载力分地质环境承载力高、地质环境承载力较高、地质环境承载力中等、地质环境承载力较低、地质环境承载力低 5 个等级（见表 7-29）。

表 7-29　地质环境承载力评价计算表

<table>
<tr><td>三级指标（标准化值）</td><td colspan="2">地质环境稳定性（B_{11}）</td><td>地质灾害易发程度（B_{12}）</td><td>采空区面积（B_{13}）</td><td>地质灾害隐患点影响面积（B_{14}）</td></tr>
<tr><td>权重</td><td colspan="2">0.294</td><td>0.294</td><td>0.177</td><td>0.235</td></tr>
<tr><td>地质环境承载指数（P）</td><td colspan="5">$P=B_{11}\times0.294+B_{12}\times0.294+B_{13}\times0.177+B_{14}\times0.235$</td></tr>
<tr><td rowspan="2">承载力分级</td><td>$0.80\leqslant P<1.00$</td><td>$0.70\leqslant P<0.80$</td><td>$0.60\leqslant P<0.70$</td><td>$0.50\leqslant P<0.60$</td><td>$0\leqslant P<0.50$</td></tr>
<tr><td>高</td><td>较高</td><td>中等</td><td>较低</td><td>低</td></tr>
</table>

7.5.2 水环境承载力分析

水环境承载力评价主要通过 COD 排放量、废水排放量 2 个分指标来反映水环境对人类活动的承载能力。

7.5.2.1 COD 排放量

COD 排放量指用化学氧化剂氧化水中有机污染物时所需的氧量。COD 排放量反映了水体有机物污染程度，是水环境的基本属性指标，其值越高，表示水中有机污染物污染程度越重。COD 排放量是衡量水环境承载力的重要指标之一，属负向指标，即 COD 排放量大，水环境承载能力就小，反之水环境承载能力就大（单位：万 t）。

根据山西省环保厅提供的水环境数据统计，山西省各评价单元 COD 排放量在 0～2.4 万 t，按其值的大小并参照前述分级原则，可分为 COD 排放量大、COD 排放量较大、COD 排放量中等、COD 排放量较小、COD 排放量小 5 个等级（见表 7-30）。

表 7-30　COD 排放量评价分级

COD 排放量/万 t	(0.8，2.4]	(0.6，0.8]	(0.4，0.6]	(0.2，0.4]	(0，0.2]
评价分级	大	较大	中等	较小	小

7.5.2.2 废水排放量

废水排放量是指工业、第三产业和城镇居民生活等用水排放的水量，不包括矿坑排水量。废水排放量是水环境的基本属性指标，是衡量水环境承载力的重要指标之一，属负向指标，即废水排放量大，水环境承载能力就小，反之水环境承载能力就大（单位：万 t）。

根据山西省环保厅提供的水环境数据统计，山西省各评价单元废水排放量在 0～20 000 万 t，按其值的大小并参照前述分级原则，可分为废水排放量大、废水排放量较大、废水排放量中等、废水排放量较小、废水排放量小 5 个等级（见表 7-31）。

表 7-31 废水排放量评价分级

废水排放量/万 t	(4 000，20 000]	(2 000，4 000]	(1 000，2 000]	(500，1 000]	(0，500]
评价分级	大	较大	中等	较小	小

7.5.2.3 水环境承载力评价

利用已确定的资源环境承载力评价方法，水环境承载力由 COD 排放量、废水排放量标准化值及权重计算得到，承载指数反映水环境承载力的大小，承载指数越大代表承载力越大，反之则越小。

经计算，山西省各评价单元水环境承载指数在 0.197～1.000，按其值的大小并参照前述分级原则，分别以 0.90、0.80、0.70、0.60 为阈值，水环境承载力分水环境承载力高、水环境承载力较高、水环境承载力中等、水环境承载力较低、水环境承载力低 5 个等级（见表 7-32）。

表 7-32 水环境承载力评价计算表

三级指标（标准化值）	COD 排放量（B_{21}）		废水排放量（B_{22}）		
权重	0.556		0.444		
水环境承载指数（P）	$P= B_{11}\times 0.556+ B_{12}\times 0.444$				
承载力分级	$0.90\leqslant P\leqslant 1.00$	$0.80\leqslant P<0.90$	$0.70\leqslant P<0.80$	$0.60\leqslant P<0.70$	$0\leqslant P<0.60$
	高	较高	中等	较低	低

7.5.3 大气环境承载力分析

大气环境承载力评价通过 SO_2 排放量、空气质量 II 级以上天数 2 个分指标来反映大气环境对人类活动的承载能力。

7.5.3.1 SO_2 排放量

SO_2 是大气环境影响中的常规污染物，可体现区域大气环境质量的好坏。SO_2 排放量是大气环境基本属性指标，是衡量大气环境承载力的重要指标之一，属负向指标，即 SO_2 排放量大，大气环境承载能力就小，反之大气环境承载能力就大（单位：万 t）。根据山西省环保厅提供的大气环境数据统计，山西省各评价单元 SO_2 排放量在 0～35 000 t，按其值的大小并参照前述分级原则，可分为 SO_2 排放量大、SO_2 排放量较大、SO_2 排放量中等、SO_2 排放量较小、SO_2 排放量小 5 个等级（见表 7-33）。

表 7-33　SO_2 排放量评价分级表

SO_2 排放量/t	(10 000，35 000]	(5 000，10 000]	(3 000，5 000]	(2 000，3 000]	(0，2 000]
评价分级	大	较大	中等	较小	小

7.5.3.2　空气质量Ⅱ级以上天数

空气质量Ⅱ级以上天数是区域空气质量好坏的整体表现，属正向指标，即全年空气质量Ⅱ级以上天数越多，表征区域空气质量越好，大气环境承载能力越大，反之大气环境承载能力越小。空气质量Ⅱ级以上天数属生态环境基本属性指标（单位：d）。

根据山西省环保厅提供的大气环境数据统计，山西省各评价单元空气质量Ⅱ级以上天数在 280～365 d，按其值的大小并参照前述分区原则，可分为空气质量Ⅱ级以上天数多、空气质量Ⅱ级以上天数较多、空气质量Ⅱ级以上天数中等、空气质量Ⅱ级以上天数较少、空气质量Ⅱ级以上天数少 5 个等级（见表 7-34）。

表 7-34　空气质量Ⅱ级以上天数评价分级

空气质量Ⅱ级以上天数/d	(360，365]	(350，360]	(340，350]	(320，340]	(280，320]
评价分级	多	较多	中等	较少	少

7.5.3.3　大气环境承载力评价

利用已确定的资源环境承载力评价方法，大气环境承载指数由 SO_2 排放量、空气质量Ⅱ级以上天数标准化值及权重计算得到，承载指数反映大气环境承载力的大小，承载指数越大代表承载力越大，反之则越小。

经计算，山西省各评价单元大气环境承载指数为 0.318～0.994，按其值的大小分别以 0.80、0.70、0.60、0.50 为阈值，大气环境承载力分大气环境承载力高、大气环境承载力较高、大气环境承载力中等、大气环境承载力较低、大气环境承载力低 5 个等级（见表 7-35）。

表 7-35　大气环境承载力评价计算表

三级指标（标准化值）	SO_2 排放量（B_{31}）		空气质量Ⅱ级以上天数（B_{32}）		
权重	0.500		0.500		
大气环境承载指数（P）	$P= B_{31}\times0.500+ B_{32}\times0.500$				
承载力分级	$0.80\leqslant P\leqslant1.00$	$0.70\leqslant P<0.80$	$0.60\leqslant P<0.70$	$0.50\leqslant P<0.60$	$0\leqslant P<0.50$
	高	较高	中等	较低	低

7.5.4 生态环境承载力分析

生态环境承载力评价通过生态环境质量、森林覆盖率、植被破坏指数 3 个分指标来反映生态环境对人类活动的承载能力。

7.5.4.1 生态环境质量

生态环境质量是衡量区域生态环境质量优劣的标准，而生态环境质量的优劣，反映了生态环境承载力的大小，即生态环境质量越优，则生态环境承载力越大，反之生态环境承载力越小。生态环境质量属生态环境基本属性指标。

生态环境质量可划分为 4 个区：较好、一般、较差、极差。各分区面积及占山西省面积的百分比见表 7-36。生态环境质量按评价单元统计评价分级比例并分别对其赋值 4、3、2、1，其用于指标的标准化计算。

表 7-36 生态环境质量分区表

生态环境质量分区	较好	一般	较差	极差
分区面积/km^2	8 220	49 514.6	69 818.6	29 491
占山西省面积的百分比/%	5.23	31.53	44.46	18.78
赋值	4	3	2	1

7.5.4.2 森林覆盖率

森林覆盖率指一个地区森林面积占土地面积的百分比。森林覆盖率是反映区域森林或植被绿化面积占有情况或森林资源丰富程度的指标，是衡量生态环境承载力的重要指标之一，属正向指标，即森林覆盖率越大，生态环境承载力越大，反之生态环境承载力越小。

山西省各评价单元森林覆盖率在 0～70%，按值的大小分为森林覆盖率高、森林覆盖率较高、森林覆盖率中等、森林覆盖率较低、森林覆盖率低 5 个等级（见表 7-37）。

表 7-37 森林覆盖率评价分级

森林覆盖率/%	（50，70]	（40，50]	（30，40]	（20，30]	（0，20]
评价分级	高	较高	中等	较低	低

7.5.4.3 植被破坏指数

植被破坏指数是指某区域因采矿而破坏的林地和草地的面积占区域总面积的百分比。植被破坏指数是资源型地区特有的指标，该指标反映了矿山开采对区域生态环境的破坏程度，是衡量生态环境承载力的重要指标之一，属负向指标，即植被破坏指数越大，生态环境承载能力就越小，反之生态环境承载能力越大。

据实际调查资料，山西省各评价单元植被破坏指数在 0～60%，按值的大小分为植被破坏指数高、植被破坏指数较高、植被破坏指数中等、植被破坏指数较低、植被破坏指数低 5 个等级（见表 7-38）。

表 7-38 植被破坏指数评价分级

植被破坏指数/%	(20，60]	(10，20]	(5，10]	0.1，5]	(0，0.1]
评价分级	高	较高	中等	较低	低

7.5.4.4 生态环境承载力评价

利用已确定的资源环境承载力评价方法，生态环境承载指数由生态环境质量、森林覆盖率、植被破坏指数标准化值及权重计算得到，承载指数反映生态环境承载力的大小，承载指数越大代表承载力越大，反之则越小。

经计算，山西省各评价单元生态环境承载指数为 0.231～0.858，并按其值的大小分别以 0.70、0.60、0.50、0.40 为阈值，生态承载力分生态环境承载力高、生态环境承载力较高、生态环境承载力中等、生态环境承载力较低、生态环境承载力低 5 个等级（见表 7-39）。

表 7-39 生态环境承载力评价计算表

三级指标（标准化值）	生态环境质量（B_{41}）		森林覆盖率（B_{42}）		植被破坏指数（B_{43}）
权重	0.417		0.333		0.250
生态环境承载指数（P）	$P=B_{41}\times0.417+B_{42}\times0.333+B_{43}\times0.250$				
承载力分级	$0.70\leqslant P<1.00$	$0.60\leqslant P<0.70$	$0.50\leqslant P<0.60$	$0.40\leqslant P<0.50$	$(0\leqslant P<0.40$
	高	较高	中等	较低	低

7.5.5 环境承载力评价结果

地质环境、水环境、大气环境、生态环境 4 个主要方面反映环境对人类活动的承载能力。由地质环境、水环境、大气环境、生态环境及权重计算得到环境承载指数来反映环境承载力的大小，承载指数越大代表承载力越大，反之则越小。环境承载力按其值的大小分环境承载力高、环境承载力较高、环境承载力中等、环境承载力较低、环境承载力低 5 个等级（见表 7-40、图 7-3）。

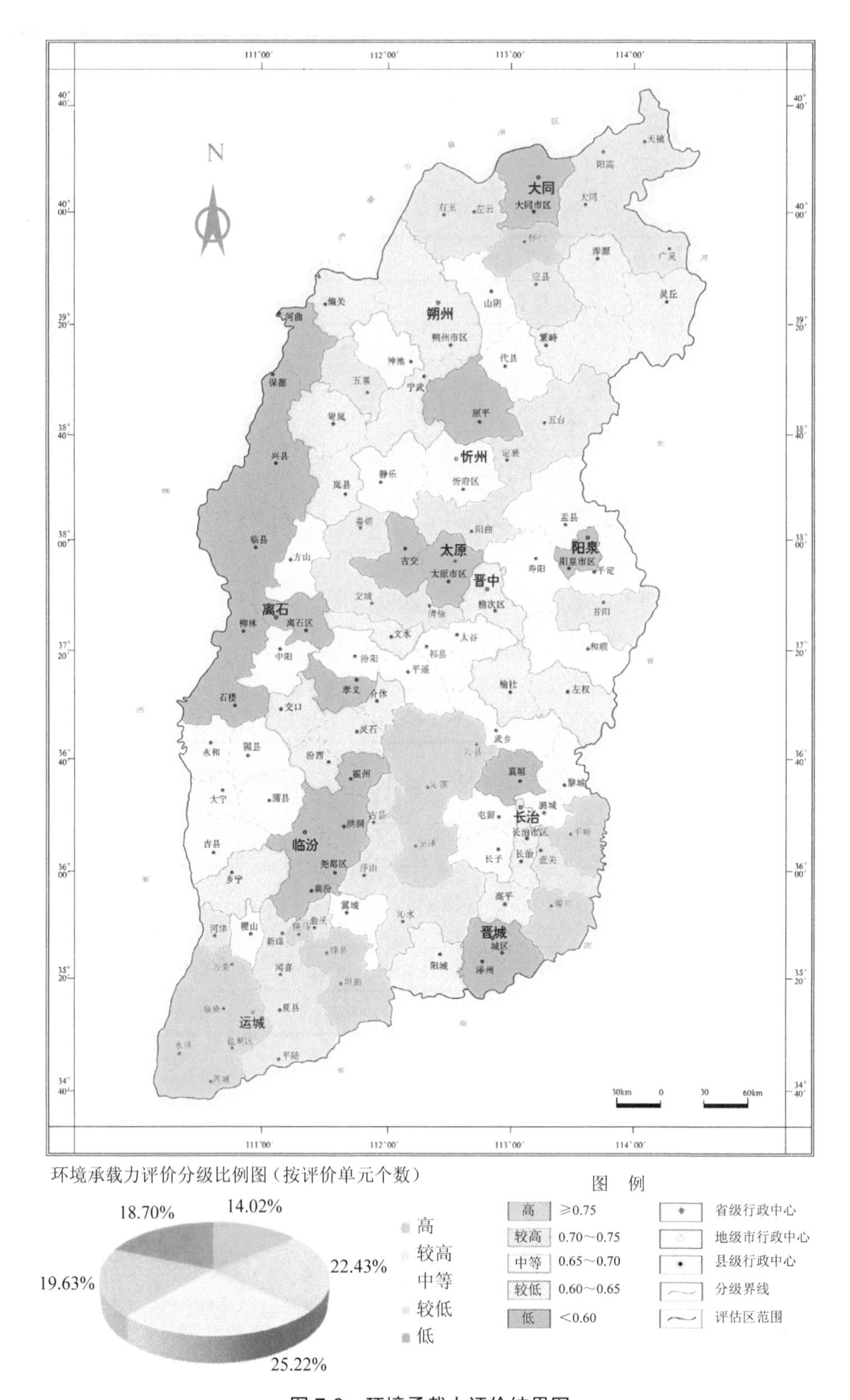

图 7-3　环境承载力评价结果图

表 7-40　环境承载力评价计算表

<table>
<tr><td>三级指标
（计算值）</td><td colspan="2">地质环境（B_1）</td><td colspan="2">水环境（B_2）</td><td>大气环境（B_3）</td><td colspan="2">生态环境（B_4）</td></tr>
<tr><td>权重</td><td colspan="2">0.313</td><td colspan="2">0.188</td><td>0.250</td><td colspan="2">0.250</td></tr>
<tr><td>环境
承载指数（P）</td><td colspan="7">$P= B_1×0.313+ B_2×0.188+ B_3×0.250+ B_4×0.250$</td></tr>
<tr><td rowspan="2">承载力分级</td><td>$0.75≤P<1.00$</td><td colspan="2">$0.70≤P<0.75$</td><td>$0.65≤P<0.70$</td><td colspan="2">$0.60≤P<0.65$</td><td>$0≤P<0.60$</td></tr>
<tr><td>高</td><td colspan="2">较高</td><td>中等</td><td colspan="2">较低</td><td>低</td></tr>
</table>

7.6　资源环境承载力综合评价

资源和环境 2 个方面反映资源环境对人类活动的承载能力。由资源和环境及权重计算得到资源环境承载指数，承载指数反映资源环境承载力的大小，承载指数越大代表承载力越大，反之则越小。资源环境承载力按其值的大小分资源环境承载力高、资源环境承载力较高、资源环境承载力中等、资源环境承载力较低、资源环境承载力低 5 个等级（见表 7-41、图 7-4）。

表 7-41　资源环境承载力评价计算表

<table>
<tr><td>一级指标
（计算值）</td><td colspan="3">资源（A）</td><td colspan="3">环境（B）</td></tr>
<tr><td>权重</td><td colspan="3">0.500</td><td colspan="3">0.500</td></tr>
<tr><td>资源环境承载
指数（P）</td><td colspan="6">$P= A×0.500+ B×0.500$</td></tr>
<tr><td rowspan="2">承载力分级</td><td>$0.65≤P<1.00$</td><td>$0.60≤P<0.65$）</td><td colspan="2">$0.55≤P<0.60$</td><td>$0.50≤P<0.55$）</td><td>（$0≤P<0.50$</td></tr>
<tr><td>高</td><td>较高</td><td colspan="2">中等</td><td>较低</td><td>低</td></tr>
</table>

7.7　规划区资源环境承载力分析

7.7.1　煤炭规划区资源环境承载力分析

山西省共划分出煤炭勘查开采规划区 17 个，将规划区范围在 GIS 软件中叠置到山西省的资源环境承载力结果图上。可以看出，位于朔州市的平朔和朔南煤炭规划矿区，其资源承载力最高；位于临汾市的霍州煤炭规划矿区，其资源承载力最低（见表 7-42、图 7-5）。

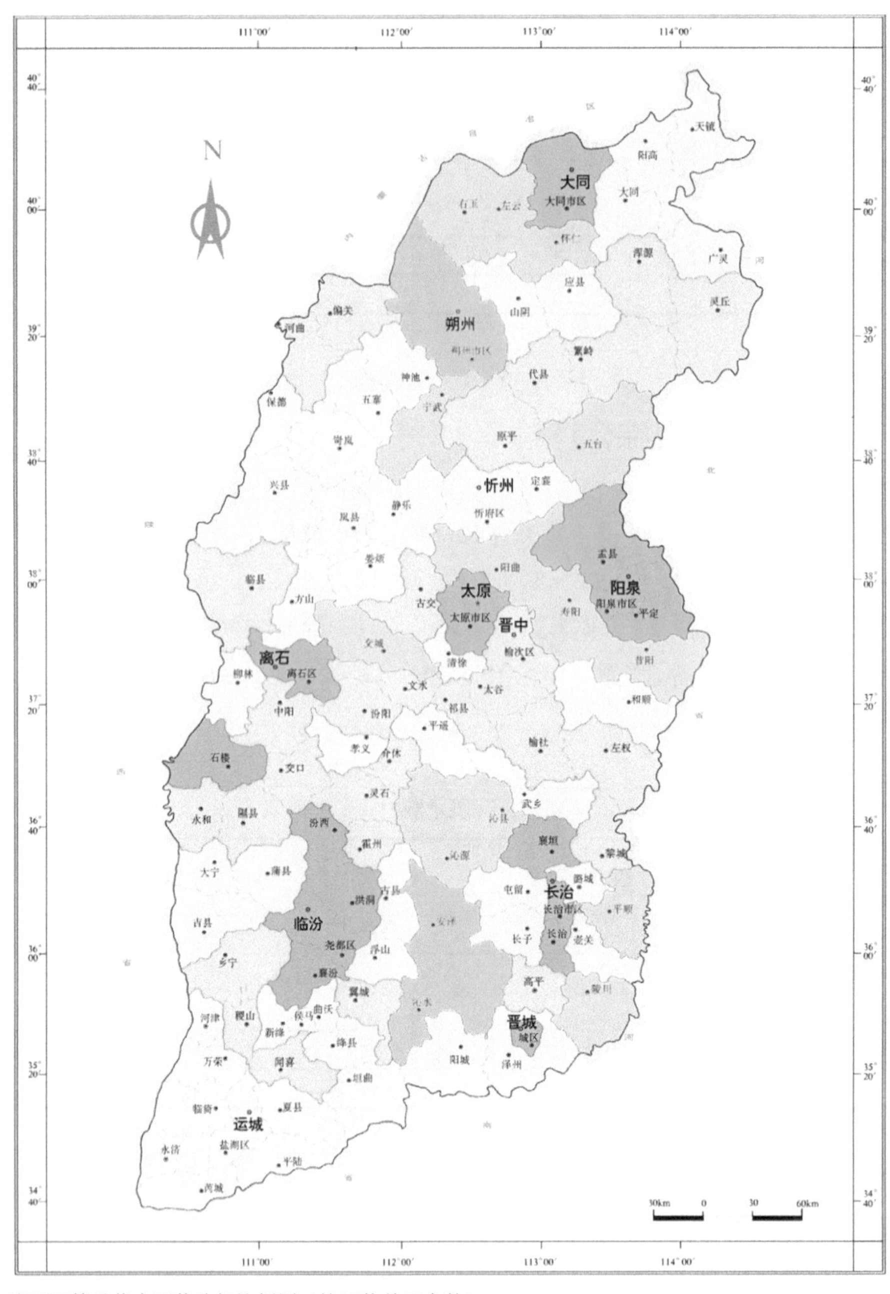

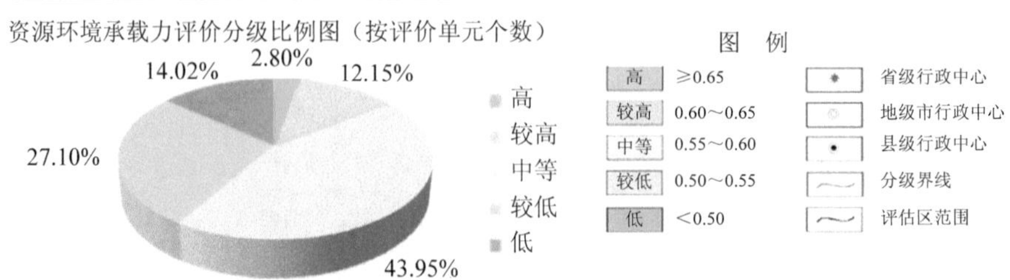

图 7-4 资源环境承载力评价结果图

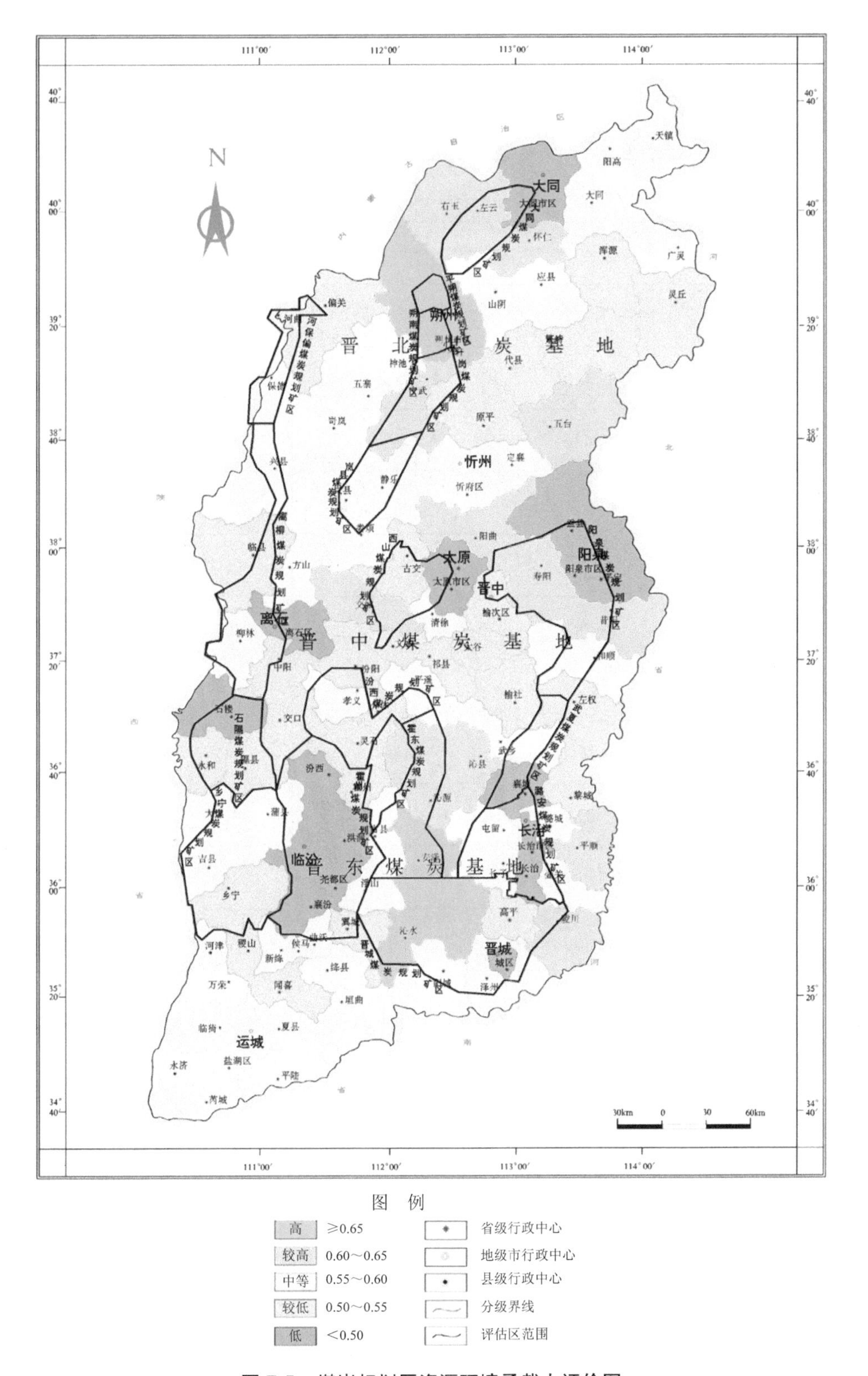

图 7-5　煤炭规划区资源环境承载力评价图

表 7-42 煤炭规划区承载力面积统计表 单位：km^2

名称	所在行政区	规划区总面积	承载力高	承载力较高	承载力中等	承载力较低	承载力低
大同煤炭规划矿区	大同市、朔州市	1 924		1 136	357		431
朔南煤炭规划矿区	朔州市	582	575	7			
轩岗煤炭规划矿区	忻州市	1 679	45	1 128	42	464	
岚县煤炭规划矿区	太原市、忻州市、吕梁市	1 773		130	1 643		
河保偏煤炭规划矿区	忻州市	1 450			748	702	
离柳煤炭规划矿区	吕梁市	3 434			1 784	1 325	325
西山煤炭规划矿区	太原市	2 046		520	200	913	413
石隰煤炭规划矿区	吕梁市、临汾市	2 745			64	1 850	831
乡宁煤炭规划矿区	临汾市	5 397			3 205	2 070	122
汾西煤炭规划矿区	晋中市	2 812		59	1 000	1 753	
霍州煤炭规划矿区	临汾市	6 996			1 357	1 108	4 531
霍东煤炭规划矿区	临汾市、长治市	3 287	1 039	1 356	892		
阳泉煤炭规划矿区	阳泉市、晋中市	5 375		2 757	689	793	1 136
武夏煤炭规划矿区	长治市	1 439			565	295	579
潞安煤炭规划矿区	长治市	2 960	76	25	1 893	53	913
晋城煤炭规划矿区	晋城市	7 608	2 960	332	2 632	1 398	286
平朔煤炭规划矿区	朔州市	445	445				
合计		51 952	5 140	7 450	17 071	12 724	9 567

7.7.1.1 煤炭规划区资源环境承载力分布特征

（1）承载力水平较低的煤炭规划矿区

在 17 个煤炭勘查开采规划区中，其中 5 个规划区承载力处于较低及以下水平，分别是西山煤炭规划矿区、石隰煤炭规划矿区、汾西煤炭规划矿区、霍州煤炭规划矿区、武夏煤炭规划矿区。西山煤炭规划矿区的面积为 2 046 km^2，承载力水平较低和低的面积为 1 326 km^2，占总面积的 64.81%；石隰煤炭规划矿区的面积为 2 745 km^2，承载力水平较低和低的面积为 2 681 km^2，占总面积的 97.67%；汾西煤炭规划矿区的面积为 2 812 km^2，承载力水平较低和低的面积为 1 753 km^2，占总面积的 62.34%；霍州煤炭规划矿区的面积为 7 006 km^2，承载力水平较低和低的面积为 5 639 km^2，占总面积的 80.49%；武夏煤炭规划矿区的面积为 1 439 km^2，承载力水平较低和低的面积为 874 km^2，占总面积的 60.74%。

（2）承载力水平中等的煤炭规划矿区

有 5 个规划区承载力处于中等水平，分别是岚县煤炭规划矿区、河保偏煤炭规划矿区、离柳煤炭规划矿区、乡宁煤炭规划矿区、潞安煤炭规划矿区。岚县煤炭规划矿区的面积为 1 773 km^2，承载力水平中等的面积为 1 643 km^2，占总面积的 92.67%；河保偏煤炭规划矿区的面积为 1 546 km^2，承载力水平中等的面积为 748 km^2，占总面积的 48.38%；离柳煤炭规划矿区的面积为 3 434 km^2，承载力水平中等的面积为 1 784 km^2，占总面积的 51.95%；乡宁煤炭规划矿区的面积为 5 397 km^2，承载力水平中等的面积为 3 205 km^2，占总面积的 59.38%；潞安煤炭规划矿区的面积为 2 960 km^2，承载力水平中等的面积为 1 893 km^2，占总面积的 63.95%。

（3）承载力水平较高的煤炭规划矿区

有 7 个规划区承载力处于较高及以上水平，分别是大同煤炭规划矿区、朔南煤炭规划矿区、轩岗煤炭规划矿区、霍东煤炭规划矿区、阳泉煤炭规划矿区、晋城煤炭规划矿区、平朔煤炭规划矿区。大同煤炭规划矿区的面积为 1 924 km^2，承载力水平较高和高的面积为 1 136 km^2，占总面积的 59.04%；朔南煤炭规划矿区的面积为 582 km^2，全部位于承载力水平较高和高的地区；轩岗煤炭规划矿区的面积为 1 679 km^2，承载力水平较高和高的面积为 1 173 km^2，占总面积的 69.86%；霍东煤炭规划矿区的面积为 3 287 km^2，承载力水平较高和高的面积为 2 395 km^2，占总面积的 72.86%；阳泉煤炭规划矿区的面积为 5 375 km^2，承载力水平较高和高的面积为 2 757 km^2，占总面积的 51.29%；晋城煤炭规划矿区的面积为 7 608 km^2，承载力水平较高和高的面积为 3 292 km^2，占总面积的 43.27%；平朔煤炭规划矿区的面积为 445 km^2，全部位于承载力水平较高的地区。

7.7.1.2　煤炭规划区资源环境承载力影响因素

本书对造成资源环境承载力低和中等的煤炭规划矿区的影响因素进行了分析，见附表 2。建议在下一级别的规划环评以及具体项目环评，要参照给出影响因素，做出具体资源环境承载力分析，弄清楚区域资源和环境条件能否支撑区域开发方案的实施。

从总体情况来看，煤炭规划区资源承载力整体呈中等偏低水平。本次 17 个煤炭规划矿区，规划总面积为 52 058 km^2，其中承载力较高和高的面积为 12 590 km^2，占总面积的 24.18%；承载力中等的面积为 17 071 km^2，占总面积的 32.79%；承载力较低和低的面积为

22 291 km^2，占总面积的 42.82%。资源环境承载力是资源和环境承载力共同作用的结果，资源和环境两者同等重要。煤矿是山西省的优势资源，但是山西省煤矿的开发对环境产生了严重影响，使资源环境承载力综合水平下降。因此，对煤炭资源的开发一定要做到开发与保护并存，尤其在资源环境承载力相对低的规划区内，更应该把保护环境放在首要位置，在根源上应该限制开采煤炭资源并推进煤炭资源整合，同时大力推广井下清洁开采技术，真正做到煤炭开采与环境保护的协调发展。

7.7.2 铝土矿规划区资源环境承载力分析

山西省共划分出铝土矿勘查开采规划区 11 个，将规划区范围在 GIS 软件中叠置到山西省的资源环境承载力结果图上，可得到位于临汾市的沁源铝土矿规划矿区，其资源承载力最高；位于阳泉市的阳泉铝土矿规划矿区，其资源承载力最低（见表 7-43、图 7-6）。

表 7-43 铝土矿规划区承载力面积统计表 单位：km^2

名称	所在行政区	面积	承载力高	承载力较高	承载力中等	承载力较低	承载力低
河曲—保德铝土矿重点勘查区	忻州市	744	0	0	659	85	0
宁武—原平铝土矿重点矿区	忻州市	1 370	46	491	0	833	0
兴县铝土矿重点矿区	吕梁市	990	0	0	928	62	0
灵石—霍州铝土矿重点矿区	晋中市、临汾市	382	0	0	0	321	61
阳泉铝土矿重点矿区	阳泉市	2 209	0	277	0	0	1 932
临县—中阳铝土矿重点勘查区	吕梁市	1 721	0	0	561	631	529
汾阳—孝义铝土矿重点矿区	吕梁市	621	0	0	371	250	0
交口—汾西铝土矿重点矿区	吕梁市、临汾市	1 881	0	0	180	1 017	684
沁源铝土矿重点矿区	临汾市	908	78	602	222	6	0
平陆铝土矿重点矿区	运城市	429	0	0	429	0	0
昔阳—襄垣铝土矿重点矿区	晋中市、长治市	2 076	0	255	994	413	414
合计		13 331	124	1 625	4 344	3 618	3 620

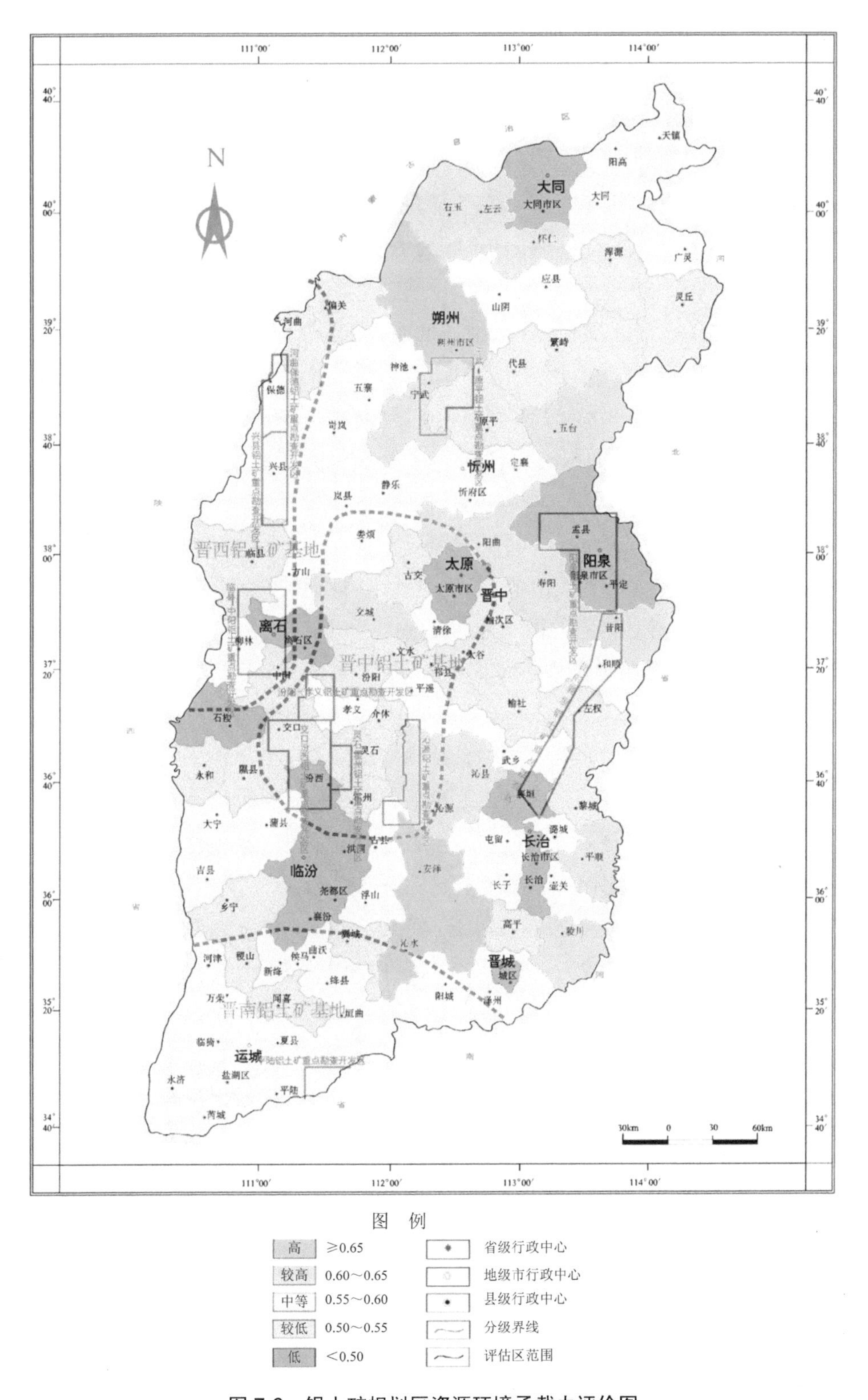

图 7-6 铝土矿规划区资源环境承载力评价图

7.7.2.1 铝土矿规划区资源环境承载力分布特征

（1）承载力水平较低的铝土矿规划矿区

在 11 个铝土矿勘查开采规划区中，其中 5 个规划区承载力处于较低及以下水平，分别是宁武—原平铝土矿规划矿区、灵石—霍州铝土矿规划矿区、阳泉铝土矿规划矿区、临县—中阳铝土矿规划矿区、交口—汾西铝土矿规划矿区。宁武—原平铝土矿规划矿区的面积为 1 370 km^2，承载力水平较低和低的面积为 833 km^2，占总面积的 60.8%；灵石—霍州铝土矿规划矿区的面积 382 km^2，全部位于承载力水平较低和低的地区；阳泉铝土矿规划矿区的面积为 2 209 km^2，承载力水平较低和低的面积为 1 932 km^2，占总面积的 87.46%；临县—中阳铝土矿规划矿区的面积为 1 721 km^2，承载力水平较低和低的面积为 1 160 km^2，占总面积的 67.40%；交口—汾西铝土矿规划矿区的面积为 1 881 km^2，承载力水平较低和低的面积为 1 701 km^2，占总面积的 90.43%。

（2）承载力水平中等的铝土矿规划矿区

有 5 个规划区承载力处于中等水平，分别是河曲—保德铝土矿规划矿区、兴县铝土矿规划矿区、汾阳—孝义铝土矿规划矿区、平陆铝土矿规划矿区、昔阳—襄垣铝土矿规划矿区。河曲—保德铝土矿规划矿区的面积为 744 km^2，承载力水平中等的面积为 659 km^2，占总面积的 88.58%；兴县铝土矿规划矿区的面积为 990 km^2，承载力水平中等的面积为 928 km^2，占总面积的 93.74%；汾阳—孝义铝土矿规划矿区的面积为 621 km^2，承载力水平中等的面积为 371 km^2，占总面积的 59.74%；平陆铝土矿规划矿区的面积为 429 km^2，全部位于承载力水平中等的地区；昔阳—襄垣铝土矿规划矿区的面积为 2 076 km^2，承载力水平中等的面积为 994 km^2，占总面积的 47.88%。

（3）承载力水平较高的铝土矿规划矿区

仅有 1 个规划区承载力处于较高及以上水平，为沁源铝土矿规划矿区。沁源铝土矿规划矿区的面积为 908 km^2，承载力水平较高和高的面积为 680 km^2，占总面积的 74.89%。

7.7.2.2 铝土矿规划区资源环境承载力影响因素

本书对造成资源环境承载力低和中等的铝土矿规划矿区的影响因素进行了分析，见附表 3。建议在下一级别的规划环评以及具体项目环评，要参照给出影响因素，做出具体资源环境承载力分析，搞清楚区域资源和环境条件能否支撑区域开发方案的实施。

从总体情况来看，铝土矿规划区资源承载力整体呈中等偏低水平。本次铝土矿规划矿区，总面积为 13 331 km^2，其中承载力较高和高的面积为 1 749 km^2，占总面积的 13.12%；承载力中等的面积为 4 344 km^2，占总面积的 32.59%；承载力较低和低的面积为 7 238 km^2，占总面积的 54.29%。因此，对铝土矿资源的开发利用应该重视资源的限度开发和矿山环境保护问题。尤其是承载力处于低水平的规划矿区，更因控制开采总量，贯彻“在开发中保护、在保护中开发”的原则。

7.7.3 铁矿规划区资源环境承载力分析

山西省共划分出铁矿勘查开采规划区 7 个，将规划区范围在 GIS 软件中叠置到山西省的资源环境承载力结果图上可得到，位于长治市的平顺铁矿规划矿区，其资源承载力最高；位于临汾市的襄汾—翼城铁矿规划矿区，其资源承载力最低（见表 7-44、图 7-7）。

表 7-44 铁矿规划区承载力面积统计表 单位：km^2

名称	所在行政区	面积	承载力高	承载力较高	承载力中等	承载力较低	承载力低
灵丘铁矿重点矿区	大同市	3 165			703	2 462	
五台—代县铁矿重点矿区	忻州市	4 085		426	327	3 332	
岚县—娄烦铁矿重点矿区	吕梁市、太原市	1 620		18	1 602		
古交铁矿重点矿区	太原市	293		141		152	
襄汾—翼城铁矿重点矿区	临汾市	1 090			316	388	386
平顺铁矿重点矿区	长治市	593		530	63		
左权—黎城铁矿重点矿区	晋中市、长治市	553			6	547	
合计		11 399	0	1 115	3 017	6 881	386

7.7.3.1 铁矿规划区资源环境承载力分布特征

（1）承载力水平较低的铁矿规划矿区

在 7 个铁矿勘查开采规划区中，其中 5 个规划区承载力处于较低及以下水平，分别是灵丘铁矿规划矿区、五台—代县铁矿规划矿区、古交铁矿规划矿区、襄汾—翼城铁矿规划矿区、左权—黎城铁矿规划矿区。灵丘铁矿规划矿区的面积为 3 165 km^2，承载力水平较低和低的面积为 2 462 km^2，占总面积的 77.79%；五台—代县铁矿规划矿区的面积为 4 085 km^2，承载力水平较低和低的面积为 3 332 km^2，占总面积的 81.57%；古交铁矿规划矿区的面积为 293 km^2，承载力水平较低和低的面积为 152 km^2，占总面积的 51.88%；襄汾—翼城铁矿规划矿区的面积为 1 090 km^2，承载力水平较低和低的面积为 774 km^2，占总面积的 71.01%；左权—黎城铁矿规划矿区的面积为 553 km^2，承载力水平较低和低的面积为 547 km^2，占总面积的 98.92%。

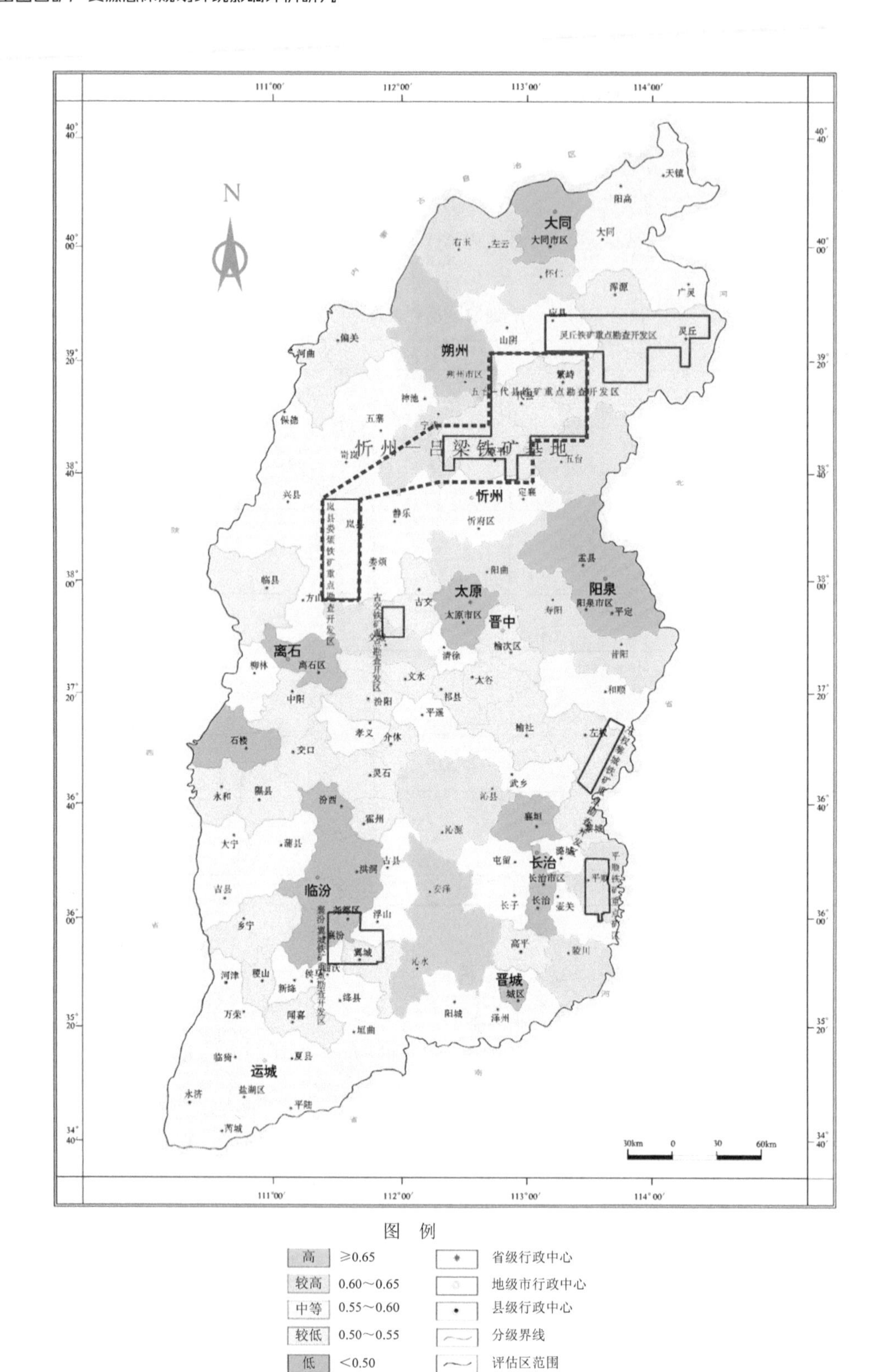

图 7-7 铁矿规划区资源环境承载力评价图

（2）承载力水平中等的铁矿规划矿区

有 1 个规划区承载力处于中等水平，为岚县—娄烦铁矿规划矿区。岚县—娄烦铁矿规划矿区的面积为 1 620 km^2，承载力水平中等的面积为 1 602 km^2，占总面积的 98.89%。

（3）承载力水平较高的铁矿规划矿区

有 1 个规划区承载力处于较高及以上水平，为平顺铁矿规划矿区。平顺铁矿规划矿区的面积为 593 km^2，承载力水平中等的面积为 530 km^2，占总面积的 89.38%。

7.7.3.2 铁矿规划区资源环境承载力影响因素

本书对造成资源环境承载力低和中等的铁矿规划矿区的影响因素进行了分析，见附表 4。建议在下一级别的规划环评以及具体项目环评，要参照给出影响因素，做出具体资源环境承载力分析，搞清楚区域资源和环境条件能否支撑区域开发方案的实施。

从总体情况来看，铁矿规划区资源承载力整体呈较低水平。本次铁矿规划矿区，总面积为 11 399 km^2，其中承载力较高和高的面积为 1 115 km^2，占总面积的 9.78%；承载力中等的面积为 3 017 km^2，占总面积的 26.47%；承载力较低和低的面积为 7 267 km^2，占总面积的 63.75%。铁矿规划矿区多位于忻州、吕梁、临汾一带，资源环境承载力较低。因此，在日后勘查开采过程中，要合理控制铁矿的开采规模。对铁矿强化管理，鼓励开展以骨干矿山为主导的资源整合、兼并重组，促进良性发展。要注意选矿废水和废渣污染，选厂的尾矿库要做好防渗处理，筑坝要坚固。对矿业开发造成的环境问题，要做到边开采边治理。

7.7.4 铜（金）矿规划区资源环境承载力分析

山西省共划分出铜（金）矿勘查开采规划区 4 个，将规划区范围在 GIS 软件中统一投影到山西省的资源环境承载力结果图上可得到，位于运城市的运城铜（金）矿规划矿区，其资源承载力最高；位于大同市、忻州市的繁峙灵丘铜（金）矿规划矿区，其资源承载力最低（见表 7-45、图 7-8）。

表 7-45 铜（金）矿规划区承载力面积统计表　　单位：km^2

名称	所在行政区	面积	承载力高	承载力较高	承载力中等	承载力较低	承载力低
繁峙—灵丘铜（金）矿重点矿区	大同市、忻州市	4 787	—	149	135	4 503	—
五台铜（金）矿重点矿区	忻州市	482	—	222	—	260	—
垣曲铜（金）矿重点矿区	运城市	1 629	—	—	1 357	272	—
运城铜（金）矿重点矿区	运城市	468	—	—	468	—	—
合计		7 366	—	371	1 960	5 035	0

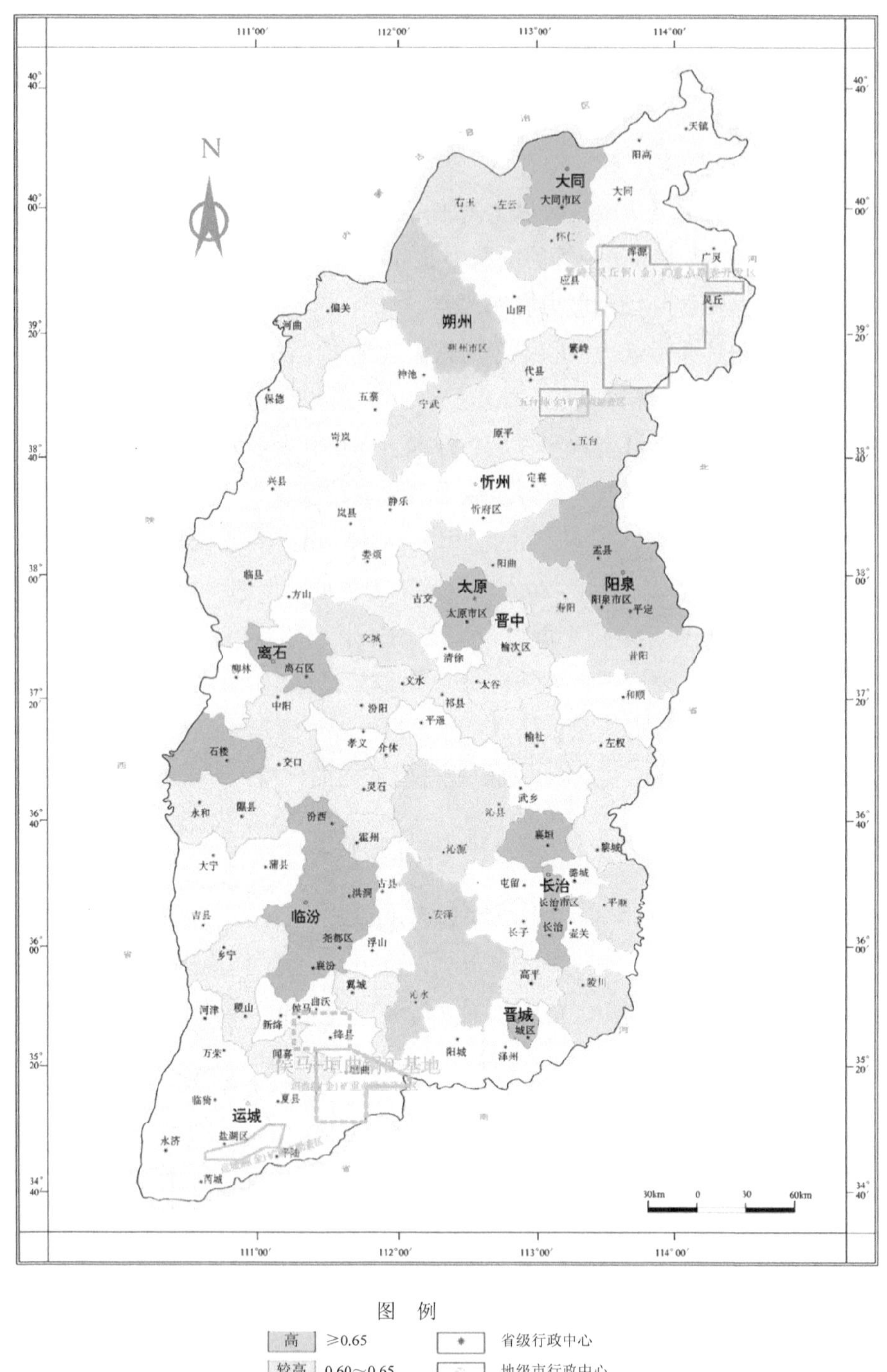

图例

高	≥0.65		省级行政中心
较高	0.60～0.65		地级市行政中心
中等	0.55～0.60		县级行政中心
较低	0.50～0.55		分级界线
低	<0.50		评估区范围

图 7-8　铜（金）矿规划区资源环境承载力评价图

7.7.4.1 铜（金）矿规划区资源环境承载力分布特征

（1）承载力水平较低的铜（金）矿规划矿区

在 4 个铜（金）矿勘查开采规划区中，其中 2 个规划区承载力处于较低及以下水平，分别是繁峙—灵丘铜（金）矿规划矿区、五台铜（金）矿规划矿区。繁峙—灵丘铜（金）矿规划矿区的面积为 4 787 km^2，承载力水平较低和低的面积为 4 503 km^2，占总面积的 94.07%；五台铜（金）矿规划矿区的面积为 482 km^2，承载力水平较低和低的面积为 260 km^2，占总面积的 53.94%。

（2）承载力水平中等的铜（金）矿规划矿区

有 2 个规划区承载力处于中等水平，分别是垣曲铜（金）矿规划矿区和运城铜（金）矿规划矿区。垣曲铜（金）矿规划矿区的面积为 1 629 km^2，承载力水平中等的面积为 1 357 km^2，占总面积的 83.30%；运城铜（金）矿规划矿区的面积为 468 km^2，全部位于承载力水平中等的地区。

7.7.4.2 铜（金）矿规划区资源环境承载力影响因素

本书对造成资源环境承载力低和中等的铜（金）矿规划矿区的影响因素进行了分析，见附表 5。建议在下一级别的规划环评以及具体项目环评，要参照给出影响因素，做出具体资源环境承载力分析，搞清楚区域资源和环境条件能否支撑区域开发方案的实施。

从总体情况来看，铜（金）矿规划区资源承载力整体呈较低水平。本次铜（金）矿规划矿区，总面积为 7 366 km^2，其中承载力较高和高的面积为 371 km^2，占总面积的 5.04%；承载力中等的面积为 1 960 km^2，占总面积的 26.61%；承载力较低和低的面积为 5 035 km^2，占总面积的 68.35%。铜（金）矿规划区主要位于山西省东北部的繁峙、灵丘，资源承载力水平较低；以及南部的运城、侯马一带，资源承载力水平中等。因此，要客观评价、综合考虑铜（金）矿资源的分布情况和保障程度，合理开发矿产资源。政府应加强管理，督促矿方按照“谁污染，谁治理”“边生产，边治理”的原则，始终把保护资源环境放在重要位置。

7.7.5 规划区资源环境承载力分析

综上所述，根据 5 个承载力分级之间的相似特征及差异性，将规划矿区资源环境承载力高，较高级别合并划分为资源环境承载力高水平区，规划矿区资源环境承载力中等级别划分资源环境承载力中等水平区，规划矿区资源环境承载力较低、低级别合并划分为资源环境承载力低水平区（见表 7-46）。其中，承载力高水平区占总体评价面积的 49.89%，承载力中等水平区占总体评价面积的 31.34%，承载力低水平区占总体评价面积的 18.77%。

表 7-46 规划矿区资源环境承载力区划表

分区	矿种	名称	占总体评价面积/%
资源环境承载力高水平区	煤炭规划矿区	大同煤炭规划矿区	49.89
		朔南煤炭规划矿区	
		轩岗煤炭规划矿区	
		霍东煤炭规划矿区	
		阳泉煤炭规划矿区	
		晋城煤炭规划矿区	
		平朔煤炭规划矿区	
	铝土矿规划矿区	沁源铝土矿规划矿区	
	铁矿规划矿区	平顺铁矿规划矿区	
资源环境承载力中等水平区	煤炭规划矿区	岚县煤炭规划矿区	31.34
		河保偏煤炭规划矿区	
		离柳煤炭规划矿区	
		乡宁煤炭规划矿区	
		潞安煤炭规划矿区	
	铝土矿规划矿区	河曲—保德铝土矿规划矿区	
		兴县铝土矿规划矿区	
		汾阳—孝义铝土矿规划矿区	
		平陆铝土矿规划矿区	
		昔阳—襄垣铝土矿规划矿区	
	铁矿规划矿区	岚县—娄烦铁矿规划矿区	
	铜（金）矿规划矿区	垣曲铜（金）矿规划矿区	
		运城铜（金）矿规划区	
资源环境承载力低水平区	煤炭规划矿区	西山煤炭规划矿区	18.77
		石隰煤炭规划矿区	
		汾西煤炭规划矿区	
		霍州煤炭规划矿区	
		武夏煤炭规划矿区	
	铝土矿规划矿区	宁武—原平铝土矿规划矿区	
		灵石—霍州铝土矿规划矿区	
		阳泉铝土矿规划矿区	
		临县—中阳铝土矿规划矿区	
		交口—汾西铝土矿规划矿区	
	铁矿规划矿区	灵丘铁矿规划矿区	
		五台—代县铁矿规划矿区	
		古交铁矿规划矿区	
		襄汾—翼城铁矿规划矿区	
		左权—黎城铁矿规划矿区	
	铜（金）矿规划矿区	繁峙—灵丘铜（金）矿规划矿区	
		五台铜（金）矿规划矿区	

按照上述分区结果，从区域资源合理开发利用、环境有效保护的角度，对资源环境承载力高水平区、资源环境承载力中等水平区、资源环境承载力低水平区分别提出相应的管理政策。

7.7.5.1 资源承载力高水平区采取优先开发

（1）从资源合理开发利用的角度考虑——优先开发、兼顾保护

资源要按照区域发展要求优先开发，并与主体功能区规划的人口、经济、环境、功能定位等相协调。

①矿产资源。继续坚持“资源整合、产业延伸”，加快淘汰规模小、污染大、安全隐患多、产值低的落后产能，加快建设中煤平朔煤业集团亿吨级大型煤炭基地，实施大项目、大企业带动，提高煤炭资源的产出效率；积极延伸产业链，加快电力、焦炭、化工、冶金、机械等上下游产业的发展。

加强矿产资源综合勘查和评价，并优化资源配置，最大限度地利用各种矿产资源。在矿山开采的同时，积极采取有效措施保护生态环境，防治矿山开采引发地质灾害。坚持矿山生态环境治理与资源开发利用并举，从根本上解决粗放型、掠夺式资源开发引起的生态破坏。

②水资源。实行水资源的统一管理，即以水资源的优化配置和高效利用、有效保护为前提，通过工程措施与非工程措施相结合，统筹考虑地表水、地下水、土壤水、雨水、灌溉回归及城市污水等的综合开发利用。

③土地资源。充分发挥耕地的生产、生态功能。合理调整农用地结构，大力发展城郊农业，促进产业结构升级，严格限制高耗能、高污染企业占用耕地。

“十分珍惜和合理利用每一寸土地，切实保护耕地”是基本国策，保护耕地特别是保护基本农田，是保护、提高粮食综合生产能力的重要前提，因此要实行最严格的耕地保护制度，保证国家粮食安全。

（2）从环境保护的角度考虑——严格监管，确保区域环境免遭破坏

①大气环境、水环境。企业要严格执行环境空气质量、污废水排放标准。增加企业技术改造投入，加快技术改造步伐，提高科技创新能力。

②地质环境、生态环境。对资源的开发活动尤其是矿产资源的开发进行严格监管，防止对矿区周边地质环境、生态环境产生破坏，最大限度地维护生态系统的稳定性。

继续植树造林，增强区域防风固沙、涵养水源、水土保持等功能。如位于山西省北部的朔州地区的朔南煤炭规划矿区，其有丰富的矿产资源，土地资源也相对充裕，应优先开发煤炭资源。虽然该地区资源环境综合承载能力较高，但原生生态环境脆弱，煤炭等矿产资源开采已造成了矿山环境的严重破坏，因此在资源开发的同时，要加大对生态环境的保护力度，使区域生态环境得到根本改善。位于南部沁源、沁水地区的晋城煤炭规划矿区矿

产资源、水资源相对丰富，植被覆盖率高，原生生态环境较好，加大资源开发力度的同时会造成更明显的生态环境破坏。因此，应优化开采方式，可采用充填、半充填开采方法，以减轻采矿对地表、对生态环境的影响。

7.7.5.2 资源承载力中等水平区采取优先开发

（1）从资源合理开发利用的角度考虑——优化开发、重点保护

调整和优化资源开发的技术水平和结构，并大力推行清洁生产和循环经济，提升资源能源的综合利用率，在环境问题严重的地区，开发过程中要注意重点保护。

①矿产资源。依法做好矿产资源开发整合，优化矿山布局和企业结构，引导资源向大型、特大型现代化矿山企业集中，促进形成集约、高效、协调的矿山开发格局。

鼓励矿产资源开采加工企业根据市场需求，调整优化矿产品生产结构，促进单一产品向配套产品、高耗能产品向低耗能产品的转化，提高资源利用水平。

加强矿产资源节约与综合利用，促进低品位、共伴生矿产资源的综合利用，发展矿产资源领域循环经济，推进矿山废弃物的综合利用，提高资源开发利用水平，推动矿业走节约、安全的可持续发展道路。

加快实施资源整合，煤、电、气、油等各类能源共同发展，提高产业集中度，综合利用和节约能源。

推广先进的机械采掘工艺，提高采掘机械化程度、矿井资源开采回收率、选矿回收率和综合利用率，加工环节上要积极发展型煤、配煤、煤层气开发等清洁煤技术，推进煤矸石、煤泥及煤焦油的综合开发利用；积极引进先进技术和资金，大力发展煤炭液化、二甲醚、甲醇制烯烃、煤化工联产等新型煤化工产业。

②水资源。根据河流、湖泊、水库的不同功能要求和水质标准，制定流域水资源保护规划并组织实施。同时积极发展生态农业，防治水土流失，控制面源污染，改善生态环境。

将矿坑水优先利用为生产用水，作为辅助水源加以充分利用。

③土地资源。对资源短缺的运城地区，在资源节约利用的同时，要充分发挥其地域优势，因地制宜发展以特色农产品为主的集约、节约农业。

充分发挥市场竞争对促进土地集约利用、减少耕地占用的基础性作用，提高土地集约利用水平，制定和完善土地集约利用体系。要把严格保护耕地特别是基本农田放在土地利用的优先地位，加强基本农田建设，大力发展生态农业。严格控制工业、采矿对耕地的污染和占用破坏，防治农田面源污染。

（2）从环境保护考虑——防治结合，提升区域环境状况

①地质环境。加大地质灾害隐患点汛前巡查、排查力度，一旦发现隐患，应积极采取防治措施，避免和减轻因地质灾害发生对环境造成的影响。

②大气环境。改革能源结构，采用无污染能源（如太阳能、风力、水力）和低污染能

源（如天然气、沼气、酒精），从源头上防治污染。

对燃料进行预处理（如燃料脱硫、煤的液化和气化），以减少燃料燃烧时产生污染大气的 SO_2、CO 等常规污染物。加强企业管理，减少非正常排放和逸散。严格投资项目节能环保的准入，提高准入门槛，优化产业空间布局，并且严格限制建设落后产能的“两高”行业项目。加快企业技术改造，提高科技创新能力。大力发展循环经济，培育壮大节能环保产业，促进重大环保技术装备、产品的创新开发与产业化应用。

③水环境。加大城市生活污水和工业废水的治理力度，实现废水的资源化利用。

④生态环境。矿山地质环境保护坚持“积极保护、合理开发”“预防为主、防治结合”“谁开发谁保护、谁破坏谁治理”“边开发边治理”的原则，使矿区生态环境质量明显改善。

加快营造以防风、固沙、保持水土等为中心的水土保持林、水源涵养林和生态公益林，提高植被覆盖率，不断扩大森林资源和生态总量，提升生态系统的功能和效益。

位于忻州西部的岚县煤炭规划矿区、河保偏煤炭规划矿区、河曲—保德铝土矿规划矿区、岚县—娄烦铁矿规划矿区，吕梁西部的离柳煤炭规划矿区、兴县铝土矿规划矿区，及东部的长治一带的潞安煤炭规划矿区，矿产资源、水资源、土地资源较丰富，但其资源环境综合承载力处于中等水平，有下降的趋势，因此，要调整和优化资源开发的技术水平和结构，并大力推行清洁生产和循环经济，提升资源能源的综合利用率。

7.7.5.3 资源承载力低水平区采取优先开发

（1）从资源合理开发利用的角度考虑——控制开发、加强治理

严格控制资源的开发规模、利用强度等，使区域生态系统休养生息，生态环境质量不断提高，并加大污染治理和生态修复力度，提升资源环境的承载能力。

①矿产资源。在矿山地质环境破坏严重、影响人民生命财产安全的地区，要有计划地开展矿山地质环境治理。重点开展矿山采空区地面塌陷、地裂缝、水土环境污染和矿山固体废物占用破坏土地等环境问题治理，改善矿区及周边地区生态环境。

在资源环境问题突出的地区，严格控制矿山开发强度和开采面积，让区域生态系统休养生息，生态环境质量不断提高。如太原市城区、大同市区等逐步退出煤炭资源开采，全面实施矿山生态环境恢复治理。

②水资源。充分重视水处理技术、工艺流程和技术设备的研发，提高水处理效率。

强化水资源的管理，把水资源的管理制度建立在高度协调的水资源管理系统中。提高全民对水资源保护重要性的认识和节水意识，强化国情教育和水情教育。

③土地资源。加快中低产田的改造和治理，挖掘中低产田的生产潜力，鼓励农民进行土壤改良，实现土地从数量到质量的提质增效。

对全省闲置土地进行调查摸底，制定盘活存量土地发展规划，统筹安排，逐一盘活，

挖掘耕地潜力，对耕地和基本农田总量和布局控制，严守耕地保护红线，保证耕地保有量。加大采矿破坏耕地严重地区的恢复治理力度，使区域土地资源恢复其基本使用功能。

（2）从环境保护考虑——重点治理，不断改善区域环境

①地质环境。开展矿山地质环境保护与恢复治理示范，部署矿山地质环境恢复治理重点工程，使矿山地质环境明显改善，并加强矿山地质环境恢复治理技术研究与推广应用。

②大气环境。严格执行大气污染防治新机制，本着“谁污染、谁负责，多排放、多负担，节能减排得收益、获补偿”的原则，实施分区域、分阶段治理。

加大综合治理力度，减少污染物排放。全面整治燃煤小锅炉，加快重点行业脱硫、脱硝、除尘改造工程建设。

③水环境。在区域水环境调查评价的基础上，科学划定水污染控制单元，详细制定山西省水污染综合防治规划。

严格按照山西省水环境功能区划实施水污染总量控制，保护水源。城市工业废水、生活污水防治采取集中污水处理的途径；工业企业必须执行环保“三同时”制度；生产污水根据其性质不同采用相应的污水处理措施。总之，我们必须坚决执行水污染防治的监督管理制度，必须坚持“谁污染谁治理”的原则。

④生态环境。大力推进矿山地质环境恢复治理和矿区土地复垦。区分新建矿山、生产矿山和历史遗留矿山的不同情况，全面推进矿山地质环境保护与恢复治理工作。积极推进矿区土地复垦，最大限度地减轻矿业活动对植被和土地的破坏，促进矿产资源开发与生态建设、环境保护相和谐。

资源环境承载力水平低的地区地质环境稳定性差、生态环境脆弱，各大城市城区资源缺乏，环境质量和资源环境承载能力也很差。因此，这些地区要严格控制资源的开发规模、利用强度等，并把治理环境作为工作的重点，加强环境治理力度，让区域环境向良好的趋势发展。

环境风险

8.1 环境风险识别

矿产资源在开发过程中可能会引起周围地质地貌的变化、生态环境功能的退化、人为失误造成的尾矿废水外溢、地下水体和地表水体的污染等风险。资源开发的过程中尾矿如果处置不当，可能造成尾矿库溃坝等灾害；资源开发的过程中产生的废气可能对周围居民的身体健康产生影响；开采的可燃气体，可能会引发爆炸，因而矿产资源在开发的过程中不能忽视开采环境的分析和预测，要在资源开发前期做好积极的应对对策和在污染产生后要立刻采取有效的补救措施。

本《规划》涉及的主要的风险设施包括尾矿库及废石场、炸药库、采矿巷道，主要的风险原因和后果识别如下：

①尾矿库及废石场易发生的事故包括垮坝、溃坝、垮塌等。

②炸药库易发生的风险事故主要为爆破材料的燃爆事件。当发生爆炸事故时，其对环境的影响主要是产生大量的 CO、NO_x 气体，对于局地环境将会造成短时的污染影响。另外，爆炸产生的冲击波可能会对炸药库周边的建筑物和人群造成破坏和伤害，带来人身伤害和财产损失，因此必须严加防范。

③采矿巷道易发生的风险事故包括爆破、火灾、透水、坍塌等，可以造成人员伤亡和财产损失的事故。

④危险品运输过程的风险不可忽视。本《规划》原辅材料和产品运输过程可能经过敏感水体和居民密集区。运输过程中车辆倾覆入河或者爆破材料发生燃爆都将对环境造成污染和安全影响。事故原因、后果汇总见表 8-1。

表 8-1 矿产资源开发环境风险识别

风险类别	危险种类	事故原因	事故后果
尾矿库及废石场	垮坝	地震、下游坝面坡度过陡，排渗设施破坏，库区工程地质条件差且未进行坝基处理，未经正规设计或设计不合理	人员伤亡、财产损失、污染水体、土壤、生态破坏
	溃坝	暴雨引发山洪，安全超高过小，沉积干滩长度过短，放矿矿浆冲刷坝坡，无排水设施或排水设施断面小、排洪能力不够，排水系统严重堵塞或坍塌，不按规定控制尾矿库水位	
	坝体塌陷	坝面坡度大，坝基处理不当，施工质量不符合安全要求，坝外坡面未进行维护处理，充填作业未进行岸坡处理，没有安全操作规程或制度不健全	
	岸坡垮塌	岸坡存在不良工程地质现象，充填作业未进行岸坡处理，没有安全操作规程或制度不健全	毁坏设施、污染环境

风险类别	危险种类	事故原因	事故后果
尾矿库及废石场	基础渗漏	无排渗设施，坝基础施工时未进行必要的处理，筑坝材料不当	人员伤亡、污染土壤、生态破坏
	坝身渗漏	尾矿干滩长度和澄清距离不符合安全要求，无排渗设施，从库侧或库后排矿，沉积滩范围内有大面积矿泥沉积，填充作业前未作处理	
采矿巷道	地压活动	①需要支护时无支护或设计不合理；②井巷设计或施工工艺不合理；③穿越或开挖地压活动时未进行适当处理；④井巷施工或使用过程中违章作业；⑤遇到上部或相邻矿区未知采空区；⑥自然条件（地震）或爆破震动的影响；⑦爆破施工时违章作业	井巷塌陷、地表塌陷、生态破坏
	掘进爆破	①材料质量不合格或不按规定存放；②装药工艺、起爆网络不合理或违章作业；③放炮前未进行人员撤离和警戒；④爆破作业后未检查或检查不彻底，没有清理现场；⑤爆破材料运输过程中遇明火、高温或未严格按规程操作；⑥爆破设计不合理或人员未经培训持证上岗	人员伤亡、财产损失
	炮烟及有害气体	①未形成通风系统或通风系统存在重大缺陷；②爆破后无足够的时间通风就进入采掘工作面作业；③岩矿石散发有毒有害气体或无纸化或炸药不合格；④井下通风系统发生故障	中毒、人员伤亡
	矿井水害	①井口位置布置不当致使地表水涌入井巷；②采掘过程中未对地表水体加以保护，未留设必要的保安柱；③采掘作业中未进行水文地质勘查；④排水管或阀门耐压强度不够，造成管道爆裂，无排水系统；⑤水仓容积过小或设计不符合规范要求	人员伤亡、系统破坏
	火灾	①电器、电路故障；②采掘人员吸烟；③明火或电炉取暖；④电焊或其他电器作业产生电火花；⑤设备摩擦产生火花	人员伤害、设备损坏
运输过程	炸药	高温、遇明火、碰撞	发生燃爆，危害人群安全，污染大气
	选矿药剂	车辆倾覆、运输泄露	污染水体、土壤，发生急性中毒
	产品	车辆倾覆、运输泄露	污染水体、土壤、造成急性中毒和累积危害

从风险后果方面考虑，矿产资源开发过程中不同环境风险源所带来的环境风险可以归纳为地质风险、生态风险、环境污染风险3类。具体表现形式归纳如下。

8.1.1 地质风险

地质风险中井工矿采煤沉陷、露天矿地表剥离等将造成不同程度的地表沉陷、挖损、裂缝、滑坡和崩塌等地表形态变化，诱发地质灾害、改变土地利用功能，破坏地表植被，对生态环境产生较大的直接或间接影响。山西省发育的地质灾害类型主要是崩塌、滑坡、地裂缝、泥石流、地面塌陷、地面沉降等。据山西省地质灾害核查数据显示，山西省内共查明地质灾害（隐患）点 11 425 处，其中崩塌 6 235 处，地面塌陷 2 971 处，滑坡 1 263 处，泥石流 676 处，地裂缝 272 处，地面沉降 8 处。据调查资料，到 2015 年山西省采空区面积近 5 000 km^2，塌陷区面积 3 000 km^2。

矿业开发占用破坏各类土地 57.12 万 hm^2，矿业开发影响居民地面积 5.45 万 hm^2，受损设施面积 8 300 万 m^2，水井干枯 3 万多眼，泉水断流 1 万多处，饮水困难人数 130 多万人，造成破坏的村庄共 2 868 个。

地下水污染及疏干是山西矿区最严重、危害最大的矿山环境地质问题。矿业开发尤其是矿产开采严重改变了地下水自然流场及补、径、排条件，打破了地下水原有的自然平衡，形成以矿井为中心的大面积降落漏斗，改变了降水、地表水与地下水的转化关系，引起地裂缝、地面塌陷和滑坡、崩塌等一系列地质灾害，造成土地质量下降、植被破坏等严重后果。

山西省矿区煤层自燃的情况较为普遍，除霍州矿区以外其他矿区均有煤层自燃记录，尤以大同矿区最为严重。煤层自燃后，上覆地层被烘烤烧变，烧变区的地表水严重流失，地表土层水分急剧降低，植被枯死，农田变为不毛之地。另外，燃烧后引起上覆开采沉陷、地裂缝等，成为水土流失高发区。

8.1.2 生态风险

山西省生态环境极度脆弱，严重影响和制约着山西省经济社会的可持续发展，山西省由于矿产资源开发导致的生态环境问题主要是水土流失、土地与植被占压和破坏；地下水均衡系统破坏、地表水量减少。

山西受黄土地貌、干旱气候、复杂地形、稀疏植被等因素影响，成为水土流失严重地区。水蚀冲走肥沃表土，大量泥沙入河；风蚀使农田沙化。山西省水土流失面积 1.62 亿亩。山西省矿产资源开发造成的水资源破坏面积 2 万余 km^2，导致 1 678 个村庄的 80 万人口、10 万头大牲畜饮用水困难。年排放矿井水 5 亿 t，山西省受污染的河流长达 3 753 km，致使太原、大同、阳泉、长治、晋城、临汾等城市水质含盐量较原先有不同程度升高。煤炭地下水开采可能导致岩层垮落和断裂，对地下含水层、隔水层结构造成破坏；露天开采可能造成地下水疏干，对地下水资源造成破坏和影响。据介绍，山西煤矸石堆积量已超过 10 亿 t，且以每年 5 000 万 t 的速度增加，煤矸石和露天矿剥离物的堆存大量占用土地。

8.1.3 环境污染风险

矿产资源开发所带来的环境污染风险主要表现为地表水污染、地下水污染、土壤污染和大气（粉尘、自燃气体释放）及其人群健康风险。

水污染影响包括矿井水、露天矿矿坑水、选煤厂煤泥水、工业场地生产、生活污水外排对地表水环境造成影响；矸石容易对地下水环境造成影响；大气污染影响包括煤矿工业场地锅炉烟气，储煤场，排矸场，露天矿采掘场、排土场以及在煤炭筛分破碎、储装过程中产生的粉尘对大气环境的影响。矸石中的有害成分通过径流、淋溶和大气飘尘，严重破坏了周围的土地、水域和大气环境。部分地区倾倒入河流，造成局部区域土壤污染、水环境污染。

8.2 风险防范措施与应急预案

加强安全管理、采取必要的防范措施是降低风险发生概率和危害的有效途径。在《规划》实施过程中，规划单位应对规划内企业提出具体的风险防范与事故应急要求。根据以上环境风险分析及人群健康评价结果，提出相应的风险防范措施和应急预案。

8.2.1 风险防范措施

地质灾害风险预防措施如下：

①加强宣传，普及矿山地质灾害防治知识，提高矿山开采人员素质，增强其对地质灾害的危机感和警觉性。提高矿山生产过程中全员防灾、减灾技能与手段，强化矿山地质灾害的防险、避险、抢险培训。

②开发与应用先进的信息化、地球物理勘察手段、地球化学勘察手段，对矿山滑坡、泥石流、崩塌和地面沉降等灾害易发区地质进行严密监视，对可能发生的潜在灾害进行实时监测、动态监管，建立矿山地质灾害预警系统，避免重大人员财产损失。

③加强矿坑、矿井边坡设计，进行边坡监测，坚固挡墙稳固边坡地质构造，开挖后若出现开裂变形，应及时开展地质勘查并做好预防措施。合理建设尾矿矿坝，形成稳定矿场与尾矿库，降低滑坡和塌方风险。对于滑坡、危岩体等灾害，可实施灌浆、锚固等工程措施，对潜在的地面沉降应及时采取人工回灌等防治措施。

④在实施矿山开采活动前，应根据矿区各类资源赋存情况对矿山开采后可能引起的生态破坏类型和程度进行评价，并确定开采者从事开采和生态重建的技术经济能力等。

⑤对开采区的泥石流、水土流失等灾害，可采取修拦挡坝、导流渠和排水沟，并配合种植涵养林等综合治理措施。

8.2.2 应急预案要求

相关企业应按照《建设项目环境风险评价技术导则》（HJ/T 169—2004）的要求制定突发事故应急预案。应急预案应报环境保护、公安、水利等相关部门进行备案，并与相关部门和企业建立联动机制。应急预案内容和要求见表8-2。

表8-2 应急预案内容一览

序号	项目	内容及要求
1	应急计划区	危险目标：装置区、贮罐区、环境保护目标
2	应急组织机构、人员	工厂、地区应急组织机构、人员
3	预案分级响应条件	规定预案的级别及分级响应程序
4	应急救援保障	应急设施、设备与器材等
5	报警、通信联络方式	规定应急状态下的报警通信方式、通知方式和交通保障、管制
6	应急环境监测、抢险、救援及控制措施	由专业队伍负责对事故现场进行侦察监测，对事故性质、参数与后果进行评估，为指挥部门提供决策依据
7	应急监测、防护措施、清除泄漏措施和器材	事故现场、邻近区域、控制防火区域，控制和清除污染措施及相应设备
8	人员紧急撤离、疏散、应急剂量控制、撤离组织计划	事故现场、邻近区域、受事故影响的区域人员及公众对毒物应急剂量控制规定，撤离组织计划及救护，医疗救护与公众健康
9	事故应急救援关闭程序与恢复措施	规定应急状态终止程序 事故现场善后处理，恢复措施 邻近区域解除事故警戒及善后恢复措施
10	应急培训计划	应急计划制订后，平时安排人员培训与演练
11	公众教育和信息	对工厂临近地区开展公众教育、培训和发布有关信息

第9章

《规划》综合论证

9.1 《规划》方案综合论证

9.1.1 《规划》目标的环境合理性

《规划》总体目标为：到 2020 年，矿产资源保障程度进一步提高，开发利用布局与结构进一步优化，节约集约和高效利用水平明显提升，绿色矿山全面普及，矿山地质环境显著好转，呈现矿产资源勘查开发与环境保护协调发展的新局面。

《规划》总体目标强调布局和结构优化、资源节约、绿色矿山建设，强调矿产资源勘查开发与环境保护协调发展，符合相关法律法规以及《中华人民共和国国民经济和社会发展第十三个五年规划纲要》中“强化矿产资源规划管控，严格分区管理、总量控制和开采准入制度，加强复合矿区开发的统筹协调。支持矿山企业技术和工艺改造，引导小型矿山兼并重组，关闭技术落后、破坏环境的矿山。大力推进绿色矿山和绿色矿业发展示范区建设，实施矿产资源节约与综合利用示范工程、矿产资源保护和储备工程，提高矿产资源开采率、选矿回收率和综合利用率”的要求。《规划》总体目标总体上有利于矿产资源勘查开发中的生态环境保护。

9.1.2 《规划》规模的环境合理性

《规划》对煤炭、煤层气、铝土矿等 12 种山西省重要矿种设立了开采总量调控指标，与上一轮规划确定的开采总量调控指标相比，煤炭保持不变，铜矿增大了 3.5%，水泥用灰岩增大了 4.2%，铝土矿增大 1.3 倍，铁矿和冶镁白云岩则还有所减小，分别减小了 28.6%和 50%。如果 2020 年各矿种开采总量恰好为调控目标值，与 2015 年实际开采量相比，届时煤炭资源的开采量基本保持稳定，煤层气、铝土矿、铁矿和水泥用灰岩的开采量会明显增长，其余矿种开采量小幅增长（见表 9-1）。

根据《山西省统计年鉴》，近 5 年来，采矿业年增加值占工业增加值的比重最高达到 66.1%（2012 年），占山西省 GDP 的比重最高达到 34.2%（2011 年）。进入 2013 年，采矿业步入萧条，但 2015 年其增加值占工业增加值的比重仍达到 46.0%，占 GDP 比重达到 15.7%。相比其经济贡献，采矿业污染物排放量贡献率相对较小。根据山西省环境统计数据，2015 年采矿业化学需氧量、氨氮、SO_2、NO_x 和烟粉尘的排放量分别占山西省排放总量的 3.4%、3.1%、2.7%、1.6%和 5.0%；重金属污染物砷、铅、镉、汞、总铬、六价铬的排放量分别为 22.2 kg、0.33 kg、0.29 kg、29 kg、0.05 kg 和 0.02 kg。采矿业中，煤炭行业排污占比最大，化学需氧量、氨氮、SO_2、NO_x 和烟粉尘分别占比 88.9%、97.1%、88.4%、87.8%和 63.7%。从大气和水污染物排放的角度看，采矿业不是主要的污染行业。

表 9-1 《规划》规模及其与上一轮规划值、实际产量的对比

序号	矿种	单位	2020 年指标值	上一轮规划值（2015 年）	2015 年实际产量
1	煤	亿 t	10	10	9.7
2	煤层气	亿 m^3	200	—	39.8
3	地热	万 m^3	3 100	—	—
4	铝土矿	万 t	4 200	1 800	450
5	铁矿	万 t	5 000	7 000	3 808
6	铜矿	万 t（矿石量）	600	580	551
7	金矿	t（矿石量）	600	—	—
8	耐火黏土	万 t	100	—	—
9	芒硝	万 t	120	—	—
10	硫铁矿	万 t	140	—	—
11	冶镁白云岩	万 t	375	750	—
12	水泥用灰岩	万 t	2 500	2 400	1 305

在假设未来各矿种实际开采量恰好等于调控目标的条件下，利用排污系数法核算，预计采矿业的二氧化硫、氮氧化物和颗粒物排放量相比现状约分别增加 1 809 t/a、1 127 t/a 和 3 048 t/a，COD 和氨氮的排放量相比现状约增加 715 t/a 和 62 t/a。排污系数法未考虑煤层气替代燃煤以及矿山废水综合利用率提高带来的减排效果，如果考虑煤层气替代燃煤以及矿山废水综合利用率提高，大气和水污染物的减排量超过开采规模扩大带来的新增排放量。

矿山开采还会造成地下水漏失、植被破坏和水土流失；产生的大宗固体废物，不仅大量占用土地资源，还将成为大气环境、水环境和土壤环境的潜在污染源。与大气污染和水污染不同，这些环境影响均具有长期性和累积性，如果不及时采取措施，《规划》实施会对地下水系和地表生态造成长期的不利影响。《规划》提出“十三五”期间历史遗留矿山地质环境治理恢复率 45%，矿区土地复垦面积 310 km^2；本次环评进一步明确了新、改、扩建矿山的环境准入条件，并要求所有矿山企业编制矿山生态环境保护与恢复治理方案，环境保护主管部门对方案实施情况定期评估考核。在严格遵守相关管理要求的条件下，规划规模不会使生态环境显著恶化。

9.1.3 《规划》布局的环境合理性

在全国主体功能区规划中，山西省属于全国重点建设的能源基地，需要“合理开发煤炭资源，积极发展坑口电站，加快煤层气开发，继续发挥保障全国能源安全的功能”；山西省也属于矿产资源开发重点布局地区，要求“合理开发利用山西铝土矿……促进山西吕

梁太行铁矿的开发利用”。山西省矿产资源开发活动总体上符合国家对山西省的主体功能定位。

《规划》明确提出“禁止在山西省 3 个世界文化遗产地范围、4 个古生物化石产地、46 个自然保护区、45 个风景名胜区、16 个地质公园、3 处国家级水产种质资源保护区、19 个泉域重点保护区、207 个饮用水水源地、46 个水利风景区、19 处国家级森林公园、56 处省级森林公园、57 处县级森林公园、50 处省级以上湿地公园、939 处省级以上文物保护单位的保护范围及建设控制地带、带压开采突水危险区、水库、河道下部及补水区域、汾河上中游干流及岚河等九大支流两侧、城镇规划区范围内新设矿业权。严禁在Ⅰ级保护林地、国家一级公益林、山西省永久性生态公益林非法露天采煤、采矿”。如果严格按照该要求执行，山西省矿产资源的开采基本能够避让主要的生态环境敏感目标。

严守生态保护红线是中共中央、国务院关于加快推进生态文明建设的重要工作部署，山西省的生态保护红线尚未最终划定，但在《规划》中应将生态保护红线纳入禁采区范围。

根据国家及山西省主体功能区划，山西省有 18 个县属国家级限制开发的重点生态功能区，另有 28 个县属省级限制开发的重点生态功能区。在重点生态功能区内，需“对各类开发活动尤其是能源和矿产资源开发及建设进行严格监管，加大矿山环境整治修复力度，最大限度地维护生态系统的稳定性和完整性”。《规划》应将 46 个重点生态功能区作为矿产资源限制开采区。

根据《中华人民共和国水污染防治法》和《集中式饮用水水源地规范化建设环境保护技术要求》（HJ 773—2015）的要求，“准保护区内无易溶性、有毒有害废弃物暂存和转运站，并严格控制采矿、采砂等活动”，如果城镇集中式饮用水水源地划定了准保护区，应将准保护区作为矿产资源限制开采区。

根据《山西省主体功能区划》，“在水产种质资源保护区实验区内从事水利、疏浚航道、建闸筑坝、勘探和开采矿产资源、港口等工程建设的，或者在水产种质资源保护区外从事可能损害保护区功能的工程建设活动的，应当按照国家有关规定编制建设项目对水产种质资源保护区的影响评价报告，并将其纳入环境影响评价报告书”，按照该要求，应将水产种质资源保护区试验区作为矿产资源限制开采区。

限制开采区内的矿产资源勘查开发活动应严格按照《规划》环评提出的限制要求进行。

将《规划》划定的重点勘查区、重点矿区、勘查规划区块、开采规划区块的具体边界与自然保护区、风景名胜区等禁采区进行叠图分析。结果显示，重点勘查区、重点矿区与各类生态环境敏感目标都有一定程度的重叠，对于与禁采区存在重叠的，在进行探矿权、采矿权的设置时应进行边界核定和布局调整，避让禁采区。《规划》设置的勘查规划区块中，约 37 个与自然保护区存在重叠，重叠面积约 137.8 km^2；约 3 个与国家级风景名胜区存在重叠，重叠面积约 7.7 km^2；约 15 个与地质公园存在重叠，重叠面积约 87.3 km^2；约 51 个与国家级和省级森林公园存在重叠，重叠面积约 333.7 km^2；约 3 个与泉域重点保护区存在重叠，重叠面积约 15 km^2；另外，还有约 12 个与城镇饮用水水源地保护区重叠，约 36 个与国家级、省级文物保护单位重叠。勘查规划区块与禁采区存在重叠的，建议调整区块边界，将重叠区域调出。

9.1.4 《规划》生态环境保护措施的有效性

《规划》对于重点矿种提出了开采总量调控目标，设定了矿山开采最低规模要求和“三率”指标要求；对于煤炭、铝土矿和铁矿提出了山西省矿山个数调控目标；对于规划布局明确规定禁止在自然保护区、风景名胜区等敏感目标保护区域内采矿；从加强废物处置利用、加大地质环境恢复治理、开展矿区土地复垦和建设绿色矿山 4 个方面对矿山资源节约和生态保护提出了原则性要求。

这些管理措施基本符合相关法律、法规、政策和规划的规定，满足《中华人民共和国国民经济和社会发展第十三个五年规划纲要》中“强化矿产资源规划管控，严格分区管理、总量控制和开采准入制度”的要求，其有利于山西省矿产资源开采的集约化、大型化和绿色化，有利于减缓规划实施的不利生态环境影响。

环评建议在以下方面对相关措施要求进行调整或完善：

①将历史遗留矿山环境综合治理率纳入考核指标。建议“十三五”期间山西省历史遗留矿山环境综合治理率达到 35%。

②明确考核方式，建立规划实施考核长效机制。《规划》中应明确提出编制规划实施考核方案，进行规划实施中期评估和末期考核的要求，以保证《规划》生态环境保护措施的顺利实施。

9.2 进一步优化调整建议

①将国家和地方各级人民政府确定的重点（重要）生态功能区、城镇饮用水水源地准保护区和水产种质资源保护区试验区作为矿产资源限制开采区。

②部分勘查规划区块与自然保护区、风景名胜区等生态环境敏感目标重叠，重叠区域应调出勘查规划区块，禁止勘查。

③划定生态保护红线是国家确定的“十三五”重要任务，《规划》应明确将未来的生态保护红线纳入禁止开发区。

④明确考核方式，建立《规划》实施考核长效机制。

⑤规划的重点勘查区和重点矿区应明确禁止在生态环境敏感目标范围从事勘探、开发

等与保护无关的活动，后续设置探矿权、采矿权时应注意避让。

⑥部分区域与森林公园、地质公园、风景名胜区距离较近，要加强相关区域视域范围的保护，保护景观完整性。

⑦部分规划区离地质灾害敏感区较近，易诱发新的地质灾害，《规划》实施过程中要做好局部限采、避让措施，加大矿山地质环境保护和修复治理力度。

第 10 章

环境影响减缓措施

10.1 宏观管理建议

10.1.1 确定资源税税率时计入矿山开采的生态环境损失，建立企业生态修复后的财政奖励机制

按照《关于实施煤炭资源税改革的通知》（财税〔2014〕72 号）和《关于全面推进资源税改革的通知》（财税〔2016〕53 号）的规定对矿产资源征收资源税，税率的确定应充分考虑矿山开采的生态环境损失成本。探索建立部分资源税用于企业生态恢复奖励的机制，在矿山开采企业按照相关要求完成生态环境恢复治理工作后，由企业申请，环境保护主管部门验收，根据恢复治理效果和企业所交资源税税额，将一部分资金返还企业作为对其生态环境恢复治理工作的奖励。

10.1.2 根据矿山企业地表裸露面积，对粉尘征收环境保护税

为鼓励矿山企业节约土地，对裸露地表及时进行绿化，建议利用遥感解译技术结合实地调查，定期核查矿山企业工业场地、排土场、废石场、尾矿库等区域的地表裸露面积，根据裸露面积核算粉尘排放量，对粉尘征收环境保护税。

10.1.3 所有矿山企业编制矿山生态环境保护与恢复治理方案，环境保护主管部门对方案实施情况定期评估验收

根据《国务院关于同意在山西省开展煤炭工业可持续发展政策措施试点意见的批复》（国函〔2006〕52 号），山西省要求新建和已投产的各类煤炭生产企业要制订矿山生态环境保护与综合治理方案。但此项要求一直未由煤炭矿山企业推广至非煤矿山企业。

建议除了矿泉水、地热、芒硝等生态破坏较小的矿种外，其他矿种的矿山开采企业均应按照《矿山生态环境保护与恢复治理方案编制导则》，编制矿山生态环境保护与恢复治理方案（以下简称《方案》）并严格实施。新建、改（扩）建矿山应在矿山开采前完成《方案》编制工作；已投产矿山（或资源开发企业）未编制《方案》的要补充编制。

环境保护行政主管部门应根据《方案》中规定的矿山生态环境保护与恢复治理的阶段目标，按照《山西省矿山生态环境保护与恢复治理工程竣工验收管理办法》（晋政办发〔2014〕71 号），及时组织相关部门对矿山企业生态环境恢复治理成效进行评估和验收。

10.1.4 摸清矿山生态环境破坏底数，建立矿山生态环境调查长效机制

结合山西省采煤沉陷区治理试点—矿山生态环境详细调查工作，摸清山西省生态破坏

和环境污染的现状，为矿山生态环境管理，生态恢复治理的决策提供基础。

建立矿山生态环境状况调查的长效机制。以卫星遥感为主，企业上报和现场核查为辅，每年对山西省20%的矿山的生态环境状况数据进行更新，每5年完成一次对山西省的更新。

10.1.5 增强政府矿山环境监察能力，建立多部门联合监察的长效机制

进一步加强国土资源、环境保护等部门执法监察能力建设，配备必要的执法装备，强化业务技能培训，提升对矿产资源开发利用项目的监控监管水平。重点加强山区市、县环境监测能力建设。

通过建立联席会议和联合执法机制，完善联动审批制度和案件移送机制。各级发展改革、经济和信息化、财政、国土资源、环境保护、水利、林业、工商、安全监管等部门在审批位于敏感区域的矿产资源开发利用项目时，应加强部门之间沟通协调。各相关部门应密切配合，定期组织开展生态环境保护联合执法检查，督促项目建设单位依法履行生态环境保护责任，及时查处污染环境和破坏生态的环境违法行为，形成强大监管合力，确保矿产资源开发利用生态环境保护各项工作落实到位。

10.1.6 重点矿区编制矿产资源开发利用专项规划并进行规划环境影响评价

山西省规划建设的18个煤炭、14个煤层气、10个铝土矿、7个铁矿、2个铜（金）矿重点矿区均应编写矿产资源开发利用专项规划，对矿区的资源条件、开发现状进行说明，对产业链条以及开发的规模、布局、时序等进行科学设计，并提出环境保护、水土保持、废物利用和节能减排的总体要求。矿区矿产资源开发利用专项规划编制阶段应进行规划的环境影响评价，编制《规划》环境影响报告书。《规划》编制机关应充分吸纳规划环评提出的优化调整建议和减缓不利环境影响的对策措施，《规划》实施后，《规划》编制机关应当将《规划》环评的落实情况和实际效果等纳入《规划》评估的重要内容。

矿区规划实施5年后，需进行《规划》环境影响跟踪评价。

10.1.7 积极探索煤矸石用于井下充填和土地复垦，促进煤矸石综合利用

煤矸石综合利用应以低热值煤发电为主，促进煤矸石大量化、高值化利用。大力提升煤矸石用于建材的技术水平，将符合建材原料要求的煤矸石用于烧结砖等建筑材料，促进煤矸石大掺量、规模化利用；将高岭土质煤矸石通过煤系高岭土超细、增白、改性技术，生产造纸涂料级高岭土、煅烧超细高岭土及纳米级高纯细粉等产品，促进煤矸石差异化、精细化利用；将铝含量较高的煤矸石用于煅烧高岭土、高铝质耐火材料、陶瓷材料、建筑材料、超细纤维保温材料、石油压裂支撑剂等方面，促进煤矸石高端化利用，打造煤矸石利用的升级版。相对于综合利用价值不高的煤矸石，用于填充采空区、充填塌陷区、筑基

修路、煤矸石土地复垦等生态化处理，通过煤矸石生态治理，发展生态农业、生态旅游。

10.1.8 加强有色金属采选行业企业周边土壤环境质量监控，探索污染农田的生态补偿机制

全面整治有色金属采选行业尾矿库，完善防扬散、防流失、防渗漏等设施，制定整治方案并有序实施。有色金属采选行业企业负责对周边土壤中重金属污染状况定期监测，并及时将监测结果上报环境保护管理部门，对于采矿造成的土壤污染，应对污染导致的农业生产损害进行评估。探索研究农田生态补偿的相关政策，划定农田补偿区域范围，制定补偿标准，建立矿区周边农田生态环境的补偿机制。

10.2 分区管控要求

10.2.1 限制开采区

应对以下区域内矿产资源的开采进行一定的限制。

（1）重点生态功能区

①将主体功能区划中国家和地方各级人民政府确定的 46 个重点（重要）生态功能区作为矿产资源限制开采区。

②重点生态功能区内应秉持“点状开发，面上保护”原则。

③矿产资源开采涉及重点生态功能区的，应进行生态环境影响和经济损益评估，按评估结果及相关规定进行控制性开采并同步进行生态环境修复，减少对生态空间的占用，不影响区域主导生态功能。

④编制了重点生态功能区产业准入负面清单的，开采活动应与该负面清单相协调。

⑤重点生态功能区内矿山企业应达到行业清洁生产一级标准。

（2）饮用水水源地准保护区

①开采前应开展专项水文地质勘查工作，摸清排土场、矸石堆放区和尾矿坝区的水文地质条件，掌握可能的污染源。

②项目环评阶段应就矿山开采对周边水源地的影响进行深入评价，对于已污染水源地，应寻找污染源头，及时采取措施进行治理。

（3）水产种质资源保护区试验区

在水产种质资源保护区试验区内从事勘探或开采矿产资源的，应当按照国家有关规定编制建设项目对水产种质资源保护区的影响评价报告，并将其纳入环境影响评价报告书。

10.2.2 禁止开采区

禁止在自然保护区、风景名胜区、省级及以上森林公园、饮用水水源地一级和二级保护区、省级及以上文物保护单位的保护范围及建设控制地带、地质公园、泉域重点保护区、水产种质资源保护区核心区、省级及以上湿地公园等重要生态保护地以及其他法律法规规定的禁采区域内采矿。禁止在永久性生态公益林范围内露天采矿。

禁止在铁路、重要公路两侧、重要河流、堤坝两侧、大型水利工程设施、城镇市政工程设施附近一定距离以内采矿。

开采范围与禁止开采区重叠的矿山，要尽快依法关闭退出。各重点矿区、重点勘查区涉及的主要生态环境敏感目标见附表 6，可能与禁采区存在重叠的勘查（开采）规划区块见附表 7。

10.3 环境准入负面清单

存在以下情况的矿产资源采选类项目禁止建设：

①属于《产业结构调整指导目录》中的淘汰类、限制类的采选项目。

②属于即将开始推行的“市场准入负面清单”中的禁止准入类的项目，或者属于限制准入类，但未按照法律、行政法规和有关规定，经过审批或其他方式的行政确认的采选项目。

③位于本次环评划定的禁止开采区内，或者位于限制开采区内但未严格按照本次环评提出的限制开采区的管控要求进行开采的项目。

④不能满足国土部对相关矿种的“三率”最低指标要求的采选项目。

⑤不能满足《山西省矿产资源总体规划》提出的井田最低开采规模和“三率”最低指标值的要求的，或者未严格在开采规划区块内开采的采选项目。

⑥位于重点矿区内的项目，所属矿区未编制矿区总体规划并进行矿区总体规划环境影响评价，或者项目建设不符合矿区总体规划、矿区总体规划环境影响评价的相关要求的采选项目。

⑦未按照《矿山生态环境保护与恢复治理方案编制导则》，编制矿山生态环境保护与恢复治理方案的开采项目（不适用于矿泉水、地热、芒硝等生态破坏较小的矿种）。

⑧矿产资源勘查以及采选过程中排土场、露天采场、尾矿库、矿区专用道路、矿山工业场地、沉陷区、矸石场、矿山污染场地等的生态环境保护与恢复治理工作不能满足《矿山生态环境保护与恢复治理技术规范（试行）》（HJ 651—2013）要求的项目。

⑨矿井水综合利用率低于 80%的开采项目。

⑩外排矿井水不能达到地表水环境质量Ⅲ类标准并按照山西省总量管理要求取得总量指标的开采项目。

⑪位于颗粒物超标地区，但未设置封闭储存设施的采选项目。

山西省煤炭、铁矿和铝土矿三类主要开发矿种需满足表 10-1、表 10-2 和表 10-3 中所列具体指标要求才可建设。

表 10-1 煤炭采选行业准入具体要求

指标项	准入要求		
最低规模	单井井型不低于 120 万 t/a		
开采工艺	采用机械化开采工艺		
回采工作面	井下回采工作面不超过 2 个		
煤矿采区回采率	井工开采	薄煤层（＜1.3 m）	≥85%
		中厚煤层（1.3～3.5 m）	≥80%
		厚煤层（＞3.5 m）	≥75%
	露天开采	薄煤层（＜3.5 m）	≥85%
		中厚煤层（3.5～10.0 m）	≥90%
		厚煤层（＞10.0 m）	≥95%
原煤入洗率	原则上达到 80%以上		
煤矸石综合利用率	≥75%		
矿井水综合利用率	≥80%（地表水环境容量超载区域需≥90%）		
洗煤废水	循环利用不外排		
煤炭贮运	新、改、扩建矿井及选煤厂原则上均应建设原煤筒仓或其他封闭式储煤场，输煤采用封闭式输煤廊道		
煤矸石处置	新建（改扩建）煤矿及选煤厂禁止建设永久性煤矸石堆放场（库）。确需建设临时性堆放场（库）的，其占地规模应当与煤炭生产和洗选加工能力相匹配，原则上占地规模按不超过 3 年储矸量设计，且必须有后续综合利用方案		

表 10-2 铁矿采选行业准入具体要求

指标项	准入要求			
最低规模	新建矿山开采规模不低于 5 万 t/a			
开采回采率	露天开采	大型		≥95%
		中小型		≥90%
	地下开采	围岩稳固	缓倾斜与急倾斜矿体	≥83%
			倾斜矿体	≥81%
		围岩不稳固	缓倾斜与急倾斜矿体	≥79%
			倾斜矿体	≥78%
		围岩极不稳固	缓倾斜与急倾斜矿体	≥77%
			倾斜矿体	≥75%

指标项	准入要求			
选矿回收率	磁铁矿	中细粒以上		≥95%
		细粒、微细粒		≥90%
	赤铁矿（含镜铁矿）	中细粒以上		≥75%
		细粒、微细粒		≥70%
	磁-赤混合矿	中细粒以上		≥78%
		细粒、微细粒		≥72%
	褐铁矿	中细粒以上		≥55%
		细粒、微细粒		≥50%
	菱铁矿	中细粒以上		≥80%
		细粒、微细粒		≥70%
尾矿综合利用率	≥20%			
选矿厂废水综合利用率	≥85%（地表水环境容量超载区域原则上应闭路循环，不外排）			
矿井水综合利用率	≥90%			
矿石贮运	区域颗粒物超标地区的项目，应设置封闭储存设施			

表 10-3 铝土矿开采行业准入具体要求

指标项	准入要求			
最低规模	重点矿区内新建矿山不低于 10 万 t/a			
综合能耗	露天开采	≤13 kg 标准煤/t 矿		
	地下开采	≤25 kg 标准煤/t 矿		
开采回采率	露天开采	≥92%		
	地下开采	矿体厚度≥5 m	铝硅比≥10	≥88%
			10＞铝硅比＞5	≥80%
			铝硅比≤5	≥75%
		5 m＞矿体厚度＞2 m	铝硅比≥10	≥80%
			10＞铝硅比＞5	≥75%
			铝硅比≤5	≥72%
		矿体厚度≤2 m	铝硅比≥10	≥75%
			10＞铝硅比＞5	≥72%
			铝硅比≤5	≥70%
选矿回收率	堆积型	≥95%		
	沉积型	铝硅比≥5		≥80%
		5＞铝硅比＞3		≥76%
		铝硅比≤3		≥72%
采矿废石	全部综合利用			
采矿废水	循环利用不外排			
矿石贮运	区域颗粒物超标地区的项目，应设置封闭储存设施			

10.4 后续规划及项目环评工作指导意见

10.4.1 重点矿区矿产资源开发利用专项规划环境影响评价重点

①矿区矿产资源开发利用现状、开发导致的生态环境问题分析，矿区资源开发历史回顾和生态环境质量演变分析。

②矿区开发规模、结构、布局、相关资源节约与生态环境保护要求与山西省矿产资源总体规划、总体规划环境影响评价的符合性。

③矿区涉及重点生态功能区的，应重点分析产业设置与重点生态功能区产业准入负面清单的协调性。

④核实自然保护区、饮用水水源地保护区等生态环境敏感目标的具体边界，叠图分析井田范围与敏感目标间的空间位置关系，涉及禁止开采区时应进行避让，涉及限制开采区时需满足限制开采区的分区管控要求。本次评价初步识别的各重点矿区涉及的重要敏感目标见附表6。

⑤矿区井工开采地表沉陷变形、露天开采地表挖损以及废渣堆存对地形地貌、土地利用、农牧业生产及自然生态资源的影响，矿区生态系统变化趋势。

⑥井工开采含水层破坏或露天矿疏干排水可能造成的对区域水资源的影响，以及由此引发的对生态环境的影响。

⑦矿区规划实施各类污染物排放可能造成的对区域环境质量的影响，分析规划实施后矿区环境质量能否满足环境功能区划的要求。

⑧矿区矿产资源开发带动的下游产业延伸可能产生的在时间、空间上的累积环境影响。

⑨明确矿区大气、水环境容量的余量和水资源、土地资源利用的上线，评价规划开发规模的环境合理性。

10.4.2 资源开发行业专项规划环境影响评价重点

①专项规划的规模、结构、布局、相关资源节约与生态环境保护要求与山西省矿产资源总体规划、总体规划环境影响评价的符合性。

②行业整体的能源资源利用水平、污染物排放水平与国内先进水平的差距，提出行业资源能源利用和污染物排放强度的行业准入要求。

③在减少原材料输出，延长产业链条的原则下，规划资源开采规模与下游加工能力建设之间的协调性。

④资源开采以及下游产业规模的扩大对山西省污染物排放总量控制工作的压力，提出行业污染物排放总量控制建议。

10.4.3 建设项目环境影响评价重点

①分析建设项目与山西省矿产资源总体规划的协调性，项目布局、范围、规模、资源节约与综合利用等是否满足规划及规划环境影响评价的准入要求。

②结合区域运输条件、经济水平和发展特点，详细论证固体废物处置、利用方案的经济、技术可行性。

③分析矿井水、选矿废水、尾矿库废水以及其他季节性、临时性积水综合利用方案的合理性，论证废水达标排放治理措施的合理性和可行性。

④详细论证具体废石场、尾矿库选址的合理性，具体分析废石场、尾矿库对周围敏感点、地下水等造成的影响。

⑤有色金属矿采选可能导致的土壤重金属污染。

⑥制定严格的生态环境保护和环境风险防范措施，强化环境监测和保护等各项要求的落实。

10.4.4 可简化的内容

下级（专项）矿产资源规划环境影响评价和建设项目环境影响评价中，受评规划（项目）与相关法律法规、产业政策、相关规划的符合性的分析可简化。

第 11 章

结　论

《全国主体功能区规划》中，山西省属于全国重点建设的能源基地，也属于矿产资源开发重点布局地区，山西省矿产资源开发总体上符合国家对山西的主体功能定位。

《规划》坚持“在保护中开发，在开发中保护”的方针，坚持节约资源和保护环境的基本国策，在对山西省矿产资源的勘查开发布局、规模等做出部署的同时，充分强调开发过程中的资源节约和环境保护，设定了矿山开采最低规模要求和“三率”指标要求；对于煤炭、铝土矿和铁矿提出了山西省矿山个数调控目标；对于规划布局明确规定在自然保护区、风景名胜区等敏感目标保护区域内采矿；从加强废物处置利用、加大地质环境恢复治理、开展矿区土地复垦和建设绿色矿山 4 个方面对矿山资源节约和生态保护提出了原则性要求。基本符合相关法律、法规、政策和规划的规定，满足《中华人民共和国国民经济和社会发展第十三个五年规划纲要》中“强化矿产资源规划管控，严格分区管理、总量控制和开采准入制度”的要求，有利于山西省矿产资源开采的集约化、大型化和绿色化，有利于减缓规划实施的不利生态环境影响。

《规划》对煤炭、煤层气、铝土矿等 12 种山西省重要矿种设立了开采总量调控指标，与上一轮规划确定的开采总量调控指标相比，煤炭保持不变，铜矿增大了 3.5%，水泥用灰岩增大了 4.2%，铝土矿增大 1.3 倍，铁矿和冶镁白云岩则还有所减小，分别减小了 28.6% 和 50%。总体上与上一轮规划相比，本轮规划的开采规模没有明显增加。相比其经济贡献，采矿业污染物排放量贡献率很小，考虑煤层气替代燃煤等的环境正效益后，《规划》实施还有利于山西省环境空气质量的改善。对于矿产资源开发中导致的地下水漏失、植被破坏、水土流失以及固废堆存，在严格按照《规划》以及规划环评的要求做好矿山地质环境恢复治理、矿区土地复垦以及矿山生态环境恢复治理后，区域生态环境可以承载规划的规模。

《规划》的资源开发布局局部与自然保护区、风景名胜区以及重点生态功能区存在重叠。勘查规划区块和开采规划区块与自然保护区、风景名胜区等禁采区存在重叠的，重叠部分应从规划区块调出；重点矿区、重点勘查区的设置应明确禁止在禁采区中从事勘探、调查等与保护无关的活动。

总体上，《规划》重视在矿产资源开发中对生态环境的保护，按照规划环评建议对规划进行调整并严格实施各项减缓措施的条件下，《规划》实施的生态环境风险可控，不会造成显著的生态环境问题。

附表 1　规划方案与各法律、法规、政策和规划等的协调性内容分析表

序号	相关法律、法规、政策、规划名称	与本规划相关内容	本规划方案	符合性/协调性
1	《中华人民共和国矿产资源法》	第二十条　非经国务院授权的有关主管部门同意，不得在下列地区开采矿产资源： (一）港口、机场、国防工程设施圈定地区以内； (二）重要工业区、大型水利工程设施、城镇市政工程设施附近一定距离以内； (三）铁路、重要公路两侧一定距离以内； (四）重要河流、堤坝两侧一定距离以内； (五）国家划定的自然保护区、重要风景区，国家重点保护的不能移动的历史文物和名胜古迹所在地； (六）国家规定不得开采矿产资源的其他地区。 第二十九条　开采矿产资源，必须采取合理的开采顺序、开采方法和选矿工艺。矿山企业的开采回采率、采矿贫化率和选矿回收率应当达到设计要求。 第三十条　在开采主要矿产的同时，对具有工业价值的共生和伴生矿产应当统一规划，综合开采，综合利用，防止浪费；对暂时不能综合开采或者必须同时采出而暂时还不能综合利用的矿产以及含有有用组分的尾矿，应当采取有效的保护措施，防止损失破坏。 第三十二条　开采矿产资源，必须遵守有关环境保护的法律规定，防止污染环境。开采矿产资源，应当节约用地。耕地、草原、林地因采矿受到破坏的，矿山企业应当因地制宜地采取复垦利用、植树种草或者其他利用措施		
2	《中华人民共和国固体废物污染环境防治法》	第三十六条　矿山企业应当采取科学的开采方法和选矿工艺，减少尾矿、矸石、废石等矿业固体废物的产生量和贮存量。尾矿、矸石、废石等矿业固体废物贮存设施停止使用后，矿山企业应当按照国家有关环境保护规定进行封场，防止造成环境污染和生态破坏	本规划对矿产资源开采提出应当采取科学的开采方法和选矿工艺，减少尾矿、矸石、废石等矿业固体废物的产生量和贮存量。对固体废物进行综合利用，加强矿山生态保护的要求	符合

序号	相关法律、法规、政策、规划名称	与本规划相关内容	本规划方案	符合性/协调性
3	《中华人民共和国清洁生产促进法》	第二十五条　矿产资源的勘查、开采，应当采用有利于合理利用资源、保护环境和防止污染的勘查、开采方法和工艺技术，提高资源利用水平	本规划指出了矿产资源的勘查、开采，应当采用有利于合理利用资源、保护环境和防止污染的勘查、开采方法和工艺技术，提高资源利用水平	符合
4	《中华人民共和国循环经济促进法》	第二十二条　开采矿产资源，应当统筹规划，制定合理的开发利用方案，采用合理的开采顺序、方法和选矿工艺。采矿许可证颁发机关应当对申请人提交的开发利用方案中的开采回采率、采矿贫化率、选矿回收率、矿山水循环利用率和土地复垦率等指标依法进行审查；审查不合格的，不予颁发采矿许可证。采矿许可证颁发机关应当依法加强对开采矿产资源的监督管理。 矿山企业在开采主要矿种的同时，应当对具有工业价值的共生和伴生矿实行综合开采、合理利用；对必须同时采出而暂时不能利用的矿产以及含有有用组分的尾矿，应当采取保护措施，防止资源损失和生态破坏。 禁止损毁耕地烧砖。在国务院或者省、自治区、直辖市人民政府规定的期限和区域内，禁止生产、销售和使用黏土砖。 第三十条　企业应当按照国家规定，对生产过程中产生的粉煤灰、煤矸石、尾矿、废石、废料、废气等工业废物进行综合利用	本规划划定了禁止开采区，对矿产资源的开采顺序、开采方法和选矿工艺以及矿山企业的开采回采率、采矿贫化率和选矿回收率提出了具体要求；对具有工业价值的共生和伴生矿产提出统一规划，综合开采，综合利用，防止浪费；对暂时不能综合开采或者必须同时采出而暂时还不能综合利用的矿产以及含有有用组分的尾矿，应当采取有效的保护措施，防止损失破坏；开采矿产资源，必须遵守有关环境保护的法律规定，防止污染环境	符合
5	《能源发展战略行动计划（2014—2020年）》	到2020年，一次能源消费总量控制在48亿t标准煤左右，煤炭消费总量控制在42亿t左右。 以沁水盆地、鄂尔多斯盆地东缘为重点，加大支持力度，加快煤层气勘探开采步伐。到2020年，煤层气产量力争达到300亿 m^3。 按照安全、绿色、集约、高效的原则，加快发展煤炭清洁开发利用技术，不断提高煤炭清洁高效开发利用水平。 清洁高效发展煤电。转变煤炭使用方式，着力提高煤炭集中高效发电比例。提高煤电机组准入标准，新建燃煤发电机组供电煤耗低于每千	继续推进煤炭资源整合，加大煤炭供给侧结构性改革去产能，到2020年，山西省原煤产量控制在10亿t左右。 重点建设沁水、河东2个煤层气开发基地，到2020年，煤层气产量达到200亿～300亿 m^3/a。 积极推进清洁生产和先进、适用的采、选、冶及精深加工新技术、新工艺、新	符合

序号	相关法律、法规、政策、规划名称	与本规划相关内容	本规划方案	符合性/协调性
5	《能源发展战略行动计划（2014—2020年）》	瓦时300 g标准煤，污染物排放接近燃气机组排放水平。 推进煤电大基地大通道建设。依据区域水资源分布特点和生态环境承载能力，严格煤矿环保和安全准入标准，推广充填、保水等绿色开采技术，重点建设晋北、晋中、晋东、神东、陕北、黄陇、宁东、鲁西、两淮、云贵、冀中、河南、内蒙古东部、新疆等14个亿吨级大型煤炭基地。到2020年，基地产量占全国的95%。采用最先进节能节水环保发电技术，重点建设锡林郭勒、鄂尔多斯、晋北、晋中、晋东、陕北、哈密、准东、宁东等9个千万千瓦级大型煤电基地。发展远距离大容量输电技术，扩大西电东送规模，实施北电南送工程。加强煤炭铁路运输通道建设，重点建设内蒙古西部至华中地区的铁路煤运通道，完善西煤东运通道。到2020年，全国煤炭铁路运输能力达到30亿t。 提高煤炭清洁利用水平。制定和实施煤炭清洁高效利用规划，积极推进煤炭分级分质梯级利用，加大煤炭洗选比重，鼓励煤矸石等低热值煤和劣质煤就地清洁转化利用。建立健全煤炭质量管理体系，加强对煤炭开发、加工转化和使用过程的监督管理。加强进口煤炭质量监管。大幅减少煤炭分散直接燃烧，鼓励农村地区使用洁净煤和型煤	设备，淘汰落后的设备、技术和工艺。到2020年山西省燃煤发电机组就地转化原煤2亿t。加快燃煤电厂超低排放改造，加大煤炭洗选比重，加大煤矸石、矿井水等资源综合利用力度，逐步实现煤炭利用近零排放。 建设晋北、晋中、晋东三大煤炭基地，按照国家“控制东部、稳定中部、发展西部”的总体要求，结合区域煤质和煤层赋存特点，优化能源结构，推动煤电产业优化升级，加大一次能源转化力度和电力为主的二次能源输出力度	符合
6	《产业结构调整指导目录（2011年本）》（修正）	限制类 （1）单井井型低于以下规模的煤矿项目：山西120万t/a； （2）采用非机械化开采工艺的煤矿项目； （3）设计的煤炭资源回收率达不到国家规定要求的煤矿项目； （4）未按国家规定程序报批矿区总体规划的煤矿项目； （5）井下回采工作面超过2个的新建煤矿项目； （6）日处理矿石200 t以下，无配套采矿系统的独立黄金选矿厂项目； （7）日处理岩金矿石100 t以下的采选项目； （8）年处理砂金矿砂30万m^3以下的砂金开采项目； （9）在林区、基本农田、河道中开采砂金项目	规划对新建矿山提出了最低开采规模要求，符合《产业结构调整指导目录（2011年本）》的准入要求，并提出进一步减少山西省煤炭矿井个数	

序号	相关法律、法规、政策、规划名称	与本规划相关内容	本规划方案	符合性/协调性
6	《产业结构调整指导目录（2011年本）》（修正）	淘汰类 （1）国有煤矿矿区范围（国有煤矿采矿登记确认的范围）内的各类小煤矿； （2）单井井型低于3万t/a规模的矿井； （3）既无降硫措施，又无达标排放用户的高硫煤炭（含硫高于3%）生产矿井； （4）不能就地使用的高灰煤炭（灰分高于40%）生产矿井； （5）不能实现洗煤废水闭路循环的选煤工艺、不能实现粉尘达标排放的干法选煤设备； （6）日处理能力50 t以下的采选项目		
7	《土壤污染防治行动计划》	严防矿产资源开发污染土壤。自2017年起，内蒙古、江西、河南、湖北、湖南、广东、广西、四川、贵州、云南、陕西、甘肃、新疆等省（区）矿产资源开发活动集中的区域，执行重点污染物特别排放限值。全面整治历史遗留尾矿库，完善覆膜、压土、排洪、堤坝加固等隐患治理和闭库措施。有重点监管尾矿库的企业要开展环境风险评估，完善污染治理设施，储备应急物资。加强对矿产资源开发利用活动的辐射安全监管，有关企业每年要对本矿区土壤进行辐射环境监测。 加强工业废物处理处置。全面整治尾矿、煤矸石、工业副产石膏、粉煤灰、赤泥、冶炼渣、电石渣、铬渣、砷渣以及脱硫、脱硝、除尘产生固体废物的堆存场所，完善防扬散、防流失、防渗漏等设施，制定整治方案并有序实施	本规划提出了全面整治历史遗留尾矿库，全面整治尾矿、煤矸石、矿产废石等矿产资源开发利用产生的固体废物的堆存要求	符合

序号	相关法律、法规、政策、规划名称	与本规划相关内容	本规划方案	符合性/协调性
8	《全国土地利用总体规划纲要（2006—2020年）》	积极开展工矿废弃地复垦。加快闭坑矿山、采煤塌陷、挖损压占等废弃土地的复垦，立足优先农业利用、鼓励多用途使用和改善生态环境，合理安排复垦土地的利用方向、规模和时序。组织实施土地复垦重大工程。 加强矿产资源勘查开发用地管理。按照全国矿产资源规划的要求，完善矿产资源开发用地政策，支持矿业经济区建设，加大采矿用地监督和管理力度。按照全国地质勘查规划的要求，依法保障矿产资源勘查临时用地，支持矿产资源保障工程的实施。 恢复工矿废弃地生态功能。推进矿山生态环境恢复治理，加强对采矿废弃地的复垦利用，有计划、分步骤地复垦历史上形成的采矿废弃地，及时、全面复垦新增工矿废弃地。推广先进生物技术，提高土地生态系统自我修复能力。加强对持久性有机污染物和重金属污染超标耕地的综合治理。加强对能源、矿山资源开发中土地复垦的监管，建立健全矿山生态环境恢复保证金制度，强化矿区生态环境保护监督。 晋豫区：合理安排基础设施用地，重点保障山西、河南大型煤电基地建设和骨干通道建设的用地。适当增加城镇工矿用地，加强农村建设用地整理，逐步降低人均城乡建设用地。加强工矿废弃地复垦、污染防治和采煤沉陷区治理，积极推进农用地整理。引导农业结构合理调整，支持商品粮棉基地建设，增强大宗农产品生产能力，促进农产品加工转化增值。有序开展山西黄土山地丘陵和豫西山地生态退耕，加强豫东黄河故道沙化土地治理，大力改善区域生态环境	加快采煤塌陷、挖损压占等废弃土地的复垦；推进矿山生态环境恢复治理，加强对采矿废弃地的复垦利用；加强对能源、矿山资源开发中土地复垦的监管，强化矿区生态环境保护监督	符合
9	《国家环境保护“十三五”规划》	尚未发布		
10	《全国矿产资源规划（2016—2020年）》			符合

序号	相关法律、法规、政策、规划名称	与本规划相关内容	本规划方案	符合性/协调性
11	《中华人民共和国国民经济和社会发展第十三个五年规划纲要》	强化矿产资源规划管控，严格分区管理、总量控制和开采准入制度，加强复合矿区开发的统筹协调。支持矿山企业技术和工艺改造，引导小型矿山兼并重组，关闭技术落后、破坏环境的矿山。大力推进绿色矿山和绿色矿业发展示范区建设，实施矿产资源节约与综合利用示范工程、矿产资源保护和储备工程，提高矿产资源开采率、选矿回收率和综合利用率。完善优势矿产限产保值机制。建立矿产资源国家权益金制度，健全矿产资源税费制度。开展找矿突破行动	支持矿山企业技术和工艺改造，引导小型矿山兼并重组，关闭技术落后、破坏环境的矿山。大力推进绿色矿山和绿色矿业发展示范区建设，实施矿产资源节约与综合利用示范工程、矿产资源保护和储备工程，提高矿产资源开采率、选矿回收率和综合利用率	符合
12	《山西省环境保护条例》	第三十四条　开发煤炭和其他矿产资源，必须统筹规划、合理开采，防止地表塌陷和植被破坏；防止对地下水的破坏；防止矿井废水、废气对环境的污染；采取有效措施防止煤矸石自燃。已造成生态破坏和环境污染的，必须负责改善和治理。开采含高硫分、高灰分煤炭的单位和个人，必须建设配套的煤炭洗选设施，其洗煤水必须闭路循环	开发矿产资源，必须统筹规划、合理开采，防止地表塌陷和植被破坏；防止对地下水的破坏；防止矿井废水、废气对环境的污染	符合
13	《山西省国民经济和社会发展第十三个五年规划纲要》	推进资源集约高效利用。坚决杜绝私挖乱采，运用先进技术对传统开采方法进行改造，发展绿色矿业，提高矿产资源开采回采率、选矿回收率和综合利用率，加强劣质低阶煤、低品位矿产资源和可替代资源的开发利用。加快再生资源回收体系建设，提高资源回收水平。调整建设用地结构，降低工业用地比例，推进城镇低效用地再开发和工矿废弃地复垦，严格控制农村集体建设用地规模。 煤炭产业。着力推进煤炭及其相关产业向市场主导型、清洁低碳型、集约高效型、延伸循环型、生态环保型、安全保障型转变，走出一条具有山西特色的革命兴煤之路。深化煤炭管理体制改革，加快建立符合国家新型综合能源基地开发建设和运行管理的现代管理体系。按照区域煤质和煤层赋存特点，推进晋北、晋中、晋东三大煤炭基地建设，控制新建规模，重点做好资源枯竭煤矿关闭退出和资源整合煤矿改造，提升矿井现代化水平，推进传统煤炭产业向高端、高质、高效迈进，保障国家清洁煤和综合能源基地生产原料的供给。以安全绿色开采、清洁高效利用为重点，普及推广绿色开采技术。大力引进和推广先进	坚决杜绝私挖乱采，发展绿色矿业，提高矿产资源开采回采率、选矿回收率和综合利用率；全面推进采煤沉陷区、采空区、水土流失区、煤矸石山的生态环境治理修复重点工程，有序推进采矿破坏村庄避让搬迁工作	符合

序号	相关法律、法规、政策、规划名称	与本规划相关内容	本规划方案	符合性/协调性
13	《山西省国民经济和社会发展第十三个五年规划纲要》	适用技术，建立商品煤分级分质利用体系，提高洗配煤占商品煤的比重，力争到 2020 年原煤入洗率达到 70%以上。构建有效控制煤炭生产总量、市场需求调节煤炭产品结构新机制，着力推进煤转电、煤转化等产业发展，有效化解产能过剩，提高煤炭就地转化率。以大型煤炭企业为主体，继续推进煤炭资源整合和煤矿企业兼并重组，减少山西省煤炭矿井个数，进一步提升产业集中度，提升煤炭产业集约化水平。培育同煤集团、中煤平朔、焦煤集团等亿吨级煤炭企业，培育阳煤集团、潞安集团和晋煤集团向亿吨级煤炭企业迈进，到 2020 年大企业集团煤炭产量占总产量比重超过 80%，千万吨级煤炭矿井产量占到总产量的 20%左右。 煤层气产业。充分发挥山西省煤层气资源大省优势，积极探索形成与天然气同质同价的价格机制，大力推进煤层气开发与井下瓦斯抽采，实现煤矿瓦斯抽采全覆盖工程。重点建设沁水和河东两大煤层气产业基地，建设河曲—保德、临县—兴县、永和—大宁—吉县、沁南、沁北、三交—柳林等六大煤层气勘探开发基地。积极推进井下瓦斯规模化抽采利用，着力构建晋城矿区、阳泉矿区、潞安矿区、西山矿区和离柳矿区五大瓦斯抽采利用园区。积极探索煤层气多通道、多途径利用，推进煤层气替代汽油燃料和替代工业燃煤工程建设，在煤矿瓦斯富集地区发展坑口瓦斯发电，形成勘探、抽采、输送、压缩、液化、化工、发电、汽车用气、居民用气等一整套产业链，尽快把煤层气发展成为山西省战略性支柱产业。力争到 2020 年，煤层气总产能达到 400 亿 m^3。 鼓励水泥、新型墙材、建筑陶瓷等行业企业对矿渣、粉煤灰、煤矸石、副产石膏等大宗工业废弃物进行资源化综合利用，推动废弃物替代燃料的技术开发和应用，支持有条件的企业进行废弃物协同处置。 全面推进采煤沉陷区、采空区、水土流失区、煤矸石山的生态环境治理修复重点工程，有序推进采矿破坏村庄避让搬迁工作		符合

序号	相关法律、法规、政策、规划名称	与本规划相关内容	本规划方案	符合性/协调性
14	《山西省矿产资源管理条例》	第四条　矿产资源勘查、开采必须与环境保护、土地复垦和防治地质灾害、防止水土流失工作统一设计，同步实施	矿产资源开采与环境保护工作同步实施	符合
15	《山西省水污染防治工作方案》	落实《山西省循环经济促进条例》要求，加快推进煤矿矿井水排放达地表水环境质量III类标准。 推进矿井水综合利用，煤炭矿区的补充用水、周边地区生产和生态用水应优先使用矿井水，加强洗煤废水循环利用。 优化山西省水资源配置，将再生水、雨水、矿井水等非常规水源纳入水资源统一配置，充分利用城市再生水和矿井水，足额使用黄河水，适度开发利用地表水，限制过度开采地下水	煤矿矿井水排放达地表水环境质量III类标准。 矿井水应该综合利用，煤炭矿区的补充用水、周边地区生产和生态用水应优先使用矿井水	符合
16	《山西省循环经济促进条例》	第十七条　企业应当对生产过程中产生的可利用固体废物、废气、废水、余压、余热等进行综合利用；不具备利用条件的，应当委托具备条件的生产经营者进行综合利用；暂时无法利用的，应当予以合理贮存或者无害化处置。 第十九条　鼓励企业利用再生水、雨水、矿井水等水资源。鼓励和支持废水循环利用。工业用水可以采取单位独立进行废水无害化处理和循环利用，也可以采取集中连片进行废水无害化处理和循环利用。 第二十条　煤炭生产企业和煤层气开采企业应当坚持采煤、采气一体化，提高煤炭资源回采率和煤层气资源利用率。鼓励和支持低浓度瓦斯、风排瓦斯的利用，发展煤层气提纯液化、精细化工等产业。 第二十九条　省人民政府发展和改革部门会同经济和信息化、环境保护等部门编制煤矸石、粉煤灰、脱硫石膏、矿井水、焦炉煤气、镁渣、电石渣、赤泥等废弃物综合利用规划，报省人民政府批准后施行。 第三十条　省环境保护部门应当按照国家有关规定建立废弃物申报登记管理和限期治理制度。产生煤矸石、粉煤灰、脱硫石膏、矿井水、焦炉煤气、镁渣、电石渣、赤泥等废弃物的企业，应当向所在地的环境保护部门申报产生源、产生量和上年度废弃物处置、资源综合利用	矿产资源开发利用过程中产生的可利用固体废物、矿井水进行综合利用或者无害化处置	符合

序号	相关法律、法规、政策、规划名称	与本规划相关内容	本规划方案	符合性/协调性
16	《山西省循环经济促进条例》	的情况。 第三十一条　煤矿、洗煤等企业应当全部利用或者安全处置当年产生的煤矸石，并对长年堆存的煤矸石进行综合治理。 第三十三条　煤炭生产企业应当优先选择矿井水用于煤炭洗选、井下生产、消防、绿化等。矿井水确需排放的，应当达到地表水环境质量标准III类		符合
17	《山西省土地利用总体规划纲要（2006—2020年）》	根据以煤为主的矿产资源开发对土地破坏的实际情况，规划期内，要不断加大矿产开采破坏区的土地整治与植被恢复力度，重点为山西省的 83 个主要产煤县的煤炭采空塌陷区。要通过增加土地整治投资、实施土地整治复垦，大力发展植树造林、恢复土地生态植被，以改变采矿对山西生态造成的破坏，改善土地生态状况。同时，要加强对土地复垦的监管，积极复垦工矿废弃地以及因采煤沉陷区治理等而搬迁的村庄废弃地，拟通过复垦新增林（园）地 2.57 万 hm^2，以植树造林、恢复植被，绿化和美化环境，促进山西省土地生态状况的改善。 规划期内，要结合工矿土地复垦重点工程的实施，加大采煤塌陷破坏区的土地整治治理力度，提高土地质量和利用率，因地制宜地恢复土地的农业利用和林木植被，促进山西省土地生态状况的改善。 采煤塌陷破坏治理重点区有关土地利用调控管理的措施为： ——加强对区内因采煤沉陷而破坏土地的整治，增加土地整治复垦投入，以恢复土地植被和提高土地生产能力。 ——重点对采煤沉陷区内居民受损房屋和基础设施等方面进行治理，抓好区内移民搬迁工作，改善搬迁居民的基本生存条件。 ——加大煤矿沉陷区水资源和生态治理，对沉陷区的土地进行生态修复治理。 加速推进循环经济，积极采用新技术、新方法，新模式，提高矿产资源利用率，减少污染物排放，努力实现资源节约、环境友好、经济社会发展相协调的宏伟目标	规划期内，不断加大矿产开采破坏区的土地整治与植被恢复力度	符合

序号	相关法律、法规、政策、规划名称	与本规划相关内容	本规划方案	符合性/协调性
18	《山西省“十三五”环境保护规划》	加强对各类产业发展规划的环境影响评价，积极建立环保与发改等部门的联动机制，推动规划环评早期介入，与规划编制互动。强化规划环评的刚性约束，明确法律要求和健全追责机制，对应当进行规划环评而未进行环评的规划所包含的项目不予受理环评文件，推动规划环评落地。 加强工业企业料堆站场扬尘污染控制，贮存和堆放煤炭、煤矸石、煤渣、煤灰、砂石、灰土等易产生扬尘物料的场所，要采取密闭贮存、喷淋、覆盖、防风围挡等抑尘措施。 煤矿矿井水优先选择用于煤炭洗选、井下生产、消防、绿化等，矿井水确需排放的，应当达到地表水环境质量Ⅲ类标准。 强化日常环境监管，做好土壤污染预防工作，加强涉重金属行业污染防控，加强工业废物处理处置，全面整治矿产资源开发造成的历史遗留尾矿库等。 加强资源开发利用监管，推进矿山生态修复，进一步建立和完善矿山生态环境保护法规和标准，建立符合省情的地方性法规和标准体系，为矿山生态环境保护管理建立法律标准支撑。加快历史遗留采煤沉陷区生态环境修复治理，开展山西省矿山生态环境调查，实施矿山环境治理工程，山西省历史遗留矿山环境综合治理率达到35%。加强矿山生态环境监管，严格矿山资源开发利用的全过程生态环境监管，源头预防，过程控制，治理修复。严格环境影响评价和“三同时”制度，开展矿山生态环境专项检查，督促企业加强污染防治和生态修复。 各级自然保护区、文化自然遗产、风景名胜区、森林公园、地质公园、水产种质资源保护区、重要湿地（湿地公园）、重要水源地、泉域重点保护区等禁止开发区坚持强制性保护，依法严格监管，实现污染物“零排放”，确保区域生态安全	本规划提出了全面整治矿产资源开发造成的历史遗留尾矿库等，加快历史遗留采煤沉陷区生态环境修复治理，开展山西省矿山生态环境调查，实施矿山环境治理工程，山西省历史遗留矿山环境综合治理率达到35%	符合

序号	相关法律、法规、政策、规划名称	与本规划相关内容	本规划方案	符合性/协调性
19	《山西省泉域管理条例》	第十条　在泉域的重点保护区内，禁止在泉水出露带进行采煤、开矿、开山采石和兴建地下工程。 第十五条　对严重破坏岩溶地下水系统、危及岩溶地下水续存的采矿活动，根据影响程度，由水行政主管部门会同国土资源行政主管部门报请同级人民政府批准，采取限采、停采或封闭矿井措施。 第二十三条　采矿排水应按照技术规程进行，水行政主管部门有权进行监督检查。采矿排水须到水行政主管部门办理登记手续，并缴纳水资源费	本规划将泉域重点保护区划为禁止开采区	符合
20	《山西省生态保护与建设规划（2014—2020年)》	划定了具体的禁止开采区、限制开采区，在这些区域内不能进行矿产开采	本规划划定了禁止开采区、限制开采区	符合
21	《山西省煤炭供给侧结构性改革实施意见》	（1）优化存量产能、退出过剩产能。按照依法淘汰关闭一批、重组整合一批、减量置换退出一批、依规核减一批、搁置延缓开采或通过市场机制淘汰一批的要求，实现煤炭过剩产能有序退出。到2020年，山西省有序退出煤炭过剩产能1亿t以上。同时，要坚持生态优先，依法妥善处理现有矿区与已设立或划定的风景名胜区、自然保护区、城镇规划区、泉域水资源保护区和饮用水水源地保护区等的关系，确保各类生态系统安全稳定。 （2）严格控制煤炭资源配置。“十三五”期间，山西省原则上不再新配置煤炭资源。2016年起，暂停出让煤炭矿业权，暂停煤炭探矿权转采矿权。 （3）从严控制煤矿项目审批。“十三五”期间，山西省原则上不再批准新建煤矿项目，不再批准新增产能的技术改造项目和产能核增项目，确保山西省煤炭总产能只减不增	规划对新建矿山提出了最低开采规模要求，符合《产业结构调整指导目录》（2011年本）的准入要求，并提出进一步减少山西省煤炭矿井个数	符合

序号	相关法律、法规、政策、规划名称	与本规划相关内容	本规划方案	符合性/协调性
22	《全国生态保护“十三五”规划纲要》	到2020年，生态空间得到保障，生态质量有所提升，生态功能有所增强，生物多样性下降速度得到遏制，生态保护统一监管水平明显提高，生态文明建设示范取得成效，国家生态安全得到保障，与全面建成小康社会相适应。 全面划定生态保护红线，管控要求得到落实，国家生态安全格局总体形成“十三五”时期，紧紧围绕保障国家生态安全的根本目标，优先保护自然生态空间，实施生物多样性保护重大工程，建立监管预警体系，加大生态文明示范建设力度，推动提升生态系统稳定性和生态服务功能，筑牢生态安全屏障。 加强开发建设活动生态保护监管。以“生态保护红线、环境质量底线、资源利用上线和环境准入负面清单”为手段，强化空间、总量、准入环境管理。发挥战略环评和规划环评事前预防作用，减少开发建设活动对生态空间的挤占，合理避让生态环境敏感和脆弱区域。强化矿产资源开发规划环评，优化矿产资源开发布局，推动历史遗留矿山生态修复。合理确定和布局大坝建设，加强调度监管，有效保障最低生态需水量；加强生态设施建设，科学合理开展水生生物增殖放流。合理布局旅游基础设施建设，基于生态承载力确定游客数量。推动交通设施建设，合理避让生态环境敏感区域，加强生物廊道建设，减少生态阻隔；加强交通设施建成后的生态恢复和运营期的管理	规划围绕国土部门目前开展的绿色矿山建设、地质环境恢复治理以及矿区土地复垦三方面工作提出了要求	符合
23	《山西省“十三五”循环经济发展规划》	矿产资源综合开发利用。大力推进矿产资源保障工程建设，严禁大矿小开、采富弃贫、重采轻掘等破坏性开采。推广金属矿产充填开采、非金属溶浸采矿、矿石超细碎、大型浮选等高效采选及矿山废弃物综合利用等技术，提高矿产资源开采回采率、选矿回收率和综合利用率。加强中低品位矿、共伴生矿、尾矿的开发和合理利用，针对山西省铝土矿品位较低的实际，重点改造应用地下铝土矿综采工艺设备、选矿	规划提出了加强低品位、难选冶、共伴生矿产资源的综合利用，加强尾矿、废石等废弃物的综合利用，完善矿产资源节约与综合利用激励约束机制和发展矿业循环经济的要求	符合

序号	相关法律、法规、政策、规划名称	与本规划相关内容	本规划方案	符合性/协调性
23	《山西省“十三五”循环经济发展规划》	设备，高效经济利用低品位铝土矿生产氧化铝。继续开展高铝粉煤灰生产氧化铝技术研究，形成经济合理的工艺技术，推进铝土矿资源替代。按循环经济要求推进冶金矿山整体开发，提高矿产资源综合开发利用程度		符合
24	《国务院关于煤炭行业化解过剩产能实现脱困发展的意见》	从 2016 年开始，用 3～5 年的时间，再退出产能 5 亿 t 左右、减量重组 5 亿 t 左右，较大幅度压缩煤炭产能，适度减少煤矿数量，煤炭行业过剩产能得到有效化解，市场供需基本平衡，产业结构得到优化，转型升级取得实质性进展。 加快淘汰落后产能和其他不符合产业政策的产能。安全监管总局等部门确定的 13 类落后小煤矿，以及开采范围与自然保护区、风景名胜区、饮用水水源保护区等区域重叠的煤矿，要尽快依法关闭退出	规划对新建矿山提出了最低开采规模要求，符合《产业结构调整指导目录》（2011 年本）的准入要求，并提出进一步减少山西省煤炭矿井个数	符合

附表2 煤炭规划矿区承载力影响因素统计表

矿区名称	承载力	所在行政区	资源环境承载力级别	资源承载力级别	资源	影响因素	环境承载力级别	环境	影响因素
西山煤炭规划矿区	低	太原市	低	低	水资源	采矿破坏的水资源量大	低	地质环境	地质环境稳定性较差、采空区面积大、地质灾害隐患点面积大
					土地资源	人均耕地面积小、采矿破坏的耕地面积较大		水环境	COD 排放量大、废水排放量大
								大气环境	SO_2 排放量大、空气质量Ⅱ级以上天数少
								生态环境	生态环境质量较差、森林覆盖率低、植被破坏指数高
		古交市	较低	中等	土地资源	人均耕地面积小、采矿破坏的耕地面积大	低	地质环境	地质环境稳定性较差、地质灾害高易发区、采空区面积大、地质灾害隐患点面积较大
								生态环境	生态环境质量较差、森林覆盖率低、植被破坏指数高
		文水县	较低	较低	矿产资源	矿产资源保障程度较低	较低	水环境	COD 排放量大
								大气环境	SO_2 排放量大、空气质量Ⅱ级以上天数少
		清徐县	中等	较低	水资源	水资源总量少	较高		
		交城县	较高	较高			较高	地质环境	地质环境稳定性较差、地质灾害中易发区

矿区名称	承载力	所在行政区	资源环境承载力级别	资源承载力级别	资源	影响因素	环境承载力级别	环境	影响因素
石隰煤炭规划矿区	低	石楼县	低	较低	矿产资源	矿产资源保障程度低	低	地质环境	地质环境稳定性差、地质灾害高易发区
								大气环境	空气质量II级以上天数少
								生态环境	生态环境质量较差、森林覆盖率低
		隰县	较低	较低	矿产资源	矿产资源保障程度低	中等	地质环境	地质环境稳定性差、地质灾害高易发区
					水资源	水资源总量少、水资源年利用量低			
		永和县	较低	较低	矿产资源	矿产资源保障程度低	中等	地质环境	地质环境稳定性差、地质灾害高易发区
					水资源	水资源总量少、水资源年利用量低		生态环境	生态环境质量较差
汾西煤炭规划矿区	低	汾阳市	较低	较低	矿产资源		中等	地质环境	地质环境稳定性较差、地质灾害隐患点影响面积大
		介休市	较低	低	土地资源	人均耕地面积小、采矿破坏的耕地面积较大	较低	生态环境	森林覆盖率较低、植被破坏指数高
		灵石县	较低	较低	土地资源	人均耕地面积较小、采矿破坏的耕地面积大	较低	地质环境	地质灾害高易发区、采空区面积大、地质灾害隐患点影响面积大
								生态环境	森林覆盖率低、植被破坏指数高
		交口县	较低	较低	矿产资源	矿产资源保障程度较低	较低	地质环境	地质环境稳定性较差、地质灾害高易发区、地质灾害隐患点影响面积大
								大气环境	空气质量II级以上天数少
		孝义市	中等	较高	土地资源	人均耕地面积小、采矿破坏的耕地面积大、采矿破坏土地资源的面积较大	低	地质环境	地质环境稳定性较差、地质灾害高易发区、采空区面积大
								生态环境	生态环境质量较差、植被破坏指数高

矿区名称	承载力	所在行政区	资源环境承载力级别	资源承载力级别	资源	影响因素	环境承载力级别	环境	影响因素
霍州煤炭规划矿区	低	霍州市	较低	较低	土地资源	人均耕地面积小、采矿破坏的耕地面积大	低	生态环境	生态环境质量较差
		汾西县	低	低	矿产资源	矿产资源保障程度较低	较低	地质环境	地质灾害高易发区、地质灾害隐患点影响面积大
					水资源	水资源总量少、水资源年利用量低			
					土地资源	采矿破坏的耕地面积大			
		洪洞县	低	较低	水资源	水资源总量较少	低	水环境	COD 排放量大、废水排放量大
					土地资源	人均耕地面积较小、采矿破坏的耕地面积大		大气环境	SO_2 排放量较大、空气质量II级以上天数较少
								生态环境	森林覆盖率低、植被破坏指数高
		尧都区	低	较低	水资源	水资源总量较少	低	大气环境	SO_2 排放量大、空气质量II级以上天数较少
					土地资源	人均耕地面积小		水环境	COD 排放量大、废水排放量较大
		襄汾县	低	较低	水资源	水资源总量较少	低	大气环境	SO_2 排放量大、空气质量II级以上天数较少
					矿产资源	矿产资源保障程度较低			
		浮山县	中等	较低	水资源	水资源总量较少、水资源年利用量较低	较高		
		曲沃县	中等	低	矿产资源	矿产资源保障程度较低	较高		
					水资源	水资源总量少			
		翼城县	较低	较低	水资源	水资源总量少	中等		
武夏煤炭规划矿区	低	左权县	较低	中等			较低	地质环境	地质环境稳定性较差、地质灾害隐患点影响面积大
		襄垣县	低	较低	水资源	水资源总量较少、采矿破坏的水资源量较大	低	地质环境	地质环境稳定性差、地质灾害高易发区
					土地资源	采矿破坏的耕地面积大、采矿破坏的土地资源面积大		生态环境	森林覆盖率低、植被破坏指数高
		武乡县	中等	较低			中等	地质环境	地质环境稳定性较差
								生态环境	生态环境质量较差、森林覆盖率较低

矿区名称	承载力	所在行政区	资源环境承载力级别	资源承载力级别	资源	影响因素	环境承载力级别	环境	影响因素
岚县煤炭规划矿区	中等	静乐县	中等	较高			中等	地质环境	地质环境稳定性较差、地质灾害高易发区
								生态环境	生态环境质量差、森林覆盖率低
		岚县	中等	中等			较低	地质环境	地质环境稳定性差、地质灾害高易发区、地质灾害隐患点影响面积大
								生态环境	生态环境质量差、森林覆盖率较低
		娄烦县	中等	较低			较高		
河保偏煤炭规划矿区	中等	河曲县	较低	中等	水资源	水资源总量较少、水资源年利用量较低、采矿破坏的水资源量较大	低	地质环境	地质环境稳定性差、地质灾害高易发区
								生态环境	生态环境质量差、森林覆盖率较低、植被破坏指数高
		偏关县	较低	中等	矿产资源	矿产资源保障程度较低	较低	地质环境	地质环境稳定性差、地质灾害高易发区
								生态环境	生态环境质量差、森林覆盖率低
		保德县	中等	较高			低	地质环境	地质环境稳定性差、地质灾害高易发区
								生态环境	生态环境质量差、森林覆盖率低、植被破坏指数较高
离柳煤炭规划矿区	中等	兴县	中等	高			低	地质环境	地质环境稳定性差、地质灾害高易发区、地质灾害隐患点影响面积大
								大气环境	空气质量II级以上天数较少
								生态环境	生态环境质量极差、森林覆盖率低
		临县	较低	高			低	地质环境	地质环境稳定性差、地质灾害高易发区、地质灾害隐患点影响面积大
		离石区	低	低	土地资源	人均耕地面积小、采矿破坏的耕地面积较大	低	地质环境	地质环境稳定性差、地质灾害高易发区、地质灾害隐患点影响面积大
								生态环境	生态环境质量较差、森林覆盖率较低、植被破坏指数较高
		柳林县	中等	较高			低	地质环境	地质环境稳定性差、地质灾害高易发区
								生态环境	生态环境质量极差
		中阳县	较低	较低	土地资源	人均耕地面积小、采矿破坏土地资源的面积大	中等	地质环境	地质环境稳定性差、地质灾害中易发区

矿区名称	承载力	所在行政区	资源环境承载力级别	资源承载力级别	资源	影响因素	环境承载力级别	环境	影响因素
乡宁煤炭规划矿区	中等	蒲县	中等	较高	水资源	水资源总量少、水资源年利用量低	中等	地质环境	地质环境稳定性较差、地质灾害高易发区、采空区面积较大
		乡宁县	较低	较低	水资源	水资源年利用量低、采矿破坏的水资源量大	较低	地质环境	地质环境稳定性差、地质灾害高易发区、采空区面积大
					土地资源	采矿破坏的耕地面积较大		生态环境	生态环境质量差、植被破坏指数较高
		吉县	中等	中等	水资源	水资源总量少、水资源年利用量低	中等	地质环境	地质环境稳定性差、地质灾害高易发区
								生态环境	生态环境质量差
		大宁县	中等	中等	水资源	水资源总量少、水资源年利用量低	中等	地质环境	地质环境稳定性差、地质灾害高易发区
								生态环境	生态环境质量差
潞安煤炭规划矿区	中等	长治市	低	低	水资源	水资源总量少、采矿破坏的水资源量大	较低	水环境	废水排放量大
					土地资源	人均耕地面积小		生态环境	生态环境质量较差、植被破坏指数高
		长治县	低	低	水资源	水资源总量少、水资源年利用量较低、采矿破坏的水资源量较大	较低	地质环境	地质环境稳定性较差、地质灾害高易发区、采空区面积大
					土地资源	人均耕地面积小、采矿破坏土地资源面积大		生态环境	生态环境质量较差、森林覆盖率低、植被破坏指数较高
		长子县	中等	中等	水资源	水资源总量较少、水资源年利用量较低、采矿破坏的水资源量较大	中等	地质环境	地质环境稳定性较差、地质灾害高易发区、采空区面积大
		潞城市	中等	较低	矿产资源	矿产资源潜在总值较小	中等		
		壶关县	中等	较低	矿产资源	矿产资源保障程度较低	较高	地质环境	地质环境稳定性较差
		屯留县	中等	较低	土地资源	采矿破坏的耕地面积大	中等	地质环境	地质环境稳定性较差、采空区面积大
								生态环境	生态环境质量较差、森林覆盖率较低

附表 3 铝土矿规划矿区承载力影响因素统计表

矿区名称	承载力	所在行政区	资源环境承载力级别	资源承载力级别	资源	影响因素	环境承载力级别	环境	影响因素
宁武—原平铝土矿矿区	低	宁武县	较高	高			较低	地质环境	地质环境稳定性较差、地质灾害隐患点影响面积大
								生态环境	生态环境质量差、森林覆盖率较低
		原平市	较低	中等			低	大气环境	SO_2排放量大
								生态环境	生态环境质量较差、森林覆盖率较低、植被破坏指数高
灵石—霍州铝土矿矿区	低	灵石县	较低	较低	土地资源	人均耕地面积较小、采矿破坏的耕地面积大	较低	地质环境	地质灾害高易发区、采空区面积大、地质灾害隐患点面积大
								生态环境	森林覆盖率低、植被破坏指数高
		霍州市	较低	较低	土地资源	人均耕地面积小、采矿破坏的耕地面积大	低	地质环境	地质环境稳定性较差、采矿区面积大、地质灾害隐患点面积较大
								生态环境	生态环境质量较差、植被破坏指数高
阳泉铝土矿矿区	低	盂县	低	低	土地资源	人均耕地面积较小、采矿破坏的耕地面积大、采矿破坏的土地资源面积大	中等	地质环境	地质环境稳定性较差、地质灾害高易发区、采空区面积大
								生态环境	生态环境质量较差、森林覆盖率较低、植被破坏指数较高
		阳泉市	低	较低	水资源	水资源总量较少、采矿破坏的水资源量大	低	地质环境	地质环境稳定性较差、地质灾害高易发区、采空区面积大
					土地资源	人均耕地面积小、采矿破坏的耕地面积较大、采矿破坏的土地资源面积较大		大气环境	SO_2 排放量大、空气质量 II 级以上天数少
								生态环境	生态环境质量较差、森林覆盖率较低、植被破坏指数高
		平定县	低	低	矿产资源	矿产资源保障程度较低	中等	地质环境	地质环境稳定性较差
					土地资源	人均耕地面积小		生态环境	生态环境质量较差、森林覆盖率较低

矿区名称	承载力	所在行政区	资源环境承载力级别	资源承载力级别	资源	影响因素	环境承载力级别	环境	影响因素
临县—中阳铝土矿矿区	低	临县	较低	高			低	地质环境	地质环境稳定性差、地质灾害高易发区、采空区面积大
								生态环境	生态环境质量差、森林覆盖率低
		中阳县	较低	较低	土地资源	人均耕地面积小、采矿破坏土地资源的面积大	中等	地质环境	地质环境稳定性差、地质灾害中易发区
		离石区	低	低	土地资源	人均耕地面积小、采矿破坏的耕地面积较大	低	地质环境	地质环境稳定性差、地质灾害高易发区、地质灾害隐患点影响面积大
								生态环境	生态环境质量较差、森林覆盖率较低、植被破坏指数较高
		方山县	中等	较低	矿产资源	矿产资源保障程度较低	中等	地质环境	地质环境稳定性差
		柳林县	中等	较高			低	地质环境	地质环境稳定性差、地质灾害高易发区
								生态环境	生态环境质量极差
交口—汾西铝土矿规划矿区	低	交口县	较低	较低	矿产资源	矿产资源保障程度较低	较低	地质环境	地质环境稳定性较差、地质灾害高易发区、地质灾害隐患点影响面积大
								大气环境	空气质量Ⅱ级以上天数少
		汾西县	低	低	矿产资源	矿产资源保障程度较低	较低	地质环境	地质灾害高易发区、地质灾害隐患点影响面积大
					水资源	水资源总量少、水资源年利用量低			
					土地资源	采矿破坏的耕地面积大			
河曲—保德铝土矿规划矿区	中等	河曲县	较低	中等	水资源	水资源总量较少、水资源年利用量较低、采矿破坏的水资源量较大	低	地质环境	地质环境稳定性差、地质灾害高易发区
								生态环境	生态环境质量差、森林覆盖率较低、植被破坏指数高
		保德县	中等	较高			低	地质环境	地质环境稳定性差、地质灾害高易发区
								生态环境	生态环境质量差、森林覆盖率低、植被破坏指数较高

矿区名称	承载力	所在行政区	资源环境承载力级别	资源承载力级别	资源	影响因素	环境承载力级别	环境	影响因素
兴县铝土矿规划矿区	中等	兴县	中等	高			低	地质环境	地质环境稳定性差、地质灾害高易发区、地质灾害隐患点影响面积大
								大气环境	空气质量II级以上天数较少
								生态环境	生态环境质量极差、森林覆盖率低
汾阳—孝义铝土矿规划矿区	中等	汾阳市	较低	较低	矿产资源		中等	地质环境	地质环境稳定性较差、地质灾害隐患点影响面积大
		孝义市	中等	较高	土地资源	人均耕地面积小、采矿破坏的耕地面积大、采矿破坏土地资源的面积较大	低	地质环境	地质环境稳定性较差、地质灾害高易发区、采空区面积大
								生态环境	生态环境质量较差、植被破坏指数高
		交口县	较低	较低	矿产资源	矿产资源保障程度较低	较低	地质环境	地质环境稳定性较差、地质灾害高易发区、地质灾害隐患点影响面积大
								大气环境	空气质量II级以上天数少
平陆铝土矿规划矿区	中等	平陆县	中等	低	矿产资源	矿产资源保障程度较低	较高		
					水资源	水资源总量少			
昔阳—襄垣铝土矿规划矿区	中等	昔阳县	较高	中等	土地资源	人均耕地面积较小、采矿破坏土地资源的面积大	较高		
		和顺县	中等	较高			中等	地质环境	地质环境稳定性较差、地质灾害隐患点影响面积大
		左权县	较低	中等			较低	地质环境	地质环境稳定性较差、地质灾害隐患点影响面积大
		武乡县	中等	较低			中等	地质环境	地质环境稳定性较差
								生态环境	生态环境质量较差、森林覆盖率较低
		襄垣县	低	较低	水资源	水资源总量较少、采矿破坏的水资源量较大	低	地质环境	地质环境稳定性差、地质灾害高易发区
					土地资源	采矿破坏的耕地面积大、采矿破坏的土地资源面积大		生态环境	森林覆盖率低、植被破坏指数高

附表 4 铁矿规划矿区承载力影响因素统计表

矿区名称	承载力	所在行政区	资源环境承载力级别	资源承载力级别	资源	影响因素	环境承载力级别	环境	影响因素
灵丘铁矿规划矿区	低	灵丘县	较低	较低	矿产资源	矿产资源保障程度低、矿产资源潜在总值较小	较低	地质环境	地质环境稳定性较差、地质灾害隐患点影响面积大
		繁峙县	较低	中等	矿产资源	矿产资源保障程度低	较低	地质环境	地质环境稳定性较差、地质灾害隐患点影响面积大
								生态环境	生态环境质量较差、森林覆盖率低
		浑源县	较低	低	矿产资源	矿产资源保障程度较低	较低	地质环境	地质环境稳定性较差
								生态环境	生态环境质量较差、森林覆盖率较低
		应县	中等	较低	矿产资源	矿产资源保障程度低、矿产资源潜在总值小	高		
五台—代县铁矿规划矿区	低	繁峙县	较低	中等	矿产资源	矿产资源保障程度低	较低	地质环境	地质环境稳定性较差、地质灾害隐患点影响面积大
								生态环境	生态环境质量较差、森林覆盖率低
		代县	较低	较低	矿产资源	矿产资源保障程度低	中等	生态环境	生态环境质量较差、森林覆盖率低
		原平市	较低	中等			低	大气环境	SO_2 排放量大
								生态环境	生态环境质量较差、森林覆盖率较低、植被破坏指数高
		山阴县	中等	中等			中等	生态环境	森林覆盖率较低、植被破坏指数高

矿区名称	承载力	所在行政区	资源环境承载力级别	资源承载力级别	资源	影响因素	环境承载力级别	环境	影响因素
古交铁矿规划矿区	低	古交市	较低	中等	土地资源	人均耕地面积小、采矿破坏的耕地面积大	低	地质环境	地质环境稳定性较差、地质灾害高易发区、采空区面积大、地质灾害隐患点面积较大
								生态环境	生态环境质量较差、森林覆盖率低、植被破坏指数高
		交城县	较高	较高			较高		
襄汾—翼城铁矿规划矿区	低	襄汾县	低	较低	水资源	水资源总量较少	低	大气环境	SO_2 排放量大、空气质量II级以上天数较少
					矿产资源	矿产资源保障程度较低			
		翼城县	较低	较低	水资源	水资源总量少	中等		
		浮山县	中等	较低	水资源	水资源总量较少、水资源年利用量较低	较高		
		曲沃县	中等	低	矿产资源	矿产资源保障程度较低	较高		
					水资源	水资源总量少			
		尧都区	低	较低	水资源	水资源总量较少	低	大气环境	SO_2 排放量大、空气质量II级以上天数较少
					土地资源	人均耕地面积小		水环境	COD 排放量大、废水排放量较大
左权—黎城铁矿规划矿区	低	左权县	较低	中等			较低	地质环境	地质环境稳定性较差、地质灾害隐患点影响面积大
		黎城县	较低	较低	矿产资源	矿产资源潜在总值较小	中等	地质环境	地质环境稳定性较差、地质灾害隐患点影响面积较大
岚县—娄烦铁矿规划矿区	中等	岚县	中等	中等			较低	地质环境	地质环境稳定性差、地质灾害高易发区、地质灾害隐患点影响面积大
								生态环境	生态环境质量差、森林覆盖率较低
		娄烦县	中等	较低			较高		
		方山县	中等	较低	矿产资源	矿产资源保障程度较低	中等	地质环境	地质环境稳定性差

附表5　铜（金）矿规划矿区承载力影响因素统计表

矿区名称	承载力	所在行政区	资源环境承载力级别	资源承载力级别	资源	影响因素	环境承载力级别	环境	影响因素
繁峙—灵丘铜（金）矿规划矿区	低	繁峙县	较低	中等	矿产资源	矿产资源保障程度低	较低	地质环境	地质环境稳定性较差、地质灾害隐患点影响面积大
								生态环境	生态环境质量较差、森林覆盖率低
		灵丘县	较低	较低	矿产资源	矿产资源保障程度低、矿产资源潜在总值较小	较低	地质环境	地质环境稳定性较差、地质灾害隐患点影响面积大
		浑源县	较低	低	矿产资源	矿产资源保障程度较低	较低	地质环境	地质环境稳定性较差
								生态环境	生态环境质量较差、森林覆盖率较低
五台—代县铜（金）矿规划矿区	低	五台县	较高	较高			较高		
		代县	较低	较低	矿产资源	矿产资源保障程度低	中等	生态环境	生态环境质量较差、森林覆盖率低
侯马—垣曲铜（金）矿规划矿区	中等	垣曲县	中等	低	矿产资源	矿产资源保障程度低、矿产资源潜在总值较小	高		
					土地资源	人均耕地面积较小、采矿破坏土地资源的面积较大			
		闻喜县	较低	低	矿产资源	矿产资源保障程度低、矿产资源潜在总值小	较高		
					水资源	水资源总量少			
运城铜（金）矿规划矿区	中等	盐湖区	中等	低	矿产资源	矿产资源保障程度低、矿产资源潜在总值小	高		
					水资源	水资源总量少			
		平陆县	中等	低	矿产资源	矿产资源保障程度较低	较高		
					水资源	水资源总量少			

附表6 各重点矿区（重点勘查区）涉及主要敏感目标列表

矿区	敏感目标类别	敏感目标级别	敏感目标名称	重叠面积/（km²/个数）
大同煤炭规划矿区	饮用水水源地	城镇	大同市矿区下窝寨水源地、左云县东古城水源地、大同市矿区西万庄水源地、新荣镇集中供水水源、左云县暖泉湾水源地、怀仁县于家园水源地	6个
	森林公园	国家级	云岗森林公园	65.50
	文物保护单位	国家级	山西省第三中学遗址、禅房寺砖塔、大同煤矿万人坑、云冈石窟景区	9个
		省级	青磁窑遗址、鹅毛口遗址、华严寺塔、观音堂、高山遗址	
	重点生态功能区	省级	京津风沙源治理生态功能区	986.97
东山煤炭规划矿区	饮用水水源地	城镇	太原市枣沟水源地、榆次区北山水源地、小店区永康水源地、阳曲县城区水源地	4个
	森林公园	国家级	乌金山国家森林公园	20.36
		省级	龙城森林公园	3.30
			鹿泉山森林公园	2.33
	泉域重点保护区		晋祠泉域	27.93
	文物保护单位	国家级	王家峰墓群、永祚寺、不二寺	10个
		省级	东太堡遗址、国民师范旧址、赵树理故居、万字楼纯阳宫、崇善寺、文庙、山西大学堂	
汾西煤矿规划矿区	自然保护区	省级	绵山省级自然保护区	2.97
			山西超山省级自然保护区	14.38
			山西韩信岭省级自然保护区	101.26
	饮用水水源地	城镇	介休市龙头水源地、孝义市城区水源地、孝义市崇源头水源地、孝义市西辛壁水源地、灵石县静升—苗圃水源地、平遥县普洞水源地、灵石县龙王滩水源地、静升镇集中供水水源、介休市兴地水源地	9个
	森林公园	国家级	太岳山国家森林公园	23.79
	泉域重点保护区	国家级	洪山泉域	46.65

矿区	敏感目标类别	敏感目标级别	敏感目标名称	重叠面积/（km^2/个数）
汾西煤矿规划矿区	文物保护单位	国家级	灵石后土庙、旌介遗址、晋祠庙、介休东岳庙、后土庙、汾阳五岳庙、中阳楼、平遥清凉寺、资寿寺、文峰塔、张壁古堡、洪山窑址、王家大院	27 个
		省级	红军东征总指挥部旧址、关帝庙、法云寺、虞城五岳庙、齐圣广佑王庙、天齐庙、慈胜寺、三皇庙、临黄塔、白云寺、报恩寺、汾阳铭义中学、源神庙、静升文庙	
	湿地公园	国家级	孝义孝河	1 个
	重点生态功能区	省级	吕梁山水源涵养及水土保持生态功能区、太岳山水源涵养与生物多样性保护生态功能区	1 078.85
河保偏煤炭规划矿区	自然保护区	省级	山西贺家山省级自然保护区	24.27
	饮用水水源地	城镇	保德县铁匠铺水源地、河曲县梁家碛水源地、义门镇集中供水水源、偏关县堡子湾水源地	4 个
	泉域重点保护区		天桥泉域	3.63
	文物保护单位	省级	林遮峪遗址、护宁寺、岱岳庙、海潮庵	4 个
	重点生态功能区	国家级	黄土高原丘陵沟壑水土保持生态功能区	1 312.11
霍东煤炭规划矿区	自然保护区	省级	绵山省级自然保护区	0.01
			山西超山省级自然保护区	63.10
			山西红泥寺省级自然保护区	25.41
	饮用水水源地	城镇	安泽县高壁水源地、古县县城深井备用水源地、沁源县北园村水源地	3 个
	湿地公园	国家级	沁河源	2 个
		省级	安泽县府城	
	文物保护单位	省级	麻衣寺砖塔热留关帝庙	2 个
	森林公园	国家级	太岳山国家森林公园	16.50
		省级	红叶岭森林公园	3.63
			灵通山森林公园	6.67
			三合牡丹森林公园	71.54
	重点生态功能区	省级	太岳山水源涵养与生物多样性保护生态功能区	3 160.41

矿区	敏感目标类别	敏感目标级别	敏感目标名称	重叠面积/（km^2/个数）
霍州煤炭规划矿区	饮用水水源地	城镇	翼城县封壁水源地、翼城县曹家坡水源地、翼城县龙女水源地、襄汾县河东水源地、襄汾县河西水源地、汾西县古郡水源地、霍州市白龙水源地、汾西县洞底水源地、洪洞县霍泉水源地、尧都区土门水源地、尧都区龙祠水源地、襄汾县六家咀水源地、霍州市主城区水源地、霍州市大张水源地、汾西县九龙泉水源地	15 个
	湿地公园	国家级	双龙湖、洪洞汾河	4 个
		省级	尧都区东郭、尧都区涝洰河	
	文物保护单位	国家级	乔泽庙戏台、汾城古建筑群、丁村遗址、丁村民居、铁佛寺、王曲东岳庙、东羊后土庙、玉皇庙、老君洞、霍州遗址、霍州州署大堂、霍州观音庙、娲皇庙、师家沟古建筑群、广胜寺、牛王庙戏台、大悲院、天马遗址、尧陵、陶寺遗址	58 个
		省级	高堆遗址、金城堡遗址、下靳遗址、沙女遗址、寺头遗址、南大柴遗址、赵康古城遗址、晋襄公墓、大张遗址、关帝楼、上村遗址、坊堆遗址、永凝堡遗址、泰云寺、碧霞圣母宫、师村遗址、上张遗址、女娲陵、商山庙、洪洞关帝庙、净石宫、南石遗址、苇沟—寿城遗址、里村西沟遗址、方城遗址、东许遗址、韩壁遗址、祝圣寺、真武祠、马牧华严寺、隆裕和尚墓碑、明代监狱、鼓楼、明代移民遗址、侯村遗址、尧庙、仙洞沟景区、四牌坊	
	自然保护区	国家级	山西五鹿山国家级自然保护区	154.31
		省级	山西韩信岭省级自然保护区	12.47
			山西霍山省级自然保护区	35.67
	风景名胜区	国家级	姑射山风景名胜区	32.06
	森林公园	省级	吕梁山森林公园	36.62
		国家级	太岳山国家森林公园	80.69
	泉域重点保护区	省级	郭庄泉域	146.86
			霍泉泉域	11.83
			龙子祠泉域	11.02
	重点生态功能区	国家级	黄土高原丘陵沟壑水土保持生态功能区	1 528.83
		省级	吕梁山水源涵养及水土保持生态功能区	512.61

矿区	敏感目标类别	敏感目标级别	敏感目标名称	重叠面积/（km^2/个数）
晋城煤炭规划矿区	饮用水水源地	城镇	晋城市主城区水源地、沁水县大坪水源地、沁水县县城水源地、阳城县下芹水源地、阳城县王曲水源地、浮山县前交水源地、晋城市郭壁水源地、高平市城北水源地、沁水县万庆元水源地	9 个
	湿地公园	省级	高平市丹河	1 个
	文物保护单位	国家级	窦庄古建筑群、郭壁村古建筑群、湘峪古堡、大阳汤帝庙、开化寺、姬氏民居、清梦观、古中庙、寺润三教堂、南吉祥寺、中坪二仙宫、崇明寺、崔府君庙、西李门二仙庙、定林寺、二郎庙、游仙寺、北义城玉皇庙、崇安寺、三圣瑞现塔、碧落寺、玉皇庙、二仙庙、岱庙、郭峪村古建筑群、润城东岳庙、周村东岳庙、开福寺、四圣宫、南捍东岳庙、北吉祥寺、柳氏民居、西溪二仙庙、海会寺、砥洎城	73 个
		省级	南楸遗址、枣园遗址、文庙大成殿、清微观、桥北遗址、郎寨塔、高都遗址、崇寿寺、景德桥、高都东岳庙、关帝庙、成汤庙、高都二仙庙、泽州汤帝庙、三教堂、长平之战遗址、千佛造像碑、资圣寺、清化寺、嘉祥寺、三嵕庙、仙翁庙、金峰寺、南庄玉皇庙、万寿宫、高平铁佛寺、千佛造像碑、南召文庙、屯城东岳庙、文庙、寿圣寺及琉璃塔、陈廷敬故居、下川遗址、八里坪遗址、东峪村造像、石塔、景忠桥、赵树理故居	
	自然保护区	省级	山西红泥寺省级自然保护区	1.01
			山西翼城翅果油树省级自然保护区	20.53
			崦山省级自然保护区	87.91
			泽州猕猴省级自然保护区	88.83
	地质公园	国家级	山西长子国家级重点保护木化石集中产地	13.18
		省级	泽州丹河蛇曲谷省级地质公园	7.90
	森林公园	省级	白马寺山森林公园	7.83
			华阳山森林公园	7.90
			阳光森林公园	3.85
	泉域重点保护区	省级	延河泉域	19.48
			三姑泉域	23.50
	重点生态功能区	省级	太岳山水源涵养与生物多样性保护生态功能区、太行山南部水源涵养与生物多样性保护生态功能区	4 159.99

矿区	敏感目标类别	敏感目标级别	敏感目标名称	重叠面积/（km^2/个数）
岚县煤炭规划矿区	饮用水水源地	城镇	岚县县城水源地、娘子神乡集中式饮用水水源、岚县北村水源地、静游镇尖山水源地、静乐县偏梁水源地	5 个
	湿地公园	国家级	静乐汾河川	2 个
		省级	岚县岚河	
	文物保护单位	省级	秀容古城遗址、静居寺石窟、静乐文庙、宁化古城、高君宇故居	5 个
	自然保护区	国家级	山西省芦芽山国家级自然保护区	19.92
		省级	山西汾河水库上游省级自然保护区	17.41
	风景名胜区	国家级	芦芽山国家级自然保护区	29.46
	地质公园	国家级	山西省宁武冰洞国家地质公园	6.29
	森林公园	国家级	管涔山国家森林公园	8.55
	重点生态功能区	省级	吕梁山水源涵养及水土保持生态功能区	1 782.63
离柳煤炭规划矿区	饮用水水源地	城镇	兴县乔家沟水源地、兴县原家坪水源地、兴县河校水源地、临县吴家湾水源地、中阳县乔家沟水源地、中阳县庞家会水源地、吕梁市离石区上安水源地、吕梁市离石区七里滩水源地、柳林县柳林泉水源地	9 个
	湿地公园	省级	离市区东川河、柳林县三川河、中阳县陈家湾	3 个
	文物保护单位	国家级	善庆寺、义居寺、碛口古建筑群、天贞观、安国寺、马茂庄汉墓群、香严寺、晋绥边区政府旧址	16 个
		省级	离世文庙、观音庙、南山寺、玉虚宫、胡家沟砖塔、柳林双塔寺、贺龙中学、鼓楼（观音阁）	
	自然保护区	国家级	山西黑茶山国家级自然保护区	5.46
	风景名胜区	国家级	碛口风景名胜区及地质公园	111.99
	地质公园	省级	山西临县碛口省级地质公园	21.03
	森林公园	省级	安国寺森林公园	15.36
	泉域重点保护区	省级	柳林泉域	19.20
	重点生态功能区	国家级	黄土高原丘陵沟壑水土保持生态功能区	3 409.30
		省级	吕梁山水源涵养及水土保持生态功能区	103.91

矿区	敏感目标类别	敏感目标级别	敏感目标名称	重叠面积/（km^2/个数）
潞安煤炭规划矿区	饮用水水源地	城镇	长治县城水源地、长子县大京水源地、襄垣县东水源、屯留县席店水源地、长子县河头水源地	5个
	湿地公园	国家级	长子精卫湖	2个
		省级	屯留县绛河	
	文物保护单位	国家级	天王寺、正觉寺、宝峰寺、八路军总司令部北村旧址、灵泽王庙、襄垣文庙、沼泽王庙、潞安府衙、羊头山石窟、长治玉皇观、三峻庙、观音堂、潞安府城隍庙、崇庆寺、法兴寺	35个
		省级	壁头遗址、八路军总部办事处故县旧址、崇教寺、八义窑址、丈八寺塔、东泰山庙、南宋村秦氏民宅（含南宋高楼）、长治县都城隍庙、西旺墓群、长子古城址及墓地、文庙、永惠桥、常行村民兵抗日窑洞保卫战斗遗址、沙窟遗址、老爷山革命战斗遗址、脑张遗址、崇福院、襄垣昭泽王庙、五龙庙、炎帝碑林	
	自然保护区	省级	山西红泥寺省级自然保护区	5.66
	森林公园	国家级	老顶山国家森林公园	0.43
		省级	老爷山森林公园	1.83
	泉域重点保护区	省级	辛安泉域	34.41
	重点生态功能区	省级	太岳山水源涵养与生物多样性保护生态功能区、太行山南部水源涵养与生物多样性保护生态功能区	231.83
平朔煤炭规划矿区	饮用水水源地	城镇	平鲁区井坪镇水源地、平鲁区平番城水源地、朔城区刘家口水源地	3个
	文物保护单位	省级	张马营古城遗址	3个
			井坪南梁战国、秦汉墓群	
	重点生态功能区	省级	京津风沙源治理生态功能区	395.70
石隰煤炭规划矿区	饮用水水源地	城镇	石楼县西卫水源地、石楼县沙窑水源地、隰县均庄岩水源地、隰县菜沟水源地、隰县故城水源地、隰县堆金山水源地、永和县东峪沟水源地、永和县中学水源地、岚县北村水源地	9个
	文物保护单位	国家级	东岳庙、千佛寺（小西天）	5个
		省级	千佛洞、永和文庙大成殿、鼓楼	

矿区	敏感目标类别	敏感目标级别	敏感目标名称	重叠面积/（km²/个数）
石隰煤炭规划矿区	自然保护区	国家级	山西五鹿山国家级自然保护区	2.14
		省级	山西团圆山省级自然保护区	136.62
	地质公园	省级	山西省隰县午城黄土省级地质公园	30.03
	重点生态功能区	国家级	黄土高原丘陵沟壑水土保持生态功能区	2 741.07
朔南煤炭规划矿区	饮用水水源地	城镇	朔城区耿庄水源地、朔城区平朔生活区水源地、朔城区南磨水源地	3 个
	湿地公园	省级	朔州区恢河	
	文物保护单位	国家级	崇福寺	4 个
		省级	峙峪遗址、梵王寺墓群、北齐古城墙遗址	
	自然保护区	省级	山西桑干河省级自然保护区	12.41
	泉域重点保护区	省级	神头泉域	1.43
	重点生态功能区	省级	吕梁山水源涵养及水土保持生态功能区	2.39
武夏煤炭规划矿区	饮用水水源地	城镇	左权县滨河水源地	1.00
	文物保护单位	国家级	会仙观、八路军一二九师司令部旧址	3 个
		省级	石勒城遗址	
	森林公园	省级	宝峰湖森林公园	2.77
			老爷山森林公园	18.24
	重点生态功能区	省级	太行山南部水源涵养与生物多样性保护生态功能区	320.76
西山煤炭规划矿区	饮用水水源地	城镇	文水县章多水源地、文水县沟口水源地、文水县南徐水源地、清徐县城区水源地、交城县瓦窑水源地、马峪乡集中供水水源、古交市马兰滩水源地、古交市城区水源地	8 个
	湿地公园	国家级	文峪河	2 个
		省级	交城县华鑫湖	
	文物保护单位	国家级	狐突庙、卦山天宁寺、天龙山石窟、龙山石窟	14 个
		省级	开化寺旧址及连理塔、太山龙泉寺、岩香寺、清徐香岩寺、清泉寺、古交遗址、千佛寺、瓦窑遗址、古瓷窑址、竖石佛村摩崖造像	
	自然保护区	省级	山西天龙山省级自然保护区	32.21

矿区	敏感目标类别	敏感目标级别	敏感目标名称	重叠面积/（km^2/个数）
西山煤炭规划矿区	森林公园	国家级	天龙山国家森林公园	261.65
		省级	葡峰森林公园	19.91
	泉域重点保护区	省级	晋祠泉域	230.42
	重点生态功能区	省级	吕梁山水源涵养及水土保持生态功能区	0.49
乡宁煤炭规划矿区	饮用水水源地	城镇	吉县阳儿原水源地、吉县十里河水源地、乡宁县鄂河水源地、乡宁县樊家坪水源地、大宁县县城水源地、蒲县城区水源地、乡宁县鄂河水源地、吉县阳儿原水源地	8 个
	文物保护单位	国家级	柿子滩遗址、乡宁寿圣寺、华池宫	12 个
		省级	薛关遗址、义尖遗址、安坪遗址、大墓塬墓地、挂甲山摩崖石刻、翠微山遗址、千佛洞、腰东汉墓群、克难城	
	自然保护区	国家级	山西五鹿山国家级自然保护区	35.58
		省级	山西管头山省级自然保护区	103.29
		省级	山西人祖山省级自然保护区	166.74
	风景名胜区	国家级	壶口瀑布风景名胜区及地质公园	19.56
	地质公园	国家级	黄河壶口瀑布国家地质公园	15.02
		省级	山西省隰县午城黄土省级地质公园	0.36
	森林公园	省级	蔡家川森林公园	41.99
	重点生态功能区	国家级	黄土高原丘陵沟壑水土保持生态功能区	5 166.84
轩岗煤炭规划矿区	饮用水水源地	城镇	宁武县城西后备水源地、宁武县雷鸣寺泉水源地	2 个
	湿地公园	省级	宁武县马营	1 个
	文物保护单位	省级	万佛寺	2 个
			汾阳宫遗址	
	自然保护区	国家级	山西省芦芽山国家级自然保护区	82.83
		省级	山西紫金山省级自然保护区	0.94
	风景名胜区	国家级	芦芽山国家级自然保护区	97.52
	地质公园	国家级	山西省宁武冰洞国家地质公园	173.14
			山西宁武国家级重点保护肯氏兽硅化木集中产地	21.00

矿区	敏感目标类别	敏感目标级别	敏感目标名称	重叠面积/（km²/个数）
轩岗煤炭规划矿区	森林公园	国家级	管涔山国家森林公园	81.45
		省级	马营海森林公园	15.25
	泉域重点保护区	省级	雷鸣寺泉域	3.05
			马圈泉域	13.44
	重点生态功能区	国家级	黄土高原丘陵沟壑水土保持生态功能区	18.41
		省级	吕梁山水源涵养及水土保持生态功能区	1 117.39
阳泉煤炭规划矿区	饮用水水源地	城镇	榆次区源涡水源地、榆次区西窑水源地、和顺县地下水源地、昔阳县黄岩汇水源地、寿阳县草沟水源地、平定县尚怡水库水源地、阳泉市桃河辛兴水源地、盂县温池供水站、东赵集中供水水源、左权县滨河水源地、左权县石匣水库水源地、和顺县九京水库水源地、昔阳县秦山水库水源地、昔阳县关山水库水源地、昔阳县洪水潜流水源地、昔阳县田疃潜流水源地、寿阳县黄门街水源地	17 个
	湿地公园	省级	阳泉市桃河	2 个
			榆次区田家湾	
	文物保护单位	国家级	福田寺、什贴墓群、普光寺、大王庙、昔阳崇教寺、关王庙、龙泉寺	15 个
		省级	烈女祠、冠山书院、石评梅故居、荣华寺、松罗院、猫儿岭墓群、石马寺、石牌坊	
	自然保护区	省级	山西铁桥山省级自然保护区	167.56
			药林寺冠山省级自然保护区	78.00
	森林公园	国家级	方山国家森林公园	16.94
			乌金山国家森林公园	9.17
		省级	冠山森林公园	3.17
			鹿泉山森林公园	0.47
			狮脑山森林公园	6.24
			石马寺森林公园	5.50
			太行山森林公园	6.04
			大寨森林公园	2.12
			昔阳县澳垴山城郊森林公园	0.74
			药岭寺森林公园	2.13
			云龙山森林公园	17.80
	泉域重点保护区	省级	娘子关泉域	4.77
	重点生态功能区	省级	五台山水源涵养生态功能区、太行山南部水源涵养与生物多样性保护生态功能区	1 530.15

矿区	敏感目标类别	敏感目标级别	敏感目标名称	重叠面积/（km²/个数）
繁峙—灵丘铜（金）矿重点区	自然保护区	省级	壶流河湿地省级自然保护区	0.17
			山西臭冷杉省级自然保护区	138.70
			山西恒山省级自然保护区	115.07
			山西灵丘黑鹳省级自然保护区	156.69
			山西省南山省级自然保护区	36.49
			山西五台山省级自然保护区	33.14
	饮用水水源地	城镇	灵丘县李家庄水源地、灵丘县灵源水源地、灵丘县水厂水源地、灵丘县西关水源地、灵丘县黑龙河水源地、浑源县城东水源地	6 个
	地质公园	国家级	山西五台山国家地质公园	164.09
	森林公园	国家级	恒山国家森林公园	304.34
			五台山国家森林公园	97.55
		省级	南壶森林公园	109.88
	风景名胜区	国家级	悬空寺—恒山风景名胜区	17.46
			五台山风景名胜区及地质公园	216.23
	泉域重点保护区	省级	城头会泉域	6.08
	文物保护单位	国家级	永安寺、大云寺大雄宝殿、塔院寺、三圣寺、平型关大捷遗址、碧山寺、菩萨顶、塔院寺、栗毓美墓、显通寺、悬空寺	11 个
		省级	罗睺寺、圆照寺、麻庄汉墓群、古磁窑遗址、界庄遗址、圆觉寺砖塔、恒山建筑群、浑源文庙、赵武灵王墓、殊像寺、龙泉寺	11 个
	湿地公园	国家级	神溪	1 个
	重点生态功能区	省级	五台山水源涵养生态功能区	3 097.46

矿区	敏感目标类别	敏感目标级别	敏感目标名称	重叠面积/（km^2/个数）
垣曲铜（金）矿重点勘区	水源地	城镇	垣曲县黑峪水源地、垣曲县五龙泉水源地、垣曲县后河水库水源地	3 个
	重点生态功能区	省级	中条山水源涵养及水土保持生态功能区	983.12
	森林公园	国家级	中条山国家森林公园	27.81
		省级	东华山森林公园	0.70
			山西历山国家级自然保护区	4.45
			山西运城湿地省级自然保护区	0.10
			涑水河源头省级自然保护区	106.92
			太宽河省级自然保护区	71.11
	文物保护单位	国家级	埝堆玉皇庙	1 个
		省级	铜矿遗址、南海峪遗址	2 个
天镇—阳高金多金属重点勘查区	自然保护区	省级	山西桑干河省级自然保护区	217.72
	饮用水水源地	城镇	大同市城北水源地、大同市湖东水源地、城关水源地、阳高县龙泉寺后备水源地、大同市安家小村水源地、大同市二三十里铺水源地、天镇县后备水源地、天镇县古前堡水源地、大同县甘庄水源地、大同县中高庄后备水源地	10 个
	地质公园	国家级	大同火山群国家地质公园	64.89
	森林公园	国家级	云岗森林公园	48.68
		省级	大泉山森林公园	23.69
			长城山森林公园	40.21
	文物保护单位	国家级	慈云寺、沙梁坡汉墓群、云林寺、许家窑遗址、古城堡墓群、九龙壁、平城遗址、华严寺景区、善化寺	9 个
		省级	兴国寺、盘山石窟、鼓楼、府文庙、关帝庙	5 个
	湿地公园	省级	大同市文瀛湖、大同市土林	2 个
五台铜（金）矿重点勘查区	森林公园	国家级	赵杲观国家森林公园	12.85
	重点生态功能区	省级	五台山水源涵养生态功能区	205.52

矿区	敏感目标类别	敏感目标级别	敏感目标名称	重叠面积/（km^2/个数）
运城铜（金）矿重点勘查区	地质公园	省级	山西省永济中条山水峪口省级地质公园	2.89
	森林公园	省级	九龙山森林公园	0.50
	文物保护单位	国家级	常平关帝庙	1个
		省级	盐池禁墙及虞坂古盐道、扁鹊庙（含扁鹊墓）	2个
	重点生态功能区	省级	中条山水源涵养及水土保持生态功能区	197.08
宁武—原平铝土矿勘查开发区	自然保护区	省级	山西紫金山省级自然保护区	37.36
	水源地	城镇	宁武县城西后备水源地	1个
	地质公园	国家级	山西省宁武冰洞国家地质公园	4.20
	文物保护单位	省级	万佛寺	1个
	泉域重点保护区	省级	马圈泉域	13.44
	重点生态功能区	国家级	黄土高原丘陵沟壑水土保持生态功能区	0.43
		省级	吕梁山水源涵养及水土保持生态功能区	454.08
阳泉铝土矿重点勘查开发区	自然保护区	国家级	药林寺冠山省级自然保护区	76.45
	水源地	城镇	阳泉市桃河辛兴水源地、盂县温池供水站、昔阳县关山水库水源地、平定县尚怡水源地、盂县温池供水站	5个
	森林公园	省级	方山国家森林公园	23.21
			冠山森林公园	3.17
			和谐园森林公园	3.05
			狮脑山森林公园	6.24
	文物保护单位	国家级	大王庙、坡头泰山庙、大王庙、关王庙	4个
		省级	烈女祠、开河寺石窟、冠山书院、石评梅故居	4个
	湿地公园	省级	阳泉市桃河	1个
	泉域重点保护区	省级	娘子关泉域	19.53
	重点生态功能区	省级	五台山水源涵养生态功能区	945.90

矿区	敏感目标类别	敏感目标级别	敏感目标名称	重叠面积/（km^2/个数）
昔阳—襄垣铝土矿勘查开发区	自然保护区	省级	山西孟信垴省级自然保护区	34.97
			中央山省级自然保护区	76.63
	水源地	城镇	襄垣县东水源、左权县滨河水源地、和顺县九京水库水源地、昔阳县洪水潜流水源地、昔阳县田疃潜流水源地、和顺县地下水源地、昔阳县黄岩汇水源地、襄垣县西水源	8 个
	森林公园	国家级	龙泉国家森林公园	15.17
		省级	大寨森林公园	3.481
			石马寺森林公园	5.50
			昔阳县澳垴山城郊森林公园	0.81
			云龙山森林公园	56.31
	文物保护单位	国家级	懿济圣母庙、左权文庙大成殿、襄垣文庙、沼泽王庙、八路军一二九师司令部旧址、八路军总司令部旧址	6 个
		省级	荣华寺、石勒城遗址、永惠桥、仙堂山古建筑群、襄垣昭泽王庙、五龙庙、石马寺、石牌坊	8 个
	湿地公园	省级	太行林局海眼	1 个
	重点生态功能区	省级	太行山南部水源涵养与生物多样性保持生态功能区	890.25
沁源铝土矿重点勘查开发区	自然保护区	省级	绵山省级自然保护区	0.62
			山西霍山省级自然保护区	1.59
	水源地	城镇	陶唐峪集中供水水源地、平遥县普洞水源地	2 个
	森林公园	省级	灵通山森林公园	0.09
		国家级	太岳山国家森林公园	43.71
	泉域重点保护区	省级	洪山泉域	0.47
	文物保护单位	省级	热留关帝庙	1 个
	重点生态功能区	省级	太岳山水源涵养与生物多样性保持生态功能区	879.85

矿区	敏感目标类别	敏感目标级别	敏感目标名称	重叠面积/（km^2/个数）
交口—汾西铝土矿重点勘查开发区	自然保护区	国家级	山西五鹿山国家级自然保护区	4.88
	水源地	城镇	汾西县九龙泉水源地、汾西县古郡水源地、交口县舍则沟水源地	3个
	森林公园	省级	吕梁山森林公园	18.47
	文物保护单位	省级	红军东征总指挥部旧址	2个
			韩极是被坊及韩极碑亭	
	泉域重点保护区	省级	郭庄泉域	0.91
	重点生态功能区	国家级	黄土高原丘陵沟壑水土保持生态功能区	783.87
		省级	吕梁山水源涵养及水土保持生态功能区	1 047.82
临县—中阳铝土矿重点勘查开发区	自然保护区	省级	山西薛公岭省级自然保护区	5.74
	水源地	城镇	吕梁市离石区上安水源地、吕梁市离石区七里滩水源地、柳林县柳林泉水源地、汾西县九龙泉水源地、中阳县乔家沟水源地、中阳县庞家会水源地	6个
	森林公园	省级	安国寺森林公园	15.36
		省级	柏洼山森林公园	10.54
	风景名胜区	国家级	碛口风景名胜区及地质公园	62.53
	文物保护单位	国家级	义居寺、南村城址、天贞观、安国寺、马茂庄汉墓群	5个
		省级	离世文庙、玉虚宫、柳林双塔寺、贺龙中学、鼓楼（观音阁）	5个
	湿地公园	省级	离市区东川河	1个
	泉域重点保护区	省级	柳林泉域	16.64
	重点生态功能区	国家级	黄土高原丘陵沟壑水土保持生态功能区	1 035.44
		省级	吕梁山水源涵养及水土保持生态功能区	232.39
兴县铝土矿重点勘查开发区	自然保护区	国家级	山西黑茶山国家级自然保护区	46.52
		省级	山西尉汾河省级自然保护区	0.49
	水源地	城镇	兴县河校水源地、兴县乔家沟水源地、兴县原家坪水源地	3个
	森林公园	省级	黑茶山森林公园	0.42
	文物保护单位	国家级	黄河栈桥遗址	1个
		省级	前庄遗址	1个
	重点生态功能区	国家级	黄土高原丘陵沟壑水土保持生态功能区	984.53

矿区	敏感目标类别	敏感目标级别	敏感目标名称	重叠面积/（km^2/个数）
平陆铝土矿重点勘查开发区	自然保护区	省级	山西运城湿地省级自然保护区	12.93
			太宽河省级自然保护区	40.95
	森林公园	国家级	中条山国家森林公园	32.94
	重点生态功能区	省级	中条山水源涵养及水土保持生态功能区	308.07
汾阳—孝义铝土矿重点勘查开发区	重点生态功能区	国家级	黄土高原丘陵沟壑水土保持生态功能区	8.15
		省级	吕梁山水源涵养及水土保持生态功能区	156.71
灵石—霍州铝土矿重点勘查开发区	自然保护区	省级	山西韩信岭省级自然保护区	74.02
	水源地	城镇	汾西县涧底水源地、汾西县九龙泉水源地	2个
	泉域重点保护区	省级	郭庄泉域	0.04
	重点生态功能区	国家级	黄土高原丘陵沟壑水土保持生态功能区	46.08
		省级	吕梁山水源涵养及水土保持生态功能区	288.76
	文物保护单位	国家级	师家沟古建筑群	1个
河曲—保德铝土矿重点勘查开发区	自然保护区	省级	山西贺家山省级自然保护区	141.12
	水源地	城镇	义门镇集中供水水源地	1个
	重点生态功能区	国家级	黄土高原丘陵沟壑水土保持生态功能区	729.27
	文物保护单位	省级	海湖庵	1个
大同新荣区石墨重点勘查区	水源地	城镇	新荣镇集中供水水源、大同市赵家窑水库水源地	2个
五台—代县铁矿重点勘查开发区	自然保护区	省级	山西臭冷杉省级自然保护区	100.11
			山西省南山省级自然保护区	106.99
			云中山省级自然保护区	4.75
	水源地	城镇	山阴县水峪口水源地、代县城区水源地、代县苏村后备水源地、繁峙县圣水头水源地、原平市西镇水源地	5个
	地质公园	国家级	五台山风景名胜区及地质公园	105.43
			山西五台山国家地质公园	26.63

矿区	敏感目标类别	敏感目标级别	敏感目标名称	重叠面积/（km²/个数）
五台—代县铁矿重点勘查开发区	森林公园	省级	馒头山森林公园	19.97
			五峰山森林公园	51.59
		国家级	五台山国家森林公园	0.92
			赵杲观国家森林公园	51.96
	文物保护单位	国家级	山阴广武汉墓群、阿育王塔、边靖楼、岩山寺、秘魔寺、公主寺、觉山寺砖塔、代州文庙、雁门关	9 个
		省级	狮子窝琉璃塔、东段景遗址、赵杲观、永和堡等三十九堡军事防御遗迹、晋王墓、洪济寺砖塔、代县钟楼、洪福寺砖塔、惠济寺、佛堂寺、朱氏牌楼、沙彦珣墓、杨忠武祠	13 个
	重点生态功能区	省级	五台山水源涵养生态功能区	1 334.25
左权—黎城铁矿重点勘查开发区	自然保护区	省级	山西孟信垴省级自然保护区	131.71
			中央山省级自然保护区	24.95
	森林公园	国家级	龙泉国家森林公园	63.47
	文物保护单位	国家级	左权八路军前方总部	1 个
		省级	抗日三周年纪念塔	1 个
	重点生态功能区	省级	太行山南部水源涵养与生物多样性生态功能区	565.73
平顺铁矿重点勘查开发区	水源地	城镇	平顺县县城水源地	1 个
	重点生态功能区	省级	太行山南部水源涵养与生物多样性生态功能区	595.04
岚县—娄烦铁矿重点勘查开发区	自然保护区	国家级	山西黑茶山国家级自然保护区	2.86
			山西庞泉沟国家级自然保护区	13.17
		省级	山西汾河水库上游省级自然保护区	83.21
			云顶山省级自然保护区	150.78
	水源地	城镇	岚县北村水源地、岚县县城水源地	2 个
	森林公园	省级	黑茶山森林公园	149.04
	重点生态功能区	国家级	黄土高原丘陵沟壑水土保持生态功能区	32.12
		省级	吕梁山水源涵养及水土保持生态功能区	1 686.31
	文物保护单位	省级	秀荣古城遗址、隋城遗址	2 个
	湿地公园	省级	岚县岚河	1 个

矿区	敏感目标类别	敏感目标级别	敏感目标名称	重叠面积/（km^2/个数）
灵丘铁矿重点勘查开发区	自然保护区	省级	山西恒山省级自然保护区	41.59
			山西灵丘黑鹳省级自然保护区	40.50
			山西省南山省级自然保护区	166.26
	水源地	城镇	灵丘县李家庄水源地、灵丘县灵源水源地、灵丘县水厂水源地、灵丘县西关水源地、灵丘县黑龙河水源地、灵丘县庄头水源地、应县北河种水源地	7个
	森林公园	国家级	恒山国家森林公园	157.19
	泉域重点保护区	省级	城头会泉域	13.85
	文物保护单位	国家级	大云寺大雄宝殿、平型关大捷遗址	2个
		省级	繁峙古城遗址、赵武灵王墓	2个
	重点生态功能区	省级	五台山水源涵养生态功能区	1 813.31
襄汾—翼城铁矿重点勘查开发区	水源地	城镇	襄汾县六家咀水源地、襄汾县曹家坡水源地、襄汾县龙女水源地	3个
	文物保护单位	国家级	南捍东岳庙、大悲院、天马遗址、陶寺遗址	4个
		省级	沙女遗址、寺头遗址、关帝楼、南石遗址、南橄遗址、枣园遗址、苇沟—寿城遗址、里村西沟遗址、方城遗址、隆裕和尚墓碑、四牌坊	11个

附表 7　可能与禁采区重叠的勘查（开采）规划区块列表

编号	矿种	敏感目标名称	重叠面积/km^2
KQ437	金矿、多金属	南壶森林公园	47.5
KQ046	煤	天龙山国家森林公园	40.5
KQ461	铅矿、多金属	山西省阳城析城山省级地质公园	38.0
KQ037	煤	蔡家川森林公园	37.3
KQ454	多金属	黑茶山森林公园	36.5
KQ075	煤	三合牡丹森林公园	26.5
KQ015	煤	山西省宁武冰洞国家地质公园	17.3
KQ474	白云岩	中央山省级自然保护区	17.1
KQ219	铝土矿	山西韩信岭省级自然保护区	17.0
KQ370	铁矿	涑水河源头省级自然保护区	15.8
KQ076	煤	三合牡丹森林公园	15.6
KQ371	铁矿	山西运城湿地省级自然保护区	13.3
KQ159	铝土矿	晋祠泉域重点保护区	11.3
KQ133	铝土矿	山西黑茶山国家级自然保护区	11.2
KQ389	铜矿	太宽河省级自然保护区	11.1
KQ073	煤	三合牡丹森林公园	11.1
KQ470	冶金用白云岩	南壶森林公园	10.0
KQ099	煤	山西铁桥山省级自然保护区	9.7
KQ025	煤	碛口风景名胜区及地质公园	8.6
KQ059	煤	三合牡丹森林公园	7.8
KQ123	煤	崦山省级自然保护区	7.5
KQ429	银矿	恒山国家森林公园	6.9
KQ319	铁矿	赵杲观国家森林公园	6.8
KQ314	硫铁矿	五峰山森林公园	6.6
KQ273	铁矿	桦林背森林公园	6.5
KQ223	铝土矿	太岳山国家森林公园	6.1
KQ170	铝土矿	碛口风景名胜区及地质公园	5.4
KQ037	煤	山西人祖山省级自然保护区	5.1
KQ035	煤	山西五鹿山国家级自然保护区	5.0
KQ434	金矿、银矿、多金属	长城山森林公园	4.9
KQ088	煤	乌金山国家森林公园	4.6
KQ014	煤	山西省宁武冰洞国家地质公园	4.3
KQ014	煤	山西宁武国家级重点保护肯氏兽硅化木集中产地	4.1
KQ224	铝土矿	太岳山国家森林公园	4.0
KQ336	铁矿	山西汾河水库上游省级自然保护区	4.0
KQ317	铁矿	赵杲观国家森林公园	3.9
KQ076	煤	红叶岭森林公园	3.6

编号	矿种	敏感目标名称	重叠面积/km^2
KQ389	铜矿	中条山国家森林公园	3.2
KQ318	铁矿	赵杲观国家森林公园	3.1
KQ274	铁矿	南壶森林公园	3.1
KQ374	铬铁矿	龙泉国家森林公园	3.0
KQ315	铁矿	五峰山森林公园	2.9
KQ461	铅矿、多金属	中条山国家森林公园	2.9
KQ094	煤	山西铁桥山省级自然保护区	2.9
KQ014	煤	山西省宁武冰洞国家地质公园	2.8
KQ014	煤	山西宁武国家级重点保护肯氏兽硅化木集中产地	2.8
KQ312	铁矿	赵杲观国家森林公园	2.8
KQ348	铁矿	中央山省级自然保护区	2.8
KQ375	钛矿	龙泉国家森林公园	2.6
KQ020	煤	山西汾河水库上游省级自然保护区	2.4
KQ158	铝土矿	晋祠泉域重点保护区	2.4
KQ431	银矿、钼矿	山西灵丘黑鹳省级自然保护区	2.2
KQ047	煤	天龙山国家森林公园	2.2
KQ001	煤	云岗森林公园	2.2
KQ408	金矿、银矿	山西灵丘黑鹳省级自然保护区	2.2
KQ370	铁矿	东华山森林公园	2.1
KQ308	铁矿	五台山风景名胜区及地质公园	2.1
KQ393	铅矿	山西省永济中条山水峪口省级地质公园	2.0
KQ087	煤	鹿泉山森林公园	1.8
KQ392	铜矿	山西省永济中条山水峪口省级地质公园	1.8
KQ437	金矿、多金属	壶流河湿地省级自然保护区	1.7
KQ436	铜矿、多金属	山阴县西山森林公园	1.7
KQ164	铝土矿	方山国家森林公园	1.7
KQ039	煤	蔡家川森林公园	1.7
KQ025	煤	山西临县碛口省级地质公园	1.6
KQ378	铜矿	太岳山国家森林公园	1.5
KQ288	煤	城头会泉域重点保护区	1.4
KQ098	煤	山西铁桥山省级自然保护区	1.3
KQ071	煤	太岳山国家森林公园	1.3
KQ089	煤	乌金山国家森林公园	1.1
KQ427	金矿	山西省永济中条山水峪口省级地质公园	1.1
KQ214	铝土矿	吕梁山森林公园	1.0
KQ322	铁矿	山西省五台山国家级重点保护滹沱系叠层石集中产地	1.0
KQ043	煤	山西管头山省级自然保护区	1.0
KQ297	铁矿	馒头山森林公园	0.9
KQ321	铁矿	五峰山森林公园	0.8

编号	矿种	敏感目标名称	重叠面积/km^2
KQ438	银矿、多金属	恒山国家森林公园	0.7
KQ441	多金属	山西灵丘黑鹳省级自然保护区	0.7
KQ039	煤	山西管头山省级自然保护区	0.7
KQ442	多金属	山西灵丘黑鹳省级自然保护区	0.6
KQ015	煤	山西省宁武冰洞国家地质公园	0.6
KQ015	煤	山西宁武国家级重点保护肯氏兽硅化木集中产地	0.6
KQ347	铁矿	中央山省级自然保护区	0.5
KQ078	煤	三合牡丹森林公园	0.5
KQ258	铝土矿	山西运城湿地省级自然保护区	0.5
KQ473	白云岩	岚漪森林公园	0.4
KQ163	铝土矿	方山国家森林公园	0.4
KQ026	煤	碛口风景名胜区及地质公园	0.4
KQ407	金矿	山西灵丘黑鹳省级自然保护区	0.3
KQ099	煤	太行山森林公园	0.3
KQ460	金矿、多金属	中条山国家森林公园	0.3
KQ032	煤	山西省隰县午城黄土省级地质公园	0.3
KQ161	铝土矿	龙城森林公园	0.3
KQ393	铅矿	五老峰风景名胜区	0.2
KQ295	铁矿	山西灵丘黑鹳省级自然保护区	0.2
KQ257	铝土矿	山西运城湿地省级自然保护区	0.2
KQ460	金矿、多金属	太宽河省级自然保护区	0.2
KQ454	多金属	山西庞泉沟国家级自然保护区	0.2
KQ160	铝土矿	山西汾河水库上游省级自然保护区	0.2
KQ165	铝土矿	方山国家森林公园	0.1
KQ422	金矿	太宽河省级自然保护区	0.1
KQ382	铜矿	涑水河源头省级自然保护区	0.1
KQ014	煤	管涔山国家森林公园	0.1
KQ386	金矿	中条山国家森林公园	0.1
KQ260	铝土矿	山西运城湿地省级自然保护区	0.1
KQ233	铝土矿	中央山省级自然保护区	0.1
KQ412	金矿	山西省五台山国家级重点保护滹沱系叠层石集中产地	0.1
KQ232	铝土矿	龙泉国家森林公园	0.1
KQ027	煤	山西临县碛口省级地质公园	0.1
KQ338	铁矿	云顶山省级自然保护区	0.1
KQ430	银矿	山西灵丘黑鹳省级自然保护区	0.1
KQ157	铝土矿	山西凌井沟省级自然保护区	0.1
KQ230	铝土矿	云龙山森林公园	0.1

附表 8　与敏感目标边界距离小于 500 m 的规划区块列表

规划分区	敏感要素	矿区编号	矿区名称	敏感要素名称
勘查规划区	文物保护单位	KQ033	山西省河东煤田隰县午城煤炭勘查区	翠微山遗址
		KQ051	山西省西山煤田洪相煤炭勘查区	瓦窑遗址
		KQ053	山西省沁水煤田平遥县果子沟煤炭勘查区	白云寺
		KQ057	山西省霍西煤田洪洞长命村煤炭勘查区	玉皇庙
		KQ088	山西省沁水煤田阳煤集团于家庄煤炭勘查区	什贴墓群
		KQ130	山西省河曲县旧县矿区铝土矿普查	海潮庵
		KQ285	山西省灵丘县陈家南矿区铁矿普查	平型关大捷遗址
		KQ295	山西省灵丘县黄土岗铁、多金属矿预查	曲回寺石像冢
		KQ367	山西省万荣县桃花洞矿区铁矿普查	旱泉塔
		KQ371	山西省芮城县六管一带铁及多金属矿预查	杨瞻墓（包括墓地石刻）
		KQ388	山西省垣曲县毛家店头一带铜矿勘查	南海峪遗址
	湿地公园	KQ051	山西省西山煤田洪相煤炭勘查区	交城县华鑫湖
		KQ072	山西省沁水煤田沁源新章煤炭勘查区	沁河源
		KQ154	山西省静乐县干连沟矿区铝土矿普查	静乐汾河川
	城镇水源地	KQ019	山西省宁武煤田静乐县东碾河南煤炭勘查区	静乐县偏梁水源地
		KQ033	山西省河东煤田隰县午城煤炭勘查区	大宁县县城水源地
		KQ059	山西省霍西煤田古县张庄煤炭勘查区	古县县城深井备用水源地
		KQ090	山西省沁水煤田阳煤集团南燕竹煤炭勘查区	寿阳县草沟水源地
		KQ153	山西省静乐县新庄矿区铝土矿普查	静乐县偏梁水源地
		KQ222	山西省霍州市什林—汾西梁庄矿区铝土矿普查	汾西县涧底水源地
		KQ237	山西省襄垣县马岭垴矿区铝土矿普查	襄垣县东水源
		KQ288	山西省灵丘县唐之洼矿区铁矿详查	灵丘县黑龙河水源地
		KQ418	山西省侯马市史店—山底矿区多金属矿普查	侯马市上马—驿桥水源地
	乡镇水源地	KQ016	山西省宁武煤田宁武县新堡南煤炭勘查区	新堡乡集中供水水源
		KQ022	山西省河东煤田保德县白家沟煤炭勘查区	土崖塔乡集中供水水源
		KQ026	山西省河东煤田临县薛家山煤炭勘查区	三交镇集中供水水源
		KQ033	山西省河东煤田隰县午城煤炭勘查区	午城镇集中供水水源地
		KQ050	山西省西山煤田开栅勘查后备区	开栅镇集中供水水源
		KQ051	山西省西山煤田洪相煤炭勘查区	洪相乡集中供水水源
		KQ059	山西省霍西煤田古县张庄煤炭勘查区	苏堡镇苏堡村水源地
		KQ059	山西省霍西煤田古县张庄煤炭勘查区	石壁水源地
		KQ060	山西省霍西煤田襄汾县西王后备区	南辛店水源地
		KQ070	山西省沁水煤田沁源县交口煤炭勘查区	交口乡集中供水水源
		KQ082	山西省沁水煤田古县永乐煤炭勘查区	永乐水源地
		KQ104	山西省沁水煤田屯留河神庙煤炭勘查区	丰宜镇集中供水水源

规划分区	敏感要素	矿区编号	矿区名称	敏感要素名称
勘查规划区	乡镇水源地	KQ104	山西省沁水煤田屯留河神庙煤炭勘查区	岚源集中供水水源
		KQ123	山西省沁水煤田阳城寺头煤炭勘查区	芹池镇集中供水水源地
		KQ130	山西省河曲县旧县矿区铝土矿普查	旧县乡集中供水水源
		KQ144	山西省宁武县大石湾矿区铝土矿详查	薛家洼乡集中供水水源
		KQ172	山西省临县刘家庄矿区铝土矿详查	招贤镇集中供水水源
		KQ177	山西省柳林县张家塔矿区铝土矿普查	金罗镇集中供水水源
		KQ178	山西省中阳县下枣林矿区铝土矿详查	下枣林乡集中供水水源
		KQ189	山西省孝义市程家圪垛矿区铝土矿详查	杜村乡集中供水水源
		KQ195	山西省孝义市魏家沟矿区铝土矿详查	下堡镇集中供水水源
		KQ197	山西省孝义市申家庄矿区铝土矿普查	阳泉曲镇集中供水水源
		KQ200	山西省孝义市西辛庄铝土矿预查	温泉集中供水水源
		KQ210	山西省灵石县深井村铝土矿预查	梁家焉集中供水水源
		KQ222	山西省霍州市什林—汾西梁庄矿区铝土矿普查	南关镇集中供水水源
		KQ226	山西省沁源县石窑沟铝土矿预查	灵空山镇集中供水水源
		KQ237	山西省襄垣县马岭垴矿区铝土矿普查	北底集中供水水源
		KQ255	山西省阳城县三泉铝土矿预查	驾岭集中供水水源地
		KQ278	山西省繁峙县岳岩庄铁矿预查	柏家庄乡集中供水水源
		KQ284	山西省灵丘县东长城西段一带矿区铁矿详查	白崖台集中供水水源
		KQ344	山西省交口县十八亩洼矿区铁矿普查	康城镇集中供水水源
		KQ376	山西省盂县偏亮—吉古堂矿区铜矿普查	梁家寨集中供水水源
		KQ390	山西省运城市马家窑铜（金）矿勘查	东郭集中供水水源
		KQ393	山西省永济市郭李峪矿区铅矿详查	郭李集中供水水源
		KQ446	山西省代县滩上一带矿区金、多金属矿详查（续作）	滩上镇集中供水水源
		KQ449	山西省五寨县孙家坪铜多金属矿预查	梁家坪乡集中供水水源
		KQ455	山西省黎城县郭家岭一带金及多金属矿预查	老金峤集中供水水源
		KQ460	山西省平陆县峪口金多金属矿预查	曹川镇集中供水水源
	森林公园	KQ001	山西省大同煤田四台石炭系井田	云岗森林公园
		KQ014	山西省宁武煤田宁武县新堡煤炭勘查区	管涔山国家森林公园
		KQ015	山西省宁武煤田宁武县中马坊煤炭勘查区（侏罗系）	管涔山国家森林公园
		KQ037	山西省河东煤田大宁三多煤炭勘查区	蔡家川森林公园
		KQ039	山西省河东煤田吉县车城煤炭勘查区	蔡家川森林公园
		KQ046	山西省西山煤田陈家社煤炭勘查区	天龙山国家森林公园
		KQ047	山西省西山煤田杨庄煤炭勘查区	天龙山国家森林公园
		KQ056	山西省霍西煤田洪洞县赵城煤炭勘查区	太岳山国家森林公园
		KQ059	山西省霍西煤田古县张庄煤炭勘查区	三合牡丹森林公园
		KQ073	山西省沁水煤田古县下冶煤炭勘查区	三合牡丹森林公园
		KQ075	山西省沁水煤田古县高城后备区	三合牡丹森林公园

规划分区	敏感要素	矿区编号	矿区名称	敏感要素名称
勘查规划区	森林公园	KQ076	山西省沁水煤田安泽县三交煤炭勘查区	三合牡丹森林公园
		KQ078	山西省沁水煤田古县旧县后备区	三合牡丹森林公园
		KQ087	山西省沁水煤田太原东山煤矿接替井田煤炭勘查区	鹿泉山森林公园
		KQ088	山西省沁水煤田阳煤集团于家庄煤炭勘查区	乌金山国家森林公园
		KQ089	山西省沁水煤田榆次区沛霖煤炭勘查区	乌金山国家森林公园
		KQ099	山西省沁水煤田阳煤集团泊里煤炭勘查区	石马寺森林公园
		KQ099	山西省沁水煤田阳煤集团泊里煤炭勘查区	太行山森林公园
		KQ161	山西省阳曲县井沟矿区铝土矿详查	龙城森林公园
		KQ163	山西省寿阳县西峪—南垴铝土矿勘查区	方山国家森林公园
		KQ164	山西省寿阳县赛头铝土矿勘查区	方山国家森林公园
		KQ165	山西省盂县王子台矿区铝土矿普查	方山国家森林公园
		KQ214	山西省汾西县王畔庄矿区铝土矿详查	吕梁山森林公园
		KQ223	山西省沁源县旋风窝矿区铝土矿详查	太岳山国家森林公园
		KQ224	山西省沁源县定安铝土矿预查	太岳山国家森林公园
		KQ226	山西省沁源县石窑沟铝土矿预查	太岳山国家森林公园
		KQ230	山西省左权县清河店矿区铝土矿普查	云龙山森林公园
		KQ232	山西省武乡县河神堙北部矿区铝土矿普查	龙泉国家森林公园
		KQ263	山西省新荣区采凉山矿区铁矿普查	长城山森林公园
		KQ273	山西省广灵县邓草—贺家堡矿区铁矿普查	桦林背森林公园
		KQ274	山西省广灵县望狐村南矿区铁矿普查	南壶森林公园
		KQ297	山西省代县胡峪乡黄碾村矿区铁矿普查	馒头山森林公园
		KQ312	山西省代县小峪下庄铁矿预查	赵杲观国家森林公园
		KQ314	山西省原平市南坡村—孙家庄矿区铁矿勘探	五峰山森林公园
		KQ315	山西省原平市郭家庄南矿区铁矿普查	五峰山森林公园
		KQ317	山西省代县韩家湾矿区铁矿详查	赵杲观国家森林公园
		KQ318	山西省代县韩家湾铁矿普查	赵杲观国家森林公园
		KQ319	山西省代县八塔西矿区铁矿详查	赵杲观国家森林公园
		KQ321	山西省原平市东山底村铁矿预查	五峰山森林公园
		KQ322	山西省五台县士集村矿区铁、金矿普查	赵杲观国家森林公园
		KQ340	山西省方山县马坊温家庄矿区铁矿普查	黑茶山森林公园
		KQ370	山西省绛县紫家东峪矿区铁矿普查	东华山森林公园
		KQ374	山西省左权县桐峪镇中庄村矿区铬矿详查	龙泉国家森林公园
		KQ375	左权县桐峪镇中庄村矿区磷钛铁矿普查	龙泉国家森林公园
		KQ378	山西省洪洞县矿区铅锌铜矿普查	太岳山国家森林公园
		KQ386	山西省垣曲县旋风沟一带矿区铜（铁）矿普查	中条山国家森林公园
		KQ389	山西省夏县七峪矿区铜矿详查	中条山国家森林公园
		KQ429	山西省浑源县小道沟矿区银锰矿详查	恒山国家森林公园
		KQ434	山西省大同市新荣区磨不其金银多金属矿预查	长城山森林公园

规划分区	敏感要素	矿区编号	矿区名称	敏感要素名称
勘查规划区	森林公园	KQ436	山西省山阴县甘庄铜多金属矿预查	山阴县西山森林公园
		KQ437	山西省灵丘县探堡一带金多金属矿预查	南壶森林公园
		KQ438	山西省浑源县小银厂矿区银、多金属矿普查	恒山国家森林公园
		KQ454	山西省方山县马坊周家沟矿区多金属普查	黑茶山森林公园
		KQ460	山西省平陆县峪口金多金属矿预查	中条山国家森林公园
		KQ461	山西省阳城县西交铅多金属矿预查	中条山国家森林公园
		KQ470	山西省广灵县下墨家沟矿区冶镁白云岩矿普查	南壶森林公园
		KQ473	山西省岢岚县砖窑沟矿区冶镁白云岩矿详查	岚漪森林公园
	自然保护区	KQ014	山西省宁武煤田宁武县新堡煤炭勘查区	山西省芦芽山国家级自然保护区
		KQ020	山西省宁武煤田静乐县择善一号煤炭勘查区	山西汾河水库上游省级自然保护区
		KQ035	山西省河东煤田蒲县明珠一号北段煤炭勘查区	山西五鹿山国家级自然保护区
		KQ037	山西省河东煤田大宁三多煤炭勘查区	山西人祖山省级自然保护区
		KQ039	山西省河东煤田吉县车城煤炭勘查区	山西管头山省级自然保护区
		KQ039	山西省河东煤田吉县车城煤炭勘查区	山西人祖山省级自然保护区
		KQ043	山西省河东煤田吉县柏山寺西勘查后备区	山西管头山省级自然保护区
		KQ053	山西省沁水煤田平遥县果子沟煤炭勘查区	山西超山省级自然保护区
		KQ080	山西省沁水煤田安泽县安泽东煤炭勘查区	山西红泥寺省级自然保护区
		KQ086	山西省沁水煤田安泽县白村煤炭勘查区	山西红泥寺省级自然保护区
		KQ094	山西省沁水煤田寿阳县白云煤炭勘查区	山西铁桥山省级自然保护区
		KQ095	山西省沁水煤田和顺马坊煤炭勘查区	山西铁桥山省级自然保护区
		KQ098	山西省沁水煤田昔阳县西寨煤炭勘查区	山西铁桥山省级自然保护区
		KQ099	山西省沁水煤田阳煤集团泊里煤炭勘查区	山西铁桥山省级自然保护区
		KQ113	山西省沁水煤田安泽县半道煤炭勘查区	山西红泥寺省级自然保护区
		KQ123	山西省沁水煤田阳城寺头煤炭勘查区	崦山省级自然保护区
		KQ133	山西省兴县安顺沟矿区铝土矿普查	山西黑茶山国家级自然保护区
		KQ134	山西省兴县玉家焉一带铝土矿预查	山西黑茶山国家级自然保护区
		KQ157	山西省古交市嘉乐泉—大南坪一带矿区铝土矿普查	山西凌井沟省级自然保护区
		KQ160	山西省古交市福罗汉矿区铝土矿普查	山西汾河水库上游省级自然保护区
		KQ180	山西省中阳县刑家塔铝土矿勘查	山西薛公岭省级自然保护区
		KQ218	山西省灵石县西坡矿区铝土矿普查	山西韩信岭省级自然保护区
		KQ219	山西省灵石县关家庄铝土矿预查	山西韩信岭省级自然保护区
		KQ220	山西省灵石县姚家山铝土矿预查	山西韩信岭省级自然保护区

规划分区	敏感要素	矿区编号	矿区名称	敏感要素名称
勘查规划区	自然保护区	KQ221	山西省灵石县秋牧矿区铝土矿普查	山西韩信岭省级自然保护区
		KQ230	山西省左权县清河店矿区铝土矿普查	山西孟信垴省级自然保护区
		KQ233	山西省武乡县河神堙矿区铝土矿普查	中央山省级自然保护区
		KQ256	山西省平陆县曹川镇黄龙寨铝土矿勘查	太宽河省级自然保护区
		KQ257	山西省平陆县神仙圪塔矿区铝土矿详查	山西运城湿地省级自然保护区
		KQ258	山西省平陆县曹川镇庙上矿区铝土矿普查	山西运城湿地省级自然保护区
		KQ259	山西省平陆县三门镇徐浮沱矿区铝土矿普查	山西运城湿地省级自然保护区
		KQ260	山西省平陆县坡底乡高家岭矿区铝土矿普查	山西运城湿地省级自然保护区
		KQ284	山西省灵丘县东长城西段一带矿区铁矿详查	山西灵丘黑鹳省级自然保护区
		KQ285	山西省灵丘县陈家南矿区铁矿普查	山西灵丘黑鹳省级自然保护区
		KQ295	山西省灵丘县黄土岗铁、多金属矿预查	山西灵丘黑鹳省级自然保护区
		KQ335	山西省岚县碌碡峁矿区铁矿普查	山西汾河水库上游省级自然保护区
		KQ336	山西省娄烦县狐姑山矿区深部及外围矿区铁矿普查	山西汾河水库上游省级自然保护区
		KQ337	山西省娄烦县不算沟铁矿详查	山西汾河水库上游省级自然保护区
		KQ338	山西省娄烦县蔡家庄铁矿预查	云顶山省级自然保护区
		KQ339	山西省娄烦县道人沟铁矿勘查	云顶山省级自然保护区
		KQ340	山西省方山县马坊温家庄矿区铁矿普查	云顶山省级自然保护区
		KQ347	山西省黎城县南山矿区铁矿普查	中央山省级自然保护区
		KQ348	山西省黎城县黄堂矿区铁矿普查	中央山省级自然保护区
		KQ370	山西省绛县紫家东峪矿区铁矿普查	涑水河源头省级自然保护区
		KQ371	山西省芮城县六管一带铁及多金属矿预查	山西运城湿地省级自然保护区
		KQ378	山西省洪洞县矿区铅锌铜矿普查	山西霍山省级自然保护区
		KQ381	山西省闻喜县东沟矿区铜矿详查	涑水河源头省级自然保护区
		KQ382	山西省绛县多子沟一带矿区铜矿普查	涑水河源头省级自然保护区
		KQ383	山西省垣曲县店子沟一带矿区铜（金）矿详查	涑水河源头省级自然保护区
		KQ389	山西省夏县七峪矿区铜矿详查	太宽河省级自然保护区
		KQ397	山西省灵丘县古道沟矿区钼矿详查	山西灵丘黑鹳省级自然保护区

规划分区	敏感要素	矿区编号	矿区名称	敏感要素名称
勘查规划区	自然保护区	KQ405	山西省繁峙县义兴寨矿区西侧铜（金）矿普查	山西省南山省级自然保护区
		KQ407	山西省灵丘县冉庄村矿区金矿普查	山西灵丘黑鹳省级自然保护区
		KQ408	山西省繁峙县石尧沟金银多金属矿勘查	山西灵丘黑鹳省级自然保护区
		KQ422	山西省夏县洞沟矿区金矿普查	太宽河省级自然保护区
		KQ430	山西省灵丘县上车河村一带银矿预查	山西灵丘黑鹳省级自然保护区
		KQ431	山西省灵丘县西庄矿区银钼矿详查	山西灵丘黑鹳省级自然保护区
		KQ437	山西省灵丘县探堡一带金多金属矿预查	壶流河湿地省级自然保护区
		KQ441	山西省灵丘县野里矿区银多金属详查	山西灵丘黑鹳省级自然保护区
		KQ442	山西省灵丘县水泉矿区金银锰多金属矿详查（延续）	山西灵丘黑鹳省级自然保护区
		KQ453	山西省方山县马坊矿区多金属普查	云顶山省级自然保护区
		KQ454	山西省方山县马坊周家沟矿区多金属普查	山西庞泉沟国家级自然保护区
		KQ454	山西省方山县马坊周家沟矿区多金属普查	云顶山省级自然保护区
		KQ459	山西省夏县上桃沟一带矿区多金属矿普查	太宽河省级自然保护区
		KQ460	山西省平陆县峪口金多金属矿预查	太宽河省级自然保护区
		KQ465	山西省静乐县神峪沟乡支家庄石英矿普查	山西汾河水库上游省级自然保护区
		KQ466	山西省晋中市昔阳县皋落镇小东峪村石英砂岩勘查	山西薛公岭省级自然保护区
		KQ474	山西省黎城县西庄矿区冶镁白云岩矿普查	中央山省级自然保护区
	地质公园	KQ011	山西省宁武煤田宁武县东庄煤炭勘查区	山西省宁武冰洞国家地质公园
		KQ014	山西省宁武煤田宁武县新堡煤炭勘查区	山西省宁武冰洞国家地质公园
		KQ014	山西省宁武煤田宁武县新堡煤炭勘查区	山西宁武国家级重点保护肯氏兽硅化木集中产地
		KQ015	山西省宁武煤田宁武县中马坊煤炭勘查区（侏罗系）	山西省宁武冰洞国家地质公园
		KQ015	山西省宁武煤田宁武县中马坊煤炭勘查区（侏罗系）	山西宁武国家级重点保护肯氏兽硅化木集中产地
		KQ025	山西省河东煤田临县刘家会勘查后备区	山西临县碛口省级地质公园
		KQ027	山西省河东煤田临县马家洼煤炭勘查区	山西临县碛口省级地质公园
		KQ032	山西省河东煤田石楼县张家沟煤炭勘查区	山西省隰县午城黄土省级地质公园

规划分区	敏感要素	矿区编号	矿区名称	敏感要素名称
勘查规划区	地质公园	KQ033	山西省河东煤田隰县午城煤炭勘查区	山西省隰县午城黄土省级地质公园
		KQ322	山西省五台县士集村矿区铁（金）矿普查	山西省五台山国家级重点保护滹沱系叠层石集中产地
		KQ371	山西省芮城县六管一带铁及多金属矿预查	山西省永济中条山水峪口省级地质公园
		KQ392	山西省平陆县王官峪—柴家窑矿区铜（金）矿普查	山西省永济中条山水峪口省级地质公园
		KQ393	山西省永济市郭李峪矿区铅矿详查	山西省永济中条山水峪口省级地质公园
		KQ412	山西省五台县红表金矿预查	山西省五台山国家级重点保护滹沱系叠层石集中产地
		KQ427	山西省芮城县银洞梁矿区金矿普查	山西省永济中条山水峪口省级地质公园
		KQ461	山西省阳城县西交铅多金属矿预查	山西省阳城析城山省级地质公园
	风景名胜区	KQ014	山西省宁武煤田宁武县新堡煤炭勘查区	芦芽山国家级自然保护区及风景名胜
		KQ016	山西省宁武煤田宁武县新堡南煤炭勘查区	芦芽山国家级自然保护区及风景名胜
		KQ025	山西省河东煤田临县刘家会勘查后备区	碛口风景名胜区及地质公园
		KQ026	山西省河东煤田临县薛家山煤炭勘查区	碛口风景名胜区及地质公园
		KQ027	山西省河东煤田临县马家洼煤炭勘查区	碛口风景名胜区及地质公园
		KQ170	山西省临县立新村矿区铝土矿普查	碛口风景名胜区及地质公园
		KQ172	山西省临县刘家庄矿区铝土矿详查	碛口风景名胜区及地质公园
		KQ308	山西省繁峙县岩头乡南沟村一带矿区铁矿详查	五台山风景名胜区及地质公园
		KQ393	山西省永济市郭李峪矿区铅矿详查	五老峰风景名胜区
开采规划区	文物保护单位	CQ03	永定庄石炭系井田	山西省第三中学遗址
		CQ07	塔山井田	禅房寺砖塔
		CQ41	交口县冯家港铝土矿	红军东征总指挥部旧址
	城镇水源地	CQ22	潞安李村井田	长子县河头水源地
	乡镇水源地	CQ30	山西省保德县墕则村铝土矿	孙家沟集中供水水源
		CQ37	山西省阳泉市白泉铝土矿	杨家庄集中供水水源
	森林公园	CQ01	燕子山石炭系井田	云岗森林公园
		CQ50	山西省沁源县高家山铝土矿	太岳山国家森林公园

规划分区	敏感要素	矿区编号	矿区名称	敏感要素名称
开采规划区	自然保护区	CQ21	阳泉西上庄井田	药林寺冠山省级自然保护区
		CQ23	沁水里必井田	崦山省级自然保护区
		CQ30	山西省保德县墕则村铝土矿	山西贺家山省级自然保护区
		CQ31	山西省保德县石且河铝土矿	山西贺家山省级自然保护区
		CQ53	山西省平陆县坡头—西山头一带铝土矿	山西运城湿地省级自然保护区
		CQ53	山西省平陆县坡头—西山头一带铝土矿	太宽河省级自然保护区
		CQ63	山西省和顺县松烟镇铁矿	山西孟信垴省级自然保护区
		CQ64	左权鑫瑞公司一矿拟扩区	山西孟信垴省级自然保护区
	地质公园	CQ22	潞安李村井田	山西长子国家级重点保护木化石集中产地
重点勘查开发区	地质公园	KZ007	离柳煤炭规划矿区	山西临县碛口省级地质公园
		KZ017	晋城煤炭规划矿区	泽州丹河蛇曲谷省级地质公园
		KZ010	乡宁煤炭规划矿区	黄河壶口瀑布国家地质公园
		KZ004	轩岗煤炭规划矿区	山西省宁武冰洞国家地质公园
	风景名胜区	KZ007	离柳煤炭规划矿区	碛口风景名胜区及地质公园
		KZ010	乡宁煤炭规划矿区	壶口瀑布风景名胜区及地质公园
		KZ004	轩岗煤炭规划矿区	芦芽山国家级自然保护区及风景名胜
	森林公园	KZ001	大同煤炭规划矿区	云岗森林公园
		KZ012	霍州煤炭规划矿区	太岳山国家森林公园
		KZ018	东山煤炭规划矿区	龙城森林公园
		KZ018	东山煤炭规划矿区	鹿泉山森林公园
		KZ018	东山煤炭规划矿区	乌金山国家森林公园
		KZ014	阳泉煤炭规划矿区	大寨森林公园
		KZ014	阳泉煤炭规划矿区	鹿泉山森林公园
		KZ014	阳泉煤炭规划矿区	太行山森林公园
		KZ014	阳泉煤炭规划矿区	乌金山国家森林公园
		KZ014	阳泉煤炭规划矿区	昔阳县澳垴山城郊森林公园
		KZ014	阳泉煤炭规划矿区	云龙山森林公园
		KZ016	潞安煤炭规划矿区	老顶山国家森林公园
		KZ007	离柳煤炭规划矿区	柏洼山森林公园
		KZ017	晋城煤炭规划矿区	阳光森林公园
		KZ015	武夏煤炭规划矿区	宝峰湖森林公园
		KZ015	武夏煤炭规划矿区	老爷山森林公园
		KZ004	轩岗煤炭规划矿区	管涔山国家森林公园
		KZ011	汾西煤矿规划矿区	太岳山国家森林公园
		KZ013	霍东煤炭规划矿区	太岳山国家森林公园
		KZ016	潞安煤炭规划矿区	老爷山森林公园

规划分区	敏感要素	矿区编号	矿区名称	敏感要素名称
重点勘查开发区	森林公园	KZ015	武夏煤炭规划矿区	老爷山森林公园
		KZ011	汾西煤矿规划矿区	太岳山国家森林公园
		KZ013	霍东煤炭规划矿区	太岳山国家森林公园
	湿地公园	KZ004	轩岗煤炭规划矿区	宁武县马营海
	水源地	KZ001	大同煤炭规划矿区	平旺集中供水水源
		KZ001	大同煤炭规划矿区	段村集中供水水源
		KZ005	岚县煤炭规划矿区	岚城镇集中供水水源
		KZ005	岚县煤炭规划矿区	土峪乡集中供水水源
		KZ008	西山煤炭规划矿区	西社镇集中供水水源
		KZ008	西山煤炭规划矿区	清徐县城区水源地
		KZ018	东山煤炭规划矿区	中涧河集中供水水源
		KZ014	阳泉煤炭规划矿区	马坊集中供水水源
		KZ006	河保偏煤炭规划矿区	河曲县梁家碛水源地
		KZ009	石隰煤炭规划矿区	龙交乡集中供水水源
		KZ017	晋城煤炭规划矿区	晋城市郭壁水源地
		KZ010	乡宁煤炭规划矿区	壶口水源地
		KZ011	汾西煤矿规划矿区	栗家庄乡集中供水水源
	文物保护单位	KZ005	岚县煤炭规划矿区	隋城遗址
		KZ012	霍州煤炭规划矿区	乔泽庙戏台
		KZ012	霍州煤炭规划矿区	韩壁遗址
		KZ018	东山煤炭规划矿区	孟家井瓷窑遗址
		KZ018	东山煤炭规划矿区	山西省立川至医学专科学校旧址
		KZ018	东山煤炭规划矿区	太原文瀛湖辛亥革命活动旧址
		KZ018	东山煤炭规划矿区	革命烈士纪念塔
		KZ018	东山煤炭规划矿区	省立第一中学
		KZ007	离柳煤炭规划矿区	贺龙中学
		KZ007	离柳煤炭规划矿区	鼓楼（观音阁）
		KZ017	晋城煤炭规划矿区	崇安寺
		KZ011	汾西煤矿规划矿区	禅定寺
		KZ016	潞安煤炭规划矿区	襄垣文庙
		KZ015	武夏煤炭规划矿区	襄垣文庙
	自然保护区	KZ005	岚县煤炭规划矿区	山西汾河水库上游省级自然保护区
		KZ012	霍州煤炭规划矿区	山西韩信岭省级自然保护区
		KZ012	霍州煤炭规划矿区	山西霍山省级自然保护区
		KZ012	霍州煤炭规划矿区	山西五鹿山国家级自然保护区

规划分区	敏感要素	矿区编号	矿区名称	敏感要素名称
重点勘查开发区	自然保护区	KZ003	朔南煤炭规划矿区	山西桑干河省级自然保护区
		KZ014	阳泉煤炭规划矿区	山西铁桥山省级自然保护区
		KZ016	潞安煤炭规划矿区	山西红泥寺省级自然保护区
		KZ006	河保偏煤炭规划矿区	山西贺家山省级自然保护区
		KZ007	离柳煤炭规划矿区	山西贺家山省级自然保护区
		KZ007	离柳煤炭规划矿区	山西黑茶山国家级自然保护区
		KZ009	石隰煤炭规划矿区	山西团圆山省级自然保护区
		KZ009	石隰煤炭规划矿区	山西五鹿山国家级自然保护区
		KZ017	晋城煤炭规划矿区	山西红泥寺省级自然保护区
		KZ017	晋城煤炭规划矿区	山西翼城翅果油树省级自然保护区
		KZ017	晋城煤炭规划矿区	泽州猕猴省级自然保护区
		KZ010	乡宁煤炭规划矿区	山西人祖山省级自然保护区
		KZ004	轩岗煤炭规划矿区	山西省芦芽山国家级自然保护区
		KZ004	轩岗煤炭规划矿区	山西紫金山省级自然保护区
		KZ011	汾西煤矿规划矿区	绵山省级自然保护区
		KZ011	汾西煤矿规划矿区	山西超山省级自然保护区
		KZ011	汾西煤矿规划矿区	山西韩信岭省级自然保护区
		KZ013	霍东煤炭规划矿区	山西超山省级自然保护区
		KZ013	霍东煤炭规划矿区	山西红泥寺省级自然保护区
		KZ013	霍东煤炭规划矿区	山西霍山省级自然保护区
		KZ012	霍州煤炭规划矿区	山西五鹿山国家级自然保护区
		KZ009	石隰煤炭规划矿区	山西五鹿山国家级自然保护区
		KZ006	河保偏煤炭规划矿区	山西贺家山省级自然保护区
		KZ007	离柳煤炭规划矿区	山西贺家山省级自然保护区
		KZ017	晋城煤炭规划矿区	山西红泥寺省级自然保护区
		KZ013	霍东煤炭规划矿区	山西红泥寺省级自然保护区
		KZ011	汾西煤矿规划矿区	绵山省级自然保护区
		KZ013	霍东煤炭规划矿区	绵山省级自然保护区
		KZ011	汾西煤矿规划矿区	山西超山省级自然保护区
		KZ013	霍东煤炭规划矿区	山西超山省级自然保护区
		KZ012	霍州煤炭规划矿区	山西五鹿山国家级自然保护区
		KZ009	石隰煤炭规划矿区	山西五鹿山国家级自然保护区
		KZ010	乡宁煤炭规划矿区	山西五鹿山国家级自然保护区

规划分区	敏感要素	矿区编号	矿区名称	敏感要素名称
重点勘查开发区	地质公园	KZ040	运城铜（金）矿重点勘查区	山西省永济中条山水峪口省级地质公园
		KZ037	繁峙—灵丘铜（金）矿重点区	山西五台山国家地质公园
			天镇—阳高金多金属重点勘查区	大同火山群国家地质公园
	风景名胜区	KZ037	繁峙—灵丘铜（金）矿重点区	五台山风景名胜区及地质公园
	森林公园	KZ039	垣曲铜（金）矿重点勘区	东华山森林公园
		KZ039	垣曲铜（金）矿重点勘区	中条山国家森林公园
		KZ040	运城铜（金）矿重点勘查区	九龙山森林公园
		KZ037	繁峙—灵丘铜（金）矿重点区	南壶森林公园
		KZ037	繁峙—灵丘铜（金）矿重点区	五台山国家森林公园
		KZ038	五台铜（金）矿重点勘查区	赵杲观国家森林公园
			天镇—阳高金多金属重点勘查区	云岗森林公园
	水源地	KZ040	运城铜（金）矿重点勘查区	平陆县中条山矿泉水水源地
			天镇—阳高金多金属重点勘查区	马军营乡集中供水水源
	文物保护单位	KZ040	运城铜（金）矿重点勘查区	解州关帝庙
		KZ040	运城铜（金）矿重点勘查区	虞国古城遗址
		KZ037	繁峙—灵丘铜（金）矿重点区	塔院寺
		KZ037	繁峙—灵丘铜（金）矿重点区	龙泉寺
	自然保护区	KZ039	垣曲铜（金）矿重点勘区	山西历山国家级自然保护区
		KZ039	垣曲铜（金）矿重点勘区	山西运城湿地省级自然保护区
		KZ039	垣曲铜（金）矿重点勘区	涑水河源头省级自然保护区
		KZ039	垣曲铜（金）矿重点勘区	太宽河省级自然保护区
		KZ040	运城铜（金）矿重点勘查区	山西运城湿地省级自然保护区
		KZ037	繁峙—灵丘铜（金）矿重点区	壶流河湿地省级自然保护区
		KZ037	繁峙—灵丘铜（金）矿重点区	山西臭冷杉省级自然保护区
		KZ037	繁峙—灵丘铜（金）矿重点区	山西灵丘黑鹳省级自然保护区
		KZ037	繁峙—灵丘铜（金）矿重点区	山西省南山省级自然保护区
			天镇—阳高金多金属重点勘查区	山西桑干河省级自然保护区
	地质公园	KZ031	五台—代县铁矿重点勘查开发区	山西五台山国家地质公园
		KZ035	平顺铁矿重点勘查开发区	山西壶关峡谷国家地质公园
	风景名胜区	KZ031	五台—代县铁矿重点勘查开发区	五台山风景名胜区及地质公园
	森林公园	KZ031	五台—代县铁矿重点勘查开发区	五台山国家森林公园
		KZ036	左权—黎城铁矿重点勘查开发区	龙泉国家森林公园
		KZ032	岚县—娄烦铁矿重点勘查开发区	黑茶山森林公园
		KZ030	灵丘铁矿重点勘查开发区	恒山国家森林公园

规划分区	敏感要素	矿区编号	矿区名称	敏感要素名称
重点勘查开发区	湿地公园	KZ035	平顺铁矿重点勘查开发区	平顺县太行水
		KZ034	襄汾—翼城铁矿重点勘查开发区	双龙湖
	水源地	KZ034	襄汾—翼城铁矿重点勘查开发区	槐埝水源地
	水源地	KZ034	襄汾—翼城铁矿重点勘查开发区	襄汾县河东水源地
	文物保护单位	KZ031	五台—代县铁矿重点勘查开发区	广武旧城
		KZ031	五台—代县铁矿重点勘查开发区	普济桥
		KZ031	五台—代县铁矿重点勘查开发区	崞阳文庙
		KZ030	灵丘铁矿重点勘查开发区	应县木塔
		KZ030	灵丘铁矿重点勘查开发区	净土寺
	自然保护区	KZ031	五台—代县铁矿重点勘查开发区	山西臭冷杉省级自然保护区
		KZ031	五台—代县铁矿重点勘查开发区	山西省南山省级自然保护区
		KZ031	五台—代县铁矿重点勘查开发区	云中山省级自然保护区
		KZ036	左权—黎城铁矿重点勘查开发区	山西孟信垴省级自然保护区
		KZ036	左权—黎城铁矿重点勘查开发区	中央山省级自然保护区
		KZ034	襄汾—翼城铁矿重点勘查开发区	山西翼城翅果油树省级自然保护区
		KZ032	岚县—娄烦铁矿重点勘查开发区	山西汾河水库上游省级自然保护区
		KZ032	岚县—娄烦铁矿重点勘查开发区	山西黑茶山国家级自然保护区
		KZ032	岚县—娄烦铁矿重点勘查开发区	山西庞泉沟国家级自然保护区
		KZ032	岚县—娄烦铁矿重点勘查开发区	云顶山省级自然保护区
		KZ030	灵丘铁矿重点勘查开发区	山西恒山省级自然保护区
		KZ030	灵丘铁矿重点勘查开发区	山西灵丘黑鹳省级自然保护区
		KZ030	灵丘铁矿重点勘查开发区	山西省南山省级自然保护区
		KZ031	五台—代县铁矿重点勘查开发区	山西省南山省级自然保护区
		KZ030	灵丘铁矿重点勘查开发区	山西省南山省级自然保护区
	地质公园	KZ020	宁武—原平铝土矿重点勘查开发区	山西省宁武冰洞国家地质公园
	风景名胜区	KZ024	临县—中阳铝土矿重点勘查开发区	碛口风景名胜区及地质公园
	森林公园	KZ023	阳泉铝土矿重点勘查开发区	方山国家森林公园
		KZ029	昔阳—襄垣铝土矿重点勘查开发区	龙泉国家森林公园
		KZ029	昔阳—襄垣铝土矿重点勘查开发区	云龙山森林公园
		KZ027	沁源铝土矿重点勘查开发区	灵通山森林公园
		KZ027	沁源铝土矿重点勘查开发区	太岳山国家森林公园
		KZ026	交口—汾西铝土矿重点勘查开发区	吕梁山森林公园

规划分区	敏感要素	矿区编号	矿区名称	敏感要素名称
重点勘查开发区	森林公园	KZ024	临县—中阳铝土矿重点勘查开发区	柏洼山森林公园
		KZ021	兴县铝土矿重点勘查开发区	黑茶山森林公园
		KZ028	平陆铝土矿重点勘查开发区	中条山国家森林公园
	水源地	KZ029	昔阳—襄垣铝土矿重点勘查开发区	店上镇集中供水水源
		KZ029	昔阳—襄垣铝土矿重点勘查开发区	王桥镇集中供水水源
		KZ029	昔阳—襄垣铝土矿重点勘查开发区	广有集中供水水源（潜截流）
		KZ029	昔阳—襄垣铝土矿重点勘查开发区	昔阳县秦山水库水源地
		KZ027	沁源铝土矿重点勘查开发区	古县三合一水源地
		KZ021	兴县铝土矿重点勘查开发区	白水镇集中供水水源
		KZ019	河曲—保德铝土矿重点勘查开发区	保德县铁匠铺水源地
		KZ019	河曲—保德铝土矿重点勘查开发区	义门镇集中供水水源
		KZ019	河曲—保德铝土矿重点勘查开发区	冯家川乡集中供水水源
	文物保护单位	KZ029	昔阳—襄垣铝土矿重点勘查开发区	昔阳崇教寺
		KZ029	昔阳—襄垣铝土矿重点勘查开发区	懿济圣母庙
		KZ026	交口—汾西铝土矿重点勘查开发区	真武祠
		KZ024	临县—中阳铝土矿重点勘查开发区	柳林双塔寺
		KZ021	兴县铝土矿重点勘查开发区	“四八”烈士殉难处
	自然保护区	KZ020	宁武—原平铝土矿重点勘查开发区	山西紫金山省级自然保护区
		KZ023	阳泉铝土矿重点勘查开发区	药林寺冠山省级自然保护区
		KZ029	昔阳—襄垣铝土矿重点勘查开发区	山西孟信垴省级自然保护区
		KZ029	昔阳—襄垣铝土矿重点勘查开发区	中央山省级自然保护区
		KZ027	沁源铝土矿重点勘查开发区	绵山省级自然保护区
		KZ027	沁源铝土矿重点勘查开发区	山西霍山省级自然保护区
		KZ027	沁源铝土矿重点勘查开发区	山西灵空山省级自然保护区
		KZ026	交口—汾西铝土矿重点勘查开发区	山西五鹿山国家级自然保护区
		KZ024	临县—中阳铝土矿重点勘查开发区	山西薛公岭省级自然保护区
		KZ021	兴县铝土矿重点勘查开发区	山西黑茶山国家级自然保护区
		KZ021	兴县铝土矿重点勘查开发区	山西尉汾河省级自然保护区
		KZ028	平陆铝土矿重点勘查开发区	山西运城湿地省级自然保护区
		KZ028	平陆铝土矿重点勘查开发区	太宽河省级自然保护区
		KZ022	灵石—霍州铝土矿重点勘查开发区	山西韩信岭省级自然保护区
		KZ019	河曲—保德铝土矿重点勘查开发区	山西贺家山省级自然保护区

参考文献

[1] 李巍，刘艳菊，李天威，等. 资源型城市产业发展规划环境影响评价方法与实践. 北京：化学工业出版社，2009.

[2] 王青，李富程，廖方伟. 省级矿产资源规划环境影响评价关键技术研究. 北京：科学出版社，2015.

[3] 都小尚，郭怀成. 区域规划环境影响评价方法及应用研究. 北京：科学出版社，2012.

[4] 曹金亮，刘瑾，樊燕，等. 典型资源型地区资源环境承载力综合评价与区划研究. 太原：山西科学技术出版社，2016.

[5] 山西省统计局，国家统计局山西调查总队. 山西省统计年鉴——2015. 北京：中国统计出版社，2015.

[6] 范堆相. 山西省水资源评价. 北京：中国水利水电出版社，2005.

[7] 山西省水利厅. 山西省水资源公报（2010—2015）.

[8] 山西省环境监测中心站. 2015 年及“十二五”期间山西省环境质量状况. 2016，1.

[9] 忻州市环境保护局. 忻州市环境质量公报 2014.

[10] 大同市环境保护局. 大同市环境质量公报 2013.

[11] 太原市环境保护局. 太原市环境质量公报 2015—2016.

[12] 晋城市环境保护局. 晋城市环境质量公报 2014—2015.

[13] 晋中市环境保护局. 晋中市环境质量公报 2014.

[14] 朔州市环境保护局. 朔州市环境质量公报 2016.

[15] 长治市环境保护局. 长治市环境质量公报 2014—2015.

[16] 阳泉市环境保护局. 阳泉市环境质量公报 2014.

[17] 吕梁市环境保护局. 吕梁市环境状况公报 2014.

[18] 第一次全国污染普查资料编纂委员会. 污染源普查产排污系数手册. 北京：中国环境出版社，2011.

[19] 王志磊，李斌，孟东平. 阳泉矿区生态环境综合评价体系的研究. 环境科学与管理，2013，38（3）：158-162.

[20] 王奎娜，李娜，于学峰，等. 基于 P-S-R 概念模型的生态环境承载力评价指标体系研究——以山东半岛为例. 环境科学学报，2014，34（8）：2133-2139.

[21] 靳贝贝. 我国煤层气开采利用存在的问题及建议. 中国国土资源经济，2014（11）：66-69.

[22] 陈梅梅，田生，岳勇，等. 煤层气开发环境污染特征及防治对策. 环境科学与技术，2012，35（2）：139-141，192.

[23] 孙悦，冯启言，李向东，等. 煤层气产出水处理与资源化技术研究进展. 能源环境保护，2010，24

（6）：1-4，8.

[24] 岳鹏冀. 晋城潘庄区块煤层气开采对地下水环境影响分析. 中国水利，2010，3：25-26.

[25] 梁雄兵，程胜高，宋立军. 煤层气勘探开发中的水污染分析及防治对策. 环境科学与技术，2006，26（1）：50-51，63.

[26] 胡连伍，陈海霞，杨卫国. 地面抽采煤层气环境影响和管理对策探讨. 能源环境保护，2009，23（3）：38-42.

[27] 谢高地，等. 基于单位面积价值当量因子的生态系统服务价值化方法改进. 自然资源学报，2015，30（8）.

[28] 姚兴成，等. 基于 MODIS 数据和植被特征估算草地生物量. 中国生态农业学报，2017，25.

[29] 李丹，等. 面向对象的土地利用遥感分类方法研究. 安徽农业科学，2013，41（20）.

[30] 王志慧，等. 植被生物量与生产力遥感估算技术与应用. 郑州：黄河水利出版社，2016.

[31] 党晋华，等. 山西省煤炭开采环境损失的经济核算. 环境科学研究，2007，2（4）.

[32] 刘某承，李文华. 基于净初级生产力的中国各地生态足迹均衡因子测算. 生态与农村环境学报，2010，26（5）.

[33] 刘某承，李文华. 基于净初级生产力的中国生态足迹均衡因子测算. 自然资源学报，2009，24（9）.

[34] 党晋华，等. 山西省生态环境十年（2000—2010 年）变化遥感调查与评估. 2016.

[35] 曹金亮，王润福，张建萍，等. 山西省矿山环境地质问题及其研究现状. 地质通报，2004（11）.

[36] 曹金亮，韩颖，陈亮. 山西省的矿山环境地质问题与矿区可持续发展. 中国人口·资源与环境，2005，15（86）.

[37] 曹金亮. 山西省煤矿开采对水资源的影响分析. 华北国土资源，2008（4）.

[38] 王润福，曹金亮. 煤矿区土壤环境质量评价. 水文地质工程地质，2008，35（4）.

[39] 曹金亮. 山西省采煤生态环境损害评估. 地质通报，2009，28（5）.

[40] 曹金亮，侯峰斌，张建萍，等. 2012—2013 年山西省矿山地质环境调查报告. 山西省地质环境监测中心，2014，11.